新文科·新设计
国家级一流本科课程配套教材

林家阳 总主编

产品语意设计

张凌浩 主 编

陈 香 副主编

中国教育出版传媒集团

高等教育出版社·北京

内容简介

　　《产品语意设计》从宏观的产品符号相关概念及发展、中观的语意学设计方法、再到微观的多元化设计领域的实践探索展开探讨。第一章将产品语意设计的概念、沿革与发展、意义构成以及转译的方法做了梳理和解读。第二章则是从教学过程设计出发，基于课程概况、设计案例、知识点、实践程序及相关资源的框架，围绕三个方向进行训练，将十个知识点融汇于教学实践中，以体现不同意义视野及复杂性的教学训练模式。第三章分别从生活、品牌、时尚、体验及文化多种不同的角度，剖析产品语意设计与跨文化、情感体验、情境表达上的交叉与融合性应用，并贯穿向生活学习、向传统文化学习、向国际企业及著名设计师学习的教学理念，帮助学生掌握意义驱动的设计理论方法与流程，并形成融合创新的意识、思维与实践能力。

　　本教材适合于高等院校产品设计、艺术设计、工业设计及其他新工科、新文科相关专业的教学使用，也适合于企业设计师作为学习设计理论方法与创新设计实践的参考来源。

图书在版编目（CIP）数据

　　产品语意设计 / 张凌浩主编. -- 北京：高等教育出版社，2024.2
　　国家级一流本科课程配套教材 / 林家阳总主编
　　ISBN 978-7-04-058590-2

　　Ⅰ.①产… Ⅱ.①张… Ⅲ.①产品设计-高等学校-教材 Ⅳ.①TB472

　　中国版本图书馆CIP数据核字（2022）第066490号

Chanpin Yuyi Sheji

| 策划编辑 | 梁存收　杜一雪 | 责任编辑 | 张卓卓 | 封面设计 | 张　楠 | 版式设计 | 张　杰 |
| 责任绘图 | 李沛蓉 | 责任校对 | 刘丽娴 | 责任印制 | 高　峰 | | |

出版发行	高等教育出版社	网　　址	http://www.hep.edu.cn
社　　址	北京市西城区德外大街4号		http://www.hep.com.cn
邮政编码	100120	网上订购	http://www.hepmall.com.cn
印　　刷	固安县铭成印刷有限公司		http://www.hepmall.com
开　　本	787 mm×1092 mm 1/16		http://www.hepmall.cn
印　　张	20		
字　　数	440千字	版　　次	2024年2月第1版
购书热线	010-58581118	印　　次	2024年2月第1次印刷
咨询电话	400-810-0598	定　　价	74.00元

本书如有缺页、倒页、脱页等质量问题，请到所购图书销售部门联系调换
版权所有　侵权必究
物 料 号　58590-00

总 序

大学教育工作的核心是专业建设,专业建设的主要内容是教学设计,教学设计的重点是课程建设,而课程建设的重要内容是教材建设。在相当长的一段时间里,我们的考核制度出现了偏颇,高校对教师的考核重专著、重论文、轻教材,导致了相当多的设计学类教师在教学中缺乏真正高质量的、适用性强的教材作参考,致使教学不规范,从而严重影响了教学质量。

一部好的教材对教师来说是课程的灵魂,对学生来说是一部高精度的导航仪,能够引导学生从迷茫到清晰,从此岸到彼岸,本套艺术设计类"国家级一流本科课程"配套教材正是按照这样的诉求进行设计的。

2017 年,国家教材委员会和教育部教材局正式成立,标志着我国高等院校教材建设进入新的历史阶段。2019 年,国家教材委制定《普通高等学校教材管理办法》,2020 年印发了《全国大中小学教材建设规划(2019—2022 年)》,2020 年又启动首届全国教材建设奖评选工作。与此同时教育部推出首批国家级一流本科课程共 5 118 门,其中艺术类国家一流课程有 174 门(线上课程 38 门,线下课程 76 门,线上线下混合式课程 31 门,虚拟仿真实验教学课程 17 门,社会实践课程 12 门)。在中国特色社会主义进入新时代之际,教育部倡导新文科建设,注重继承与创新、协同与共享,促进多学科交叉与深度的融合。该系列教材正是值此背景下应运而生的,本系列涵盖了多所院校的大量优质课程、特色课程,且大多数课程的负责人为教学名师或学科带头人,更为该系列教材注入了源动力。

在众多的设计学类优秀课程中,有显著需求的 22 门专业课程入选本系列教材建设,为了确保本套教材整体的质量和统一性,高等教育出版社专门邀请我担任总主编工作。来自全国 22 所院校的 20 余位分主编,从 2020 年底开始至今,开展了各部教材目录、样章的反复磋商和全书的编写工作。2021 年仲夏,编委会在杭州进行了中期汇报交流,金秋又在沈阳鲁迅美术学院举办了设计学类专业国家级一流专业、一流课程优秀成果展。针对相关重点与难点,全体作者还在线上举行了三次工作会议。最终,各位分主编率领相关团队高质量地按时完成了教材的编写任务。本套教材均配有丰富的教学资源和案例,并注重实践性及中华优秀传统文化和立德树人元素的引入。该套教材在注重理论联系实际的基础上,融入一流课程已有的资源,有效拓展了书稿内容。尤其训练部分的论述彰显了一流课程的特色及创新,可以为其他院校提供有益的参考。

高等教育出版社特别重视国家一流课程教学成果的转化,注重高等院校设计类教材的当代性、普适性与可操作性,此次重点打造这一套"新文科·新设计"艺术设计类"国家级一流本科课程"配套教材,对设计学科建设而言,可谓功德无量!

教育部高等学校设计学类专业教学指导委员会副主任委员

同济大学教授　林家阳

2022 年元月 27 日

前 言

　　早在 1994 年,江南大学(原无锡轻工大学)设计学院就开展关于"产品语意设计"相关的教学活动,是国内开设较早、也是江南大学设计学院设计类课程中具有特色和传承性的一门课程。经过近三十年产品语意设计的理论和教学实践的沉淀,已形成了较好的课程特色和普适性,其教学研究模式也被其他院校专业教学所参考,课程所培养和激发出的创新成果为包括阿里巴巴、华为、美的、海尔、海信、大众、PHILIPS 等公司在内的许多企业所肯定,并在 2020 年被认定为首批国家级一流本科课程。虽然国内许多专家学者从各自的研究角度发表了相关的研究成果,但在实际教学中,适合新时代背景下的前沿设计领域的本科教学和指导具体设计实践的不多。而在针对国内外典型的文化创意产品、数字化产品和用户体验产品等前沿设计实务中,用符号的内涵式语意表达的方式,始终成为国内外设计师或设计企业用于表达产品特征和特色的一项非常重要的能力,由此更凸显本课程的重要性。

　　本书作为设计类核心课程的重要教材,除了论述产品语意学的基本概念、产品语意的传达与方法及其应用之外,还增加了如下内容:首先,基于传统文化领域下产品的语形如何重塑? 产品的语用如何重构和利用什么样的文化载体符号进行产品设计上的语意传达? 中国传统文化视野下产品的设计如何具有文化认同感? 在地域文化下该如何将符号与产品结合,突出其特色及包容性? 其次,基于新时代下的前沿设计观点,围绕数字化产品中的语意设计图形符号,在其硬件的构成和软件的界面上符号构成该如何体现? 基于技术、用户行为层面下,该如何塑造在不同情境的符号功能的演变形式及设计转换的表达方式? 最后,本教材也紧追社会热点问题,研究在体验设计语境下用户生活产品的设计符号该如何更好地向用户传达情感意义? 以及在针对特殊用户不同场景下的产品设计中,其语意所表达的情感要素的来源该如何提取和转化? 同时,为了将以上三种不同设计领域中的语意表达得更具体、更形象,教材中将十种专有的知识点分别放在以上三种不同的领域里,并用不同的案例进行阐述。本教材最后以国内外经典产品的案例及设计说明,加强学生对理论和实践知识点的巩固与理解,提升学生对产品语意设计的领悟能力。

　　本教材以通俗易懂、深入浅出为宗旨,辅以实际案例分析,使学生尽快掌握语意的主体内容和设计方法。在增加实际项目案例的同时,运用了不同学科交叉与融合的写作方法,以国内外经典产品的设计为写作思路,按照产品语意创新设计的流程、内容进行深入阐述,以期培养学生有文化、有情感、有体验又有想象力的创新思维,同时反映新时代下产品设计适时转型、再定义的新进展,以及对设计前沿专业课程的新探索。

该教材得到了国家社科基金艺术学重大项目(23ZD13)、国家社科基金项目、江苏省"333人才工程"科研项目及省高水平大学高峰计划建设项目的资助,江南大学也为该教材所依托的国家级一流课程提供了大力支持。同时,还要感谢高等教育出版社给予的积极支持、指导与包容。三年多撰写、修改的艰苦过程以及最终出版,令人欣喜,我们将以此作为今后继续努力的不竭动力。

目 录

第一章

产品语意的概念与基础

本章摘要

本章节系统诠释产品语意学的主旨概念与内涵,阐发不同时代语境下产品语意学思想的动态流变过程,并知往鉴今,展望产品语意学在新时代的全新设计意义。另外,从理解的意向、外延性意义与内涵性意义三个层面,详细剖析产品意义的结构组成以及相互的有机关系。最后,基于产品语意符号特征,深入探讨其转译的具体方法与应用形式。

设计之美并非仅仅是我们视觉上的感受。日常物品和商品的背后都有奇妙丰富的故事、不同寻常的含义以及作者的深思熟虑。

——朱哈·卡帕(Juha Kaapa),英国利兹城市大学设计学院院长 [①]

语意原指语言所包含的意义,语意学是研究语言意义的学问,"产品语意学"(Product Semantics),则是借用语言学中的一个名词,具体指研究产品语言(符号)的意义的学问。设计界把研究语言符号的构想应用到产品设计上,因而有了产品语意学这个术语的产生。作为20世纪80年代工业设计界兴起的一种设计思潮和设计方法论,其理论架构虽始于1950年德国乌尔姆造型大学的"符号运用研究",其实更早可追溯至莫里斯(Charles W. Morris)的符号学理论。产品语意学认为设计不再只是功能使用与形式上的突破,也不应仅对人的物理及生理机能进行考虑,而是要将设计因素进一步扩展至人的意义——社会、文化与历史的语境脉络。

产品语意学不是一种简单的新风格,而是一种产品语言可以在其中发展、表达并沟通的系统。语意学设计即是通过设计赋予产品意义,并将意义视觉化(当然还包括其他的五感途径),形成设计驱动的创新。

第一节　产品语意学的概念

一、符号学及语意学的概念

(一) 符号的基本概念

产品语意学的理论基础主要来自符号学,因此了解符号学及相关理论的概念、观点及其发展,将有助于更好地理解产品语意学的概念定义、理论框架和后续应用。

符号(symbol)一词,来自希腊语 Symballein,意思是把两件事物并置在一起作出瞬间比较,其具体含义指某种用来代替或再现另一件事物的象征物,尤其是指那些被用来代替或再现某种抽象的事物或概念的事物。一般可简要地理解为一种有意义的媒介物。人们日常的交际过程,就是通过符号这一手段来表达和传递信息。因此,符号是我们一切交往的起点,也是社会的本质。

[①]　罗伯特·克雷. 设计之美[M]. 山东画报出版社,2010:封底.

符号作为一种具有表意功能的表达手段,是人们为了生存、交流而产生发展起来的。自古以来,人类在长期生产实践中由于生存的需要,总在不断地寻求各种观念、情感和信息的交流和表达形式。由于受到环境的影响及相互交流的作用,人们创造了一系列传播信息的手段,包括相互接触中的表情、肢体动作、语言,以及标记、早期的建筑等。到后来出于精神生活及祭祀活动的需要,又发展出原始的绘画、音乐等艺术形式。其中,对形态、色彩、材质等形成了特定的认识,这些认识逐渐具有了广泛意义,形成特定的设计艺术符号。

应该说,符号在我们的生活中无处不在,语言、绘画、音乐、文字、产品、建筑、甚至于人们的衣、食、住、行的各种生活形态等,都可以归到符号的范畴(图1-1-1)。因此,从广义的符号概念来看,现实世界中的每一个事物反映在人的精神世界中,都可能被符号化,这是普遍存在、时时存在、事事存在的。所以,卡西尔(Cassirer)认为,人是"符号的动物",人都生活在纵横交错的符号之网中。世界上每一种文化都与日常生活所见、所用的产品符号及其意义密切相关。因此,从设计领域看,我们的产品(或人工物品),作为与衣食住行有关的设计造物,同样也是表达特定意义的符号(图1-1-2)。

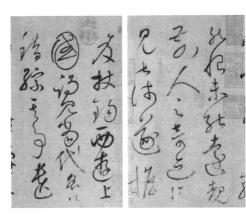

图1-1-1 《自叙帖》/ 怀素 / 中国
怀素《自叙帖》通篇狂草,一气呵成,如龙蛇竞走,
激电奔雷,为草书艺术的极致表现。

图1-1-2 梳背椅(苏州明式家具)/
博物馆西馆藏 / 中国

(二) 符号学理论的发展

符号学(semiotics)是当代人文科学最前沿的学术理论之一,它是研究符号传意的人文科学,其历史可追溯至古希腊医学领域的疾病症状诊断的范畴。古希腊医学家希波克拉底(Hippocrates)撰写了最早有关符号的著作——《论预后诊断》,并进一步发展出一门医疗的症候学。此后,柏拉图(Plato)确立了符号、符号的意义及其表明的事物之间的关系(直到19世纪才由皮尔斯着手研究)。亚里士多德(Aristotle)在柏拉图的思考基础上,应用了包括"符号理论""符号艺术"等各种符号学概念。中世纪进一步发展出了符号科学,包括文法、逻辑及修辞学。后续还有

进一步零星的发展,例如莱布尼兹(Leibniz)方法学的研究,导致了后来符号学的三个重要分支①。

　　而现代符号学的概念与系统理论经过索绪尔(Saussure)、皮尔斯(Pierce)、莫里斯(Morris)、马克斯·本泽(Max Bense)、让·鲍德里亚(Jean Baudrillard)、安伯托·艾柯(Umberto Eco)等许多哲学家的发展而日益丰富,进而形成基本的理论体系。如索绪尔正式提出符号学的概念,指出在符号系统中,符号的存在取决于"能指"和"所指"的结合,"能指"(signifier)是指符号的形式,如文字或产品形态,是表现;"所指"(signified)则可理解为符号所代表的意义,也就是思想观念、文化内涵、象征意义等。同时,他提到符号还有任意性,即符号形式与所代表的意义之间并非是必然联系的,是由社会集体的约定俗成所决定的(突破这一约束则无法传达正确的含义),设计中的象征符号亦是如此。被公认为实用主义学派创始人的皮尔斯则基于对意义、表达及符号概念分析的哲学,对符号学给予了确切的定义,在《符号学的逻辑》一书中,他首次提出符号学的中心概念——三合一关系,强调了符号的联系特性,即符号存在于对象与其阐释之间。他指出任何一个符号都由三种要素组成:符号、指示对象、解释,并提出了符号有三种核心类别,即图像符号(icon)、指示符号(index)和象征符号(symbol)。这些理论均为现代符号学的发展与深入起到了至关重要的作用。

　　现代符号学真正建立的标志是1969年1月国际符号学协会(IASS)的建立。罗兰·巴特在《符号学美学》中指出,符号学是研究有关符号、符号现象和符号体系的一般理论,其研究符号的本质、符号的发展规律、符号的各种意义、各符号之间的相互关系、符号与人类互动之间的各种关系②。米歇尔·福柯亦指出,能够使一个人区别符号、使他清楚解释是什么组成了符号、使他知道它们之间如何联结并通过哪些规则联结的知识和技巧的总和称之为符号学。故此,符号学"作为跨学科方法论,正成为当代社会人文科学认识论与方法论探讨中的重要组成部分,其影响涉及一切社会人文科学"③。

　　随着现代符号学的完善,人们逐渐意识到符号学对设计的重要性。在建筑设计领域,受到索绪尔和皮尔斯在符号学系统研究方面的启发,最早在20世纪50年代末,意大利的艾柯、斯卡维尼(Scalvini)、建筑师福斯柯(de Fusco)等展开建筑符号学的研究,探讨把建筑元素看作是语言的词语;20世纪60年代,罗伯特·文丘里(Robert Venturi)在其基础研究《建筑中的复杂性与矛盾性》(1966)中明确指出:应以有意义的建筑抵制国际主义风格,而以建筑作为对象的符号学研究是有效的途径(图1-1-3);20世纪60年代末,法、德、英、美等国开始对符号学理论重视起来,20世纪70年代,符号学研究在美国流行,建筑师纷纷开始注意建筑基本功能以外的"多重意义"问题,探讨设计形象对人的感官作用,以及这些作用如何被人"接受"和"理解"詹克斯(Charles Jencks)的《后现代建筑的语言》有着深远影响(图1-1-4),引领了后现代理论和后现代

---

① [德]Bernhard E. Burdek. 工业设计——产品造型的历史、理论及实务[M]. 胡佑宗,译. 亚太图书出版社,1996:152.

② [法]罗兰·巴特. 符号学美学[M]. 董学文,王葵,译. 辽宁人民出版社,1987:5.

③ 李幼蒸. 理论符号学导论(第3版)[M]. 社会科学文献出版社,1999:3-4.

主义的建筑思维及实践(图1-1-5、图1-1-6)。

　　除建筑以外,符号学设计的另一热点集中在工业设计方面,主要是产品语意学。产品语意学产生的理论基础来源于符号学,但它的产生却具有社会、文化和哲学维度转向的背景。汉斯·古格洛特(Hans Gugelot)指明了符号与设计的一致性;艾柯则将原本对符号学中语言的探讨范围拓展至物品;雷纳芬克(Rainer Funke)更是强调了产品语言的重要性。因此,通过西方工业设计师与研究学者多年的探索与实践得出,设计师应深刻了解产品意义是如何形成与传达的,并将此有机应用在产品设计的语汇和方法当中(图1-1-7、图1-1-8)。

图1-1-3 《建筑中的复杂性与矛盾性》/
Robert Venturi / 美国 / 1966

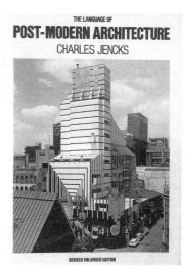

图1-1-4 《后现代建筑的语言》/
Charles Jencks / 美国 / 1977

图1-1-5 德国商业银行大厦(左)/
Norman Foster / 英国 / 1997
东京千年塔模型(右)/ Norman Foster /
英国 / 1989

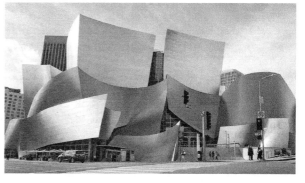

图1-1-6 华特·迪斯尼音乐厅 /
Frank Gehry / 美国 / 2003

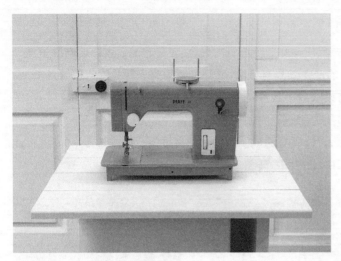

图 1-1-7　带盒子的缝纫机 / Hans Gugelot、Herbert
Lindinge 等 / 德国 / 1960
造型纯粹，几何化特征凸显，功能指示清晰明确。

图 1-1-8　BRAUN T1000 收音机 /
Dieter Rams / 德国 / 1963
铝制外观理性简洁，界面布局与指示符号
清晰，好的设计让产品易于让人理解。

（三）符号学中的相关概念

通过上述探讨可知，现代符号学的发展主要受到两条主线的影响：一是由语言学派生而来的
语言符号学，着重于符号在社会生活中的意义，与心理学联系；二是当前意义下的符号学，它源自
美国实用主义的逻辑符号学，着重于符号的逻辑意义与逻辑学联系。由于现代符号学与现代语
言学在内容、理论依据和应用上有许多相关性，使得现代语言学成为现代符号学的主要来源和基
础。以下结合产品设计的特性与语境，对符号学中的相关概念进行阐述。

1. 双轴关系

瑞士语言学家索绪尔于《普通语言学教程》中首次提出双轴概念，即组合轴与聚合轴，是符
号学中的一对经典概念。他指出，组合轴是指一些符号组合成有意义的"文本"方式，即句段关
系。聚合轴是指"在结构的某个特殊位置上彼此可以相互替换的成分之间的关系"[1]，即"联想关
系"；组合则是"在场"的文本构成与连接的方式，而聚合是"不在场"的文本的比较与选择的方
式。雅克布森后来则将其称为结合轴与选择轴，并认为其是人的思考方式与行为方式的最基本
的两个维度，也是任何文化得以维持并延续的二元[2]。总之，双轴关系已广泛地存在于符号文本
的表意活动中，如在设计中，产品符号的构成与创新，也是这两种关系的建构（图 1-1-9）。

---

[1]　索绪尔. 普通语言学教程[M]. 商务印书馆，1980：171.

[2]　赵毅衡. 刺点：当代诗歌与符号双轴关系[J]. 西南民族大学学报（人文社会科学版），2012（10）.

图 1-1-9　徕卡 T / 莱卡公司 / 德国 / 2014
无反相机及其各种组件,体现了索绪尔的句段关系和联想关系。

2. 语言的共时态和历时态

语言的共时态和历时态是索绪尔提出的另一重要概念,语言的共时态是指一个语言在一段时间内的状态,是一个现实平面上的系统,要素之间是并存、相对的关系,其研究关注的是语言本身;语言的历时态是指语言状态的时间前进的轴线上所表现出来的形态,要素之间则只是变革、替代的变化,其研究考察的是语言的变迁。两者之间既相互独立又相互联系,既相互对立又相互依存。对产品而言,历时态指跨越不同历史时期的、变化发展的符号形式;共时态则指某一特定状态中的产品形式,是为人们所认知共享的(图 1-1-10)。

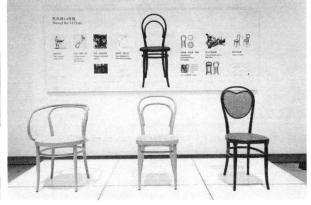

图 1-1-10　托内特 14 号椅及相关系列椅 / Michael Thonet / 奥地利 / 1859
托内特 14 号椅木条弯曲凹折的特征符号及在相关系列椅子中的延展运用。

3. 语构学、语意学与语用学

美国最突出的符号学代表人物莫里斯,于 1938 年出版了纲领性的著作《符号理论基础》,为符号理论的系统化作出了重大贡献。他把符号学分为语构学、语意学和语用学三部分(主

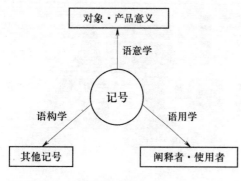

图 1-1-11　符号学三部分

要针对语言符号),为学术界广泛采用,也被设计符号学理论所参考。莫里斯将皮尔斯理论进一步加以发展与深入,且更为系统和全面,更广泛地影响了后来的设计艺术学科理论(图 1-1-11)。具体为:

语构学研究符号本身在整个符号系统中的相互关系和规律,与意义无关,也被称为符号关系学。在设计中,主要探讨符号在设计物系统中的组织结构、形式关系。

语意学研究的是符号与符号所代表的内容和意义的关系,即研究能指如何表达所指,也被称为符号意义学。在设计中,主要是指对出现的各种形式符号的表达意义的研究(图 1-1-12)。

语用学研究的是符号与人的关系,即人们对符号的理解与运用的规律,也被称为符号实用学。在设计中,重点探讨产品作为一种符号,它的起源、使用与作用及反映,与阐释者(设计师)、使用者及社会情境的关系(图 1-1-13)。

图 1-1-12　贝壳椅(左) / Ron Arad / 以色列 / 1997
蚁椅(中) / Arne Jacobson / 丹麦 / 1952
标准椅(右) / Jean Prouve / 法国 / 1934

图 1-1-13　位于米兰盖·奥伦蒂广场的"明星建筑"
Pavilion / Michele De Lucchi / 意大利 / 2019

4. 艺术的符号

苏珊·朗格(Susan Langer)师承卡西尔,为符号学美学——文艺符号学奠定了基础,主要著作包括《情感与形式》等。她认为艺术是表达人类情感的符号形式,并进一步论证了形式与情感的统一关系;在审美和艺术中,形式具有表现性,艺术特征正在于它是一种"表现性形式",也就是"有意味的形式",她甚至认为,有意味的形式乃是每种艺术的精髓本质。苏珊·朗格在深入分析及其审美经验的基础上,还提出艺术符号具有抽象性、不可言说性、情感性、形象性等特点,并对艺术的符号特征作了多方面的考察,为审美心理学和文艺心理学提供了许多启发(图1-1-14)。

5. 消费符号学

让·鲍德里亚被看作是设计符号基础理论的真正奠基者。他将结构主义的方法应用于对日常生活的分析,研究物品的语言,并解释政治经济学方面的内涵。他认为,消费是一种操纵符号的系统行为;消费不是一般意义上的物质实践,物品并不是我们的"消费"对象,它们充其量只是需求的对象和满足这些需求的对象。

让·鲍德里亚在《消费社会》(1970)一书中全力揭示消费社会和传播的新神话,第一次指出商品的重要性首先在于社会能指(超现实)而不是物质客体(现实),社会关系亦转变为与物品尤其是与那些物品的消费之间的关系。他也提出,符号的意义在于建立差异,以此将符号所代表的东西区分开来。这些概念对广告具有启示意义(图1-1-15)。

图1-1-14　静止的生命 / 马丁·克尔姆斯
(Martin Kilmas) / 德国 / 2003

图1-1-15　路易威登 Christopher
小号双肩包 / LV 公司 / 法国
以特有的消费符号建立差异,
彰显高品质生活方式。

6. 设计中的符号学应用

马克斯·本泽较早研究皮尔斯和莫里斯的著作并作了进一步的发展,试图运用其理论将形式美学问题概念化。通过在斯图加特大学和乌尔姆设计学院(第一所尝试设计符号学的院校)

的教学和研究,他发起了信息、产品设计和视觉传达领域的符号学研究。

在 20 世纪后半期,马克斯·本泽大量的符号学著作在设计创造领域产生了较为持久的影响。《广义符号学及其在设计中的应用》一书探讨了信息理论、符号学和美学之间的关系。他认为应用于语言文字的符号学,对实物也有用。他将设计物体分为三个层面:质料层面,指物体构成的材料;语意层面,指物体代表的意义;机能层面,指物体所涉的效益和功用,分别用以对应莫里斯提出的语构学、语意学和语用学。

(四) 产品语意学的提出

产品语意学,即研究人造物体(即产品)的符号表现(造型)在使用环境中的象征特性,并且将其中的知识应用于工业设计上。同时,也提升人工物的文化品质。这不仅指产品物理性、生理性的功能,也包含其心理性、社会性、文化性等与环境相关的象征价值。具体来看,即指产品作为一种符号,通过造型的设计、符号系统的构建传达本身丰富的特定意义。

产品语意学所提出的新设计思想,能在产品设计方面形成具体的设计潮流,并非偶然。在经历了后现代思潮的兴起,由机械时代向电子、信息时代转变所引起的“造型失落”,感性互动与沟通逐渐成为消费者关注的热点,以及人们对于文化意义本身的再认知等时代背景变化后,人们发现语意学设计有利于设计师在产品意义等方面形成设计创作的新突破,塑造出有特色的符号形象,即要求设计师借助符号与意义的概念工具进行设计的思考,关注多样化的社会和文化传统,在意义赋予与情境营造中形成创新性的符号性表达,并自然带来风格的突破。并且,这种语意学设计的观点充分重视以传播理论为基础,强调建立在语意学基础上的设计创意流程,在设计师与使用者的互动中实现沟通的功能,进而把意义更快、更好地传递出去。

因此,产品语意学成为 20 世纪 80 年代风行一时的“造型诠释”方法之一,理念即是“形式追随意义(Form follow meaning)”,后进一步发展出了“形式追随时尚”“形式促进表现”“形式追随情感”等理念。简单地说,产品语意学的目的是在“用造型表达产品的意义特性”,并且“让产品自己说话”,带来与使用者的自然互动。需要指出的是,语意学设计并非是对风格的单一追求,或者对“意义”的唯心理解。克里彭多夫(Krippendorff)为此重点指出,产品语意学是一种关于将从用户及其利益相关者团体中获取的意义用于设计人工物的词汇和方法论。[①]

二、设计要素的符号性

在产品符号系统中,无论是句段关系还是联想关系,都是围绕具体的组成要素或结构单元展开的,这些要素包括形态、色彩、材质、声音与光效、过程与服务等,它们在句段关系方面彼此联系,在联想关系中又各成可替换的系列,具有特定的符号意义和研究价值。具体描述如下:

---

① [美]克劳斯·克里彭多夫 . 设计:语意学转向 [M]. 胡飞等译 . 中国建筑工业出版社,2017 :1-3.

(一) 形态之美

形态是产品中最具视觉传达力的要素之一,也是产品意义的重要载体。产品形态虽然是审美的创造,丰富多样,但它们首先都是为了表达产品的功能和性能特征,要较好地发挥材料和结构的特点,并显示技术的合理性,因而是一种"特有视觉形式"。因此,现代产品(或建筑)的形态丰富而独特,几何形态、自由形态、偶然形态和仿生形态并存,无不都是功能、结构、技术、美感等在抽象形态中的集中表现(图 1-1-16 至图 1-1-22)。此外,形态作为产品功能的合理存在,一种功能并非只有一种形态符号相对应,比如轿车,同样是代步的工具,但形态却变化多样。

在视觉层面,产品的形态也是审美的创造,它在一般美学的特征基础上,结合了设计师自己的艺术趣味和审美理解,从而创造出独特的意义价值。这种形态可以是对自然形态的模仿,亦可是非模仿性质的自由创造,这无不体现了形式美感的规律:比例与尺度、对称与均衡、节奏与韵律、统一与变化、对比与调和等。

对于心理层面,就具体产品而言,具有相同特征的形态,带给人的感受往往是基本类似的;而同类产品的不同形态,大或小、直或曲、厚或薄,也会使人产生不同的心理感受。因为产品的形态一方面是由点、线、面、体等具体组成,线条或形式并不只是构成表象符号的材料,它本身也是意象符号,与一定的情感意义相对应,例如直线代表果断、坚定、有力,曲线代表踌躇、灵活、装饰效果,螺旋线象征升腾、超然;另一方面,形态的体量比例关系、运动变化的节奏、制作手段的变化、抽象与具象程度的不同,都会使人在视觉整体上产生不同的意象和情绪的体验,例如柔和的或阳刚的感觉。

而认知层面,设计形态是受人的愿望和行为控制而形成的人为形态,形态不仅具有图像性,也具有指示性和象征性意义。因此,产品的形态价值并不在于它的自然质料,而是其(外部)形式

图 1-1-16 流行服装的符号学分析

图 1-1-18 富士 X-F1 /
富士胶片集团 / 中国 / 2012

图 1-1-17 纽约新世贸中心大楼 / 丹尼尔·
里伯斯金(Daniel Libeskind) / 美国 / 2014
建筑的外延意指和内涵意指最为丰富。

图 1-1-19 无印良品壁挂式 CD 播放器 /
无印良品(MUJI) / 深泽直人 / 日本 / 1999
几何形态,由几何形体构成,具有条理、庄重的感觉。

图 1-1-20 流鼻涕花瓶 / 马塞尔·
万德斯(Marcel Wanders) / 荷兰 / 2001
偶然形态,偶然发生或遇到的形态,
无序且有吸引力。

图 1-1-21 PH 灯 / 保尔·汉宁森
(Poul Henningsen) / 丹麦 / 1926
自由形态,主要是由自由曲线、
自由曲面与其他综合而成的。

图 1-1-22　宜家地球灯 / 宜家（IKEA）/ 大卫·沃尔（David Wahl）/ 瑞典 / 2014
宜家 IKEA PS 2014 红点设计大奖装饰客厅卧室吊灯。

性，即用它来显示某种意义。企业设计师通过对产品形态的创造，把自己对于产品功能、操作、情感、市场直至品牌形象的认识和想法都融入其中，使得产品的形态成为一种向消费者传递意义的无言的手段。现代设计更关注在形态的外部特征上所反映出来的设计意图、审美情趣、价值观、社会思考等内部特性（图 1-1-23，图 1-1-24）。当然，对于产品形态符号的能指和所指而言，能指往往为人所直接感知，而所指概念的确认和共享则多要借助语言的描述和评价。

特别要指出的是，当形态符号在产品群中出现时，其生成是与特定的规则和识别策略相关的，体现特定的品牌属性和群体归属，有特定的社会功利性内涵意义隐含其中。这在商业社会的产品设计中尤为明显和重要。因此，品牌产品系列或产品群的形态符号在一般设计意义的基础上，进一步遵循了具体的规则，即由内在的理念识别出发，在企业价值观念、品牌理念或历史精神的指导下，注重保持一定的识别性和延续性，使虚拟的品牌识别在有形的、具体可触的形态符号上传达给消费者，使其得以被真实地感受与认知。

此外，我们还要注意，某种形态在特定的文化背景或文化传统。下具有特定的象征意义，通过特定的形态常使人产生历史或文化的概念。这种意义或概念是建立在特定的文化背景与风俗习惯等约定俗成的关系上的。通过探讨这些形态的语意，会发现它们背后广泛的文化内涵（图 1-1-25 至图 1-1-26）。

关于各种形态在构成中的表现特性：

图 1-1-23 Maybach Exelero 概念车 /
Maybach 公司 / 意大利 / 2005
国际顶级豪华车迈巴赫(首创于 20 世纪 20 年代)推出的
Maybach Exelero,以 1930 年的 Maybach 运动跑车为蓝本设计。

图 1-1-24 雷克萨斯新产品系列的前脸形
态符号特征

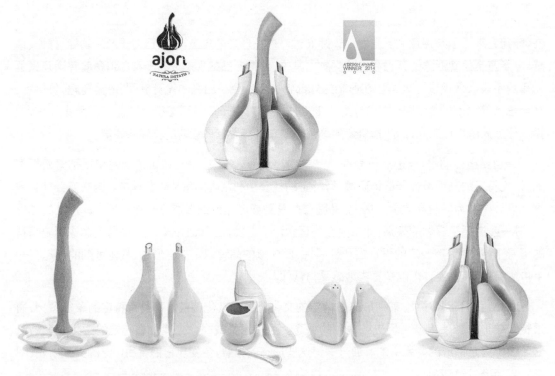

图 1-1-25 "大蒜"调味瓶 AJORÍ / photoAlquimia 团队 / 西班牙 / 2014
"大蒜"调味瓶 AJORÍ 是最大化利用了造物主的"线索"的典范。

图 1-1-26 SETTA C / 美津浓(MIZUNO)公司 / 日本 / 2020

来自日本的 MIZUNO 从古老的日本 Setta 鞋款上寻找灵感,在充满历史感的鞋型上注入了 MIZUNO 的跑鞋科技,带来了全新 SETTA C / 6。在保留传统鞋款造型的同时,鞋垫里加入了碳纤维增强塑料材质,并搭配轻量 EVA,提升了鞋款的整体舒适性。

(1) 线材:线材特性在于长度和方向,在空间上具有一种紧张感,也有伸长的力量,在结构上细腻有弹性,做成的构成物总有间隙留下,对空间有影响。

(2) 面材:面材的特性在于轻薄、面积感。在构成上要发挥其特性,并适应其造型要求,创造新的视觉感受。

(3) 块材:块材的特性则完全封闭,又确实存在,无线材的细致感和面材的轻薄感。

关于形态和联想一般分为四类:第一量感型、力感型;第二稳定、不稳定;第三暖色、冷色;第四软、硬。具体描述为:有机的形状代表暖色,几何的形状代表冷色;曲线形表示暖调,直线形表示冷调;外凸的形状表示温暖,内凹的形状表示寒冷;带角的形状表示硬度,去角的形状表示柔软;水平形状代表柔软,垂直形状代表坚硬;细的显示柔软,粗的显示硬度;浮游感代表软,稳定感代表硬。

关于产品形态的各种处理与意义之间的关系,具体见表 1-1-1。

(二) 色彩之美

色彩是产品要素中视觉感受方面最为感性的,变化丰富且感染力强。色彩不仅能够理性地传达某种信息,更重要的是它以特有的魅力激发人们的情感反应,达到影响人、感染人和使人容易接受的目的。阿恩海姆在说到色彩时提道:说到表情的作用,色彩却又胜过一等,那落日的余晖以及地中海的碧蓝色彩所传达的表情,恐怕是任何确定的形状都望尘莫及的。

人们感知与认识色彩一般要经过物理(感觉)、心理(联想)、文化(象征)的三个阶段。由于不同的色彩会使人产生不同的刺激效应,引起不同的视觉经验和心理感觉,或轻或重、或冷或暖、或进或

表 1-1-1　产品形态的意义图表

产品造型的意义	理性	形式追随功能,少就是多			
	中性	形式柔和克制,兼具理性与感性美			
	感性	形式追随情感			
线条构成的意义	结构线	体现结构和强度关系的意义			
	视觉感官线	棱线、曲面肌理线			
	运动线	进一步突出运动感与流畅感			
	装饰线	起装饰作用,与功能无关			
曲面构成的意义	张力表现	代表力量和强度			
	感性风格	柔和的曲面,大R面			
	理性风格	技能结构式的面,小R面			
	渐消面	曲面在外形上逐渐消失于一点,丰富视觉层次的特征面			
	光影营造	展现更深层的形式美感与审美意蕴			
	图案构成	构成产品图案,凸显视觉美感			

退、或积极或消极、或热烈或安静,并带动不同的情感联想,进而左右人的情感。人们共同的生活体验,带动产生了一些共同的色彩认知,例如红色,使人联想到火焰和太阳,象征着热情和喜悦等。此外,色彩也在不同的文化背景下成为特定的文化象征。

色彩在产品、包装、平面、服装等各种设计领域发挥着至关重要的作用,作为一种视觉传递的语言,它更直观、主动与有效。产品的色彩通常也成为产生联想、表达功能、传达语意的符号要素,或具有直接的功能指示性,或以色彩结合形态对功能进行暗示,或以色彩制约和诱导使用行为。同时,特定的设计色彩,还可以表示产品的属性(如消费电子或机械设备等);建立与环境的关系,突出或融入其中;与产品的品牌形象建立一致的联系;成为纵横系列中的产品群标示,并体现企业的品质等(图 1-1-27 至图 1-1-30)。色彩作为一种视觉符号,无疑也是一种文化的符号,它的选择和使用反映了使用主体——人的精神和情感,并折射出地域性、民族性、文化性、历史性等特定的社会内容。这使得产品中的色彩符号承载了丰富的文化、历史意义,体现象征的特性。因此,色彩是体现与表达文化多样性的主要途径之一。

例如黄色,在中国传统中是帝王和万物中心的颜色,象征着提供食物的土地,也象征着太阳。但在世界许多地区,黄色往往与不忠相联系,例如在中欧地区,就被普遍描绘为嫉妒的象征,淡黄色则象征着奸诈和挑衅(犹大的衣服被描绘成这种颜色)。而在佛教国家,黄色的地位极高,和尚的僧袍常为橘黄色,象征摒弃一切杂念。又如绿色,在很多国家它被认为是滋养世界的颜色,代表了春天的清新、生命的复苏和希望,而绿色生态运动又使其成为环保的象征。再如白色,在西方特别是欧美国家,白色是结婚礼服的主要色彩,表示爱情的纯洁与坚贞。但在东方,白色通常与死亡、丧事相联系(多表现在服饰颜色上)。

图 1-1-27 SYSTEM COOKWARE 7-8 厨具 /
Vision Kovea Co.,Ltd.,Incheon / 韩国 / 2014
多样的色彩清晰的表达、区分了系列厨具的不同功能。

图 1-1-28 SixE 椅子 / PearsonLloyd
(Luke Pearson,Tom Lloyd) / 英国 / 2014
白色靠背、红色椅面与橙色支架的搭配使用,
让人产生热烈、积极的感受。

图 1-1-29　Detrola 特别版腕表 /
希诺拉(Shinola) & Silly Putty 公司 / 美国 / 2021
特别版 Detrola 带有 20 世纪 80 年代水族硅胶表带,樱桃红 TR90 树脂表壳,
并采用喷砂处理的表盘,与柔韧的玩具具有相同的色调。

图 1-1-30　715 LS 头盔 /
Jofa / Umeå / 瑞典 / 2014
其亮丽的颜色既具有吸引力,又可
提升儿童参与户外活动的安全性。

　　此外,色彩符号在产品设计中的意义表达,还必须注意其流行的特性。流行色(Fashion Color),是指在一定时期和地区内,被大多数人喜爱或采纳的、带有倾向性的几种或几组时髦的色彩,即合乎时代风尚的色彩。色彩的流行被认为是"最具心理学特征的时尚现象",代表了时代的潮流和要求色彩变化的渴望。

　　我们对产品色彩的传统认知和喜好,更多代表了一种选择、一种趋势、一种走向。从第二次世界大战后的黑色和浅素色,20 世纪 70 年代的米色、灰色和后来的金属色,20 世纪 80 年代的天空色、海洋色与植物色,20 世纪 90 年代的彩色到如今的纯净色彩的回归,可看出色彩的流行趋势作为社会发展的象征事物,反映了人们在精神上的一种希望与渴求,也是一个时期政治经济状况、社会环境、文化思潮、心理变化和消费动向的总体反映,具有周期性特征。因此,创新的产品设计需要设计师关注色彩的流行,在产品上多使用公众持续看好、富有生命力、甚至反映社会未来愿景的色彩,从而发挥其积极的影响(图 1-1-31、图 1-1-32)。

(三) 材质之美

　　材料作为产品构成中重要的要素符号,也是产品意义的系统传达中的重要一环。从符号学的角度看,材料重要的不是它的自然质料性,而是它使人产生的意象和所对应的特定意义。对于材料,人们常常通过视觉、触觉等来综合感受其表面的质地,包括肌理、软硬、温度、光滑粗糙程度等,并通过感觉间的联想,产生特定的心理感受和情感体验,并逐渐在材料与视觉经验、心理体验与意义指向之间建立起稳定的联系。例如金属给人坚硬、光滑、冰冷和科技的感觉,而木材则给人温暖、手感柔和与易亲近感。在这种稳定的联系下,人们看到某种具体的材料时,不必用手触摸,通过视觉经验就可以产生特定的综合感觉印象(图 1-1-33 至图 1-1-37)。

图 1-1-31 Wattman 公路赛车摩托车 /
Voxan / 法国 / 2013
大胆的红蓝配色,辨识度高,是极具张力、对抗的色彩。

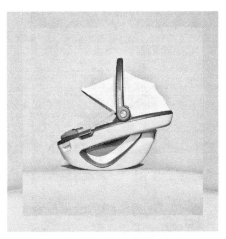

图 1-1-32 Maxi-Cosi Coral / VanBerlo 婴儿
汽车座椅,Eindhoven / 荷兰 / 2021
大面积的白色配以少量不同的点缀色,
在视觉美学上让人感到轻松、愉悦。

这种意义的关联已经印入人们对于材质的感觉体验,甚至回忆有时也可以寄托在一件物品的材料上。例如在使用的过程中,木材比其他材料更容易留下生活的痕迹,相对于其他材料的磨损,木材上的痕迹是时光刻下的记忆,无疑是温暖而细腻的。还有由纸或金属手工制成的产品,也有类似的情感体验效果(图 1-1-38,图 1-1-39)。

在产品设计中,材料可以独立或协助其他要素表达特定的含义,材料语意的不同会影响产品语意的差异。以手机设计为例,一般工程塑料外壳象征中低端;要表现高档,则多用镁铝合金;为表现更高的档次,外壳甚至采用碳纤维或钛金属来进行特定的意义表现,例如 VERTU TI 系列智

图 1-1-33 Nikon Aculon T51 8x24
双筒望远镜 / 尼康 / 日本 / 2013

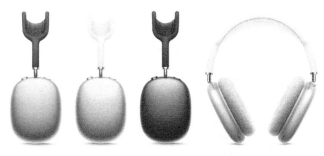

图 1-1-34 AirPods Max 头戴式耳机 / Apple 公司 / 美国 / 2020
阳极氧化铝金属耳罩华丽精致,耳垫外层覆有特制的网面织物,
不锈钢框架外包裹的材料触感柔软,兼具出色的强度、弹性与舒适度。

图 1-1-35　滤式咖啡机 /
领豪（Russell Hobbs）/ 英国
几何形式与高质感不锈钢面板设计
相结合，体现出尖端品质。

图 1-1-36　花朵休闲椅（Flower Chair）/
皮埃尔·保兰（Pierre Paulin）/ 法国 / 1960
Magis 花朵休闲椅（Flower Chair），法国知名大师
Pierre Paulin1960 年的经典作品，主材是聚碳酸酯。

图 1-1-37　家庭餐用碗
竹子和瓷器的和谐结合
创建餐具的优雅轮廓。

图 1-1-38　无骨宣纸灯 / 辛瑶瑶 / 中国 / 2010
褶皱纸灯，表面突起的自然纹理叠加交错，
如藤蔓覆盖表面，同时起支撑作用。

图 1-1-39 手工制成的杯具,有金属手工的痕迹

能手机。此外,对于材料的选择,也是一种符号化的结果,与设计的语构规则相关,其中必然凝结了设计师特定的思考。设计中材料的选择,除了要考虑材料本身所具有的物理特性、感觉特性、文化特性以及产生的联想,还要考虑造型及工程技术等因素。

例如中低端的手机选用工程塑料,是基于其成本较低和耐用、耐热等工程方面的要求,这是一种语法规则的(语构);高端手机多选用镁铝合金,也是基于其重量要轻、散热要好的要求以及高科技感的需要,这同样也是一种语法规则的(语构)。又例如因物理的法则(陶瓷较玻璃隔热),所以设计师一般会选择陶瓷做咖啡杯、玻璃做冷饮杯(当然设计可以有所变通,玻璃把手加塑料材料隔热也可变成"热饮的玻璃杯",这种变通可以用语用来解释)。在不同的自然环境、地域与历史背景下的设计创造中,材料的选择和使用必然也凝结了特定的历史、文化特征和社会意识。竹子,在中国、日本乃至东方等很多地区常见,作为可再生的自然资源,其造型挺拔、风韵优雅、竹香清淡,低调却富有韧性,因而在传统文化和器物中经常出现,成为特定的意象元素,甚至可以代表中国的某种文化意味,例如石大宇所设计的"椅君子"。而这种低调却富有韧性的物料在环保风流行的现代设计中,结合制品能更充分展示东方自然、和谐和人文的设计意味,例如环保品牌 Bambu(图 1-1-40)。

此外,木材、陶瓷等其他传统材料也同样凝结了很多传统的文化价值和历史意义。由于材料在社会中并非孤立存在,很多时候与特定的社会活动、社会现象与社会思考相联系,因此物品的材料也必然折射出特定的社会特征,例如环保材料的生态意义。瑞士 Freitag 包,利用工业废弃的卡车篷布和其他安全带、内胎等进行再处理并设计而成,一方面顺应了环保再利用的风潮,另一方面,其材料使用过的独特的"痕迹"成为其特有的生命感,每一块布背后都有特定的故事,这种生命感是全新的材料制成的包所无法比拟的(图 1-1-41)。因此,现代设计要充分利用本地材料作为自然资源或社会资源的特性,也可鼓励尝试材料的非传统、跨文化的设计演绎

图 1-1-40　竹制品环保品牌 Bambu 厨房用品 / Bamboomake 公司 / 中国
除利用竹子的天然形状进行设计外,还有效地利用了边角料,令竹制产品的外观更加多样化。

图 1-1-41　Freitag 包 / Freitag / 马库斯、丹尼尔(Markus & Daniel Freitag) / 瑞士 / 1993

(图 1-1-42),如香港设计师的陶土广播、国外的混凝土家具、将过季面料更新再造(图 1-1-43),就产生了亦新亦旧的不同意象。

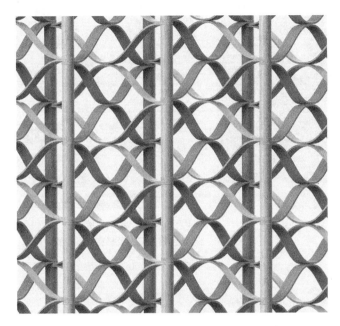

图 1-1-42　模块化装饰屏风 / Zhang Wei / 中国 / 2021
环保竹子的使用,热弯成型的工艺,基本的多重柔韧形态以及
自由组装的设计,使得隔断屏风的高度、尺寸和形状
可以根据不同的需求而改变。

图 1-1-43　V VISSI(∶Revisit)- 可持续
创新时尚 / VicKie Au 中国香港 / 2021
使用升级再造材料,通过与绿色合作伙伴合作,
将过季面料样本更新为新产品。

(四) 装饰之美

　　装饰也是产品符号构成的不可忽视的要素之一。虽然现代主义提倡以理性的功能思维去设计产品的形态与色彩,往往去除所有的装饰,但是从人类造物的历史看,大部分设计都是与装饰有关的,原研哉甚至指出,设计都是富裕的一种隐喻,以及赞颂人工痕迹的装饰。装饰一开始都是以自然的范本为基础发展而来的,除了自然的美感与意义联系以外,那些繁复的纹样更体现了一种特殊的审美,因为样式复杂的图案集中了高难的技巧与长时间跨度的工艺积累,使人们自然产生敬畏感(图 1-1-44,图 1-1-45)。例如中国古代的青铜器、北京故宫中遍布各处的龙纹、米兰大教堂复杂的尖塔与巴洛克式的外窗(图 1-1-46),还有令人赞叹的阿拉伯设计等,无不蕴藏着威严与权柄等更深的意义。可见,所有的文化对装饰图案设计都很重视。而后,这些装饰在手工业时代由于人的主体意识的觉醒与审美意识的加强得到了极大的发展。后经工艺美术运动、新艺术运动、装饰艺术运动等不同时期,装饰与现代设计发生了各种符号意义的联系。例如建筑结构与表面装饰之间就有很强的关联,吉马德(Guimard)设计的巴黎地铁的入口、高迪设计的米

图 1-1-44　中国纹样集锦 / Owen Jones / 英国 / 2010
来自传统自然题材的装饰纹样。

图 1-1-45　带有装饰纹样的餐具 /
I.D. 杂志 / 美国 / 2007
自然主题的装饰纹样在餐具中的应用。

图 1-1-46　米兰大教堂 / 意大利 / 1960
复杂的尖塔与巴洛克式的外窗。

兰之家屋顶的建筑装饰等(图1-1-47)就是一个例子。

图1-1-47 西班牙米拉之家屋顶的建筑装饰 /
安东尼奥·高迪 / 西班牙 / 1912

  装饰在产品设计上一般表现为平面性的装饰元素,如纹样、图案或文字等,也有与产品的各种开孔、凹槽相结合的,还有局部的立体性装饰形象或光影等。装饰的元素或图案大多取自于传统的自然题材(动物或植物等),表达产品中的自然意味与美感。从传统的家居领域看,自然主题的装饰艺术在家具、餐具、灯具以及日常用品设计中的应用具有悠久的历史。装饰元素也有从传统文化、历史故事、品牌主题或者社会题材中选取并抽象化处理的,借以表现个性、情感或社会文化意义。此外,装饰元素也有纯几何的装饰形象,包括新兴起的数位化、像素化图案,其创新的组合无疑增添了产品本身的趣味性。

  近年来,随着技术的提高、情感回归的需求以及设计观念的更新,在设计领域中尤其是家居产品设计中,又重新兴起了大量装饰元素的回归应用,具有相当的广度和深度。当代的灯具、家具、生活用品等设计进一步表现出繁荣多样化的姿态。同时,家用电器、交通工具、电子产品等的硬件表面甚至是软件界面也有越来越多的装饰元素加入其中,例如索尼爱立信曾开发过一款Walkman手机,玫瑰红的机身背后设计有浮雕式的图案装饰。这些装饰无疑丰富了电子产品的技术形象,给它们带来了新的个性意义与人文魅力。

  因此,对于门迪尼(Mendini)提倡的"能引起诗意反应的物品"来说,装饰元素是其中表现情感、让人着迷的途径之一。

（五）声音、光效与动态之美

1. 声音之美

声音、光效以及动态亦作为产品中不可或缺的要素符号。首先，声音作为产品与人交互的载体已被受众认可，声音是视觉以外重要的信息获取途径[①]。声音不仅建构远距世界的认知，也丰富了我们的感知体验。群体在使用产品过程中通过声音与之互动，获得产品的信息，并简化产品使用的方式。具有象征意义的声音有利于激发人的情感（在接受这个符号意义的同时，人们也接受了符号阐释者倾注在符号里的"态度"）[②]。而基于符号学理论，可将声音按指示符号（index）、相似符号（icon）以及象征符号（symbol）三种不同（有时，可能相关）的方式使用，来表达动作反馈、信息提示、功能联想及场景氛围营造的不同意义。这些符号通过编码转译使听者感知与提取产品声音的信息特征，以此使感官体验多层次丰富化。

声音的联觉传达能够满足用户的互动需求，其塑造的象征意义可满足用户的情感需求，和谐的声音设计亦满足用户良好的体验需求，而声音设计与视觉化结合可进一步满足用户的多感官需求。故此，声音所赋予的符号语义正被广泛应用于家电操作、汽车智能内舱、视障群体产品、智能产品交互等方面[③]。面对未来的持续发展，声音的设计也会从科技、材料、信息与知觉等维度进行多元且全面的提升[④]。例如葡萄牙设计师 Soraia Gomes Teixeira 设计的会奏乐的凳子。这款凳子上面有一个类似于风琴一样的设计，当人们坐上去的时候，凳子就会发出"xia"的声音。此款设计模仿葡萄牙当地的一种古老乐队的声音，用户与产品互动的过程中，通过触觉、听觉的多感官介入，将传统音乐与常规生活有机融合，巧妙地以"坐"这种动作向下压力转译为风琴发音的压力，进而使用户对于"坐下"这个瞬间动作衍生出时间的延续（图 1-1-48 至图 1-1-51）。[⑤]

2. 光效之美

本文中的光效指的是视觉层面中的表现与呈现效果。实际上，光效同样具有与实体产品相似的特征要素，如颜色、形态等方面。另外，光效也具备一定特殊的物理属性，如强度、亮度、均匀度、立体感等方面的视觉特征量[⑥]。除视觉方面，光效也对人的心理产生一定程度的作用。光的艺术效果亦可满足人们的审美需求，影响其情绪与精神，进而有利于缓解肌体疲劳和心理压力[⑦]。

---

① EOzcan, van Egmond, R.Product sound design and application: An overview. [C]Proceedings of the International Conference on Design and Emotion, Sweden, 2006 (5): 19.

② 林霜. 基于符号理论的产品声音设计研究[J]. 装饰, 2018 (07).

③ 郝彦霞, 张嘉桓, 黄建福. 从设计方法论体系看当代声音设计的潜在价值和需求[J]. 设计, 2021 (03).

④ 芦影. 声音体验[D]. 中央美术学院, 设计理论与设计教育博士论文, 2017.

⑤ 杨添, 沈杰. 听觉互动体验旅游纪念品设计研究[J]. 设计, 2019 (9).

⑥ 栾慧. 光环境下的艺术设计[D]. 山东师范大学, 设计艺术学硕士论文, 2013.

⑦ 杜娜. 光构成在产品设计中的应用研究[J]. 机械设计, 2014 (02).

图 1-1-48 会奏乐的凳子 / Soraia Gomes Teixeira /
葡萄牙 / 2018

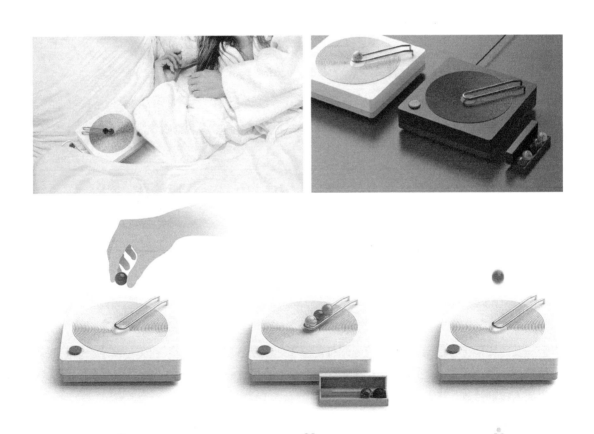

图 1-1-49 白噪声音箱 / 威利斯·周(Wesley Chow)/ 中国 / 2018
一款用来播放白噪声和粉噪声的音箱，用来帮助高压力人群排解诸如"孤独感"等负面情绪。
使用不同的"音质球"排列组合，让用户创造出不同的自然氛围音效。

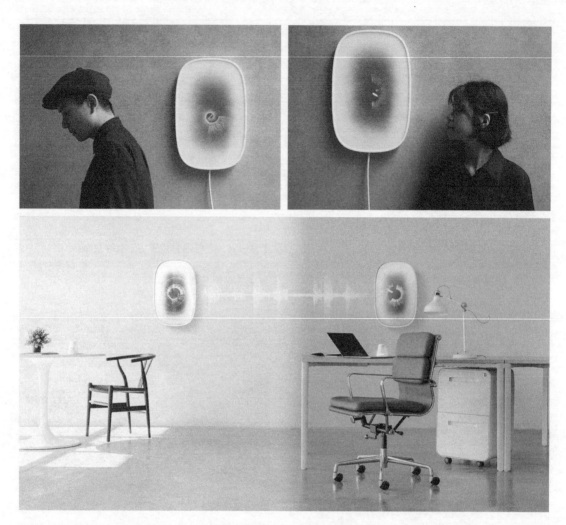

图 1-1-50 SOUNDMATE 声音的陪伴 / 李宗唐 & 陈勤旻 / 中国台湾 / 2021
SOUNDMATE 透过程式运算将生活环境的声音转换为动态的数字 / 数码视觉图像，并呈现在对方的显示屏幕上，
借由分享彼此声景与传递声音的实体互动，以远端、低调的方式形成两人关怀陪伴的联结。

　　与其他要素符号相比，动态的光效同样能够引起高层次的场景体验、社交与情感反馈。光效已然作为一种展现高级产品的状态信息或品质效果的视觉表现手法被广泛使用，例如三星洗衣机界面的按键光效。

　　在设计的具体处理中，设计师需要集合光效中的多元化要素进行有序分类，关注其所表达的特定意义，然后根据方案中体验与意义的目标的需要，转化为不同色彩、强度、动态的光效符号或组合。这种通过光效所营造的情境氛围或变化过程，无疑是当今体验设计中传递意义的新的有效载体。例如 TOYOTA POD 概念车，该款概念车给人们带来了新的设计理念，车前面设置了明显

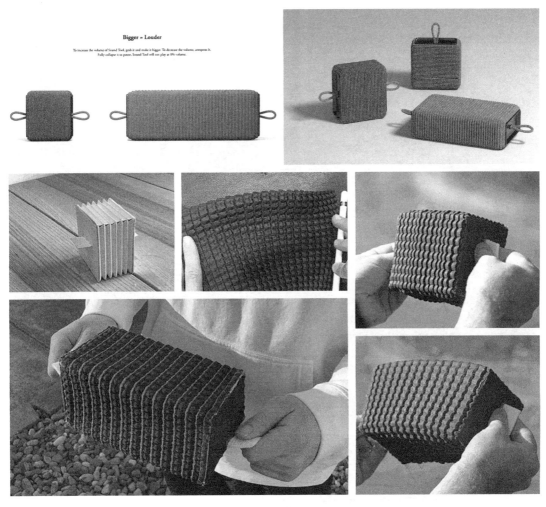

图 1-1-51 Sound Tool / Ben Lorimore / 美国 / 2019
实体化的声音工具,想要加大音量,就增大它的体积;要减小音量,就压缩它的体积;完全折叠即是暂停。

的 LED 灯带,当用户走近这辆汽车时,LED 灯带即可发出颜色,不同颜色代表着汽车的不同心情。通过设计引导,汽车不再是一款冰冷的产品,更像是家庭中的一员。光线辅助了产品情感的表达,亦使产品造型提升了一个层次(图 1-1-52 至图 1-1-55)。

3. 动态之美

动态即充满活力,具备表现力,呈现出动势或变化,是一种表象化的形式①。黑格尔将世

---

① 李昱靓.论"动态"设计观[J].包装工程,2008(05).

图 1-1-52 TOYOTA POD 概念车 / 丰田公司 / 日本 / 2001
利用灯光营造氛围感。

图 1-1-53 FARO 智能头盔 / UNIT1 公司 / 美国 / 2020
FARO 光滑带有动态 LED,且能见度较高的智能头盔。

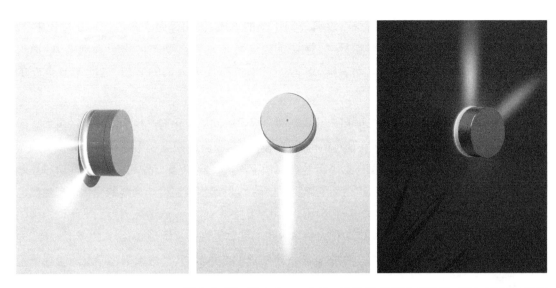

图 1-1-54　"Dot Concept Clock"时钟 / 张明,黄浩锵,吴田 / 中国 / 2020
此钟采用成熟的 LED 投影技术。通过 LED,光线从钟的底部发出,就像钟面的抽象指针,
用户可以通过转动时钟顶部的旋钮来调节发出的光的亮度和距离。

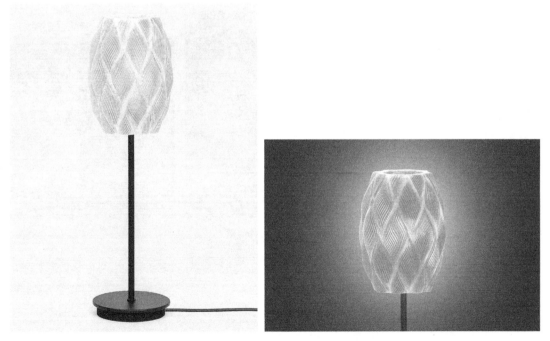

图 1-1-55　Lamellae Lamp / Matthijs Kok / 荷兰 / 2019
Lamellae 优美的线条、感性和动态的节奏与材料的半透明性相结合,既提供了深度,也为周围环境创建了图形化的
温暖光线。灯的云状轮廓根据旁观者的有利位置而变化。薄片在桌子或工作台上发出向下定向的光,
并通过薄片之间的开口向房间的其余部分提供柔和的散射光。

界理解为一种未完成的流动性存在,没有任何不变的本质,一切都处于永恒的变化过程中 [①]。动态可作为以时间为旅程的视觉符号,强调的是一种流动性。动态区别于其他要素,通过运动时刻产生变化,或有序,或无规则,这种不可预见亦促进人们的联想,进而带来全新的体验。

　　动态构成的本质特征是在二维和三维的空间中根据时间的变化而产生形态变化的魅力。时间赋予形态新的表现形式,空间在动态的时间变化中催生出新的视觉效果,由静转动,使得造型元素形态不再单一静止。时间使得形态符号进一步丰富,并创造出更加悦目的形式,同时创立新的概念,使观者通过和作品交流,产生新的感受和体验 [②]。例如根据温度与光线的变化而产生颜色变化的啤酒包装(图 1-1-56)。又如 BeoSound 9000 CD 播放机,在其通透玻璃盖后面滑动换碟的碟架(图 1-1-57)。这些设计将动态转化为更具吸引力和体验性的视觉形式,给人们形成一种"力场",呈现张力并具备一定的个性。所以动态带来的流动性体验,其产生出的化学反应有利于丰富人们的感官(图 1-1-58)。

　　故此,光效、声效与动态不仅仅局限于视觉表达,更通过多感官的形式深化与提升体验,对于情景的整体作用具有一定的帮助,是五感符号的一种综合作用。

图 1-1-56　Coors Light 啤酒 / Molson Coors / 美国 / 2017
根据温度和光线变色的啤酒包装,在 4.5℃左右时,啤酒包装上的山会
变成浅蓝色的冰山。

① 闫顺 . 敦鹏 . 存在过程与过程哲学的对话——海德格尔和怀特海的过程观比较 . 昆明理工大学学报(社会科学版),2009(2).

② 范凯熹 . 动态构成[M]. 青岛:中国海洋大学出版社,2013:前言 .

图 1-1-57　BeoSound 9000 CD 播放机（上、左下）/ David Lewis / 英国 / 1996
BeoSound 3200 CD 播放机（右下）/ David Lewis / 英国 / 2003

图 1-1-58　空中水花园 / Janet Echelman / 美国 / 2010
Water Sky Garden 是空中飘浮装置，材料柔软通透，可随风的运动而自由改变形体，配合灯光，炫目灵动。

▶▶ 三、语意学设计的新聚焦

（一）有意义的创新：社会性意义层面的变革

产品作为塑造社会的媒介，是设计师与其目标人群之间互动影响的中介[①]。当下的产品(人工制品、交互、服务等)随着社会的动态性发展，其自身不仅承载功能等基础信息，同时包含着看待事物的视角与认识方式，以观念的形式介入于社会创新的变革之中[②]。因此，语意学作为将意义赋予人工物及相应与其互动的系统研究[③]，不仅提供满足工业利益的造型认知、界面操作与形式突破等意义，而且更多地涉及对于多样性的社会与文化传统，从而形成新的概念。这些除一般功能可见性之外的社会性意义，具体讲包括：

(1) 日常生活(或工作中)的角色属性、故事叙事、识别定义、文化的传统与特色以及观念，例如松下在 2021 年推出的去中心化电视；

(2) 产品生命周期不同阶段的意义以及与利益相关者的关系；

(3) 还涉及愿景的想象：考虑可能的未来世界，并有可能在真实时光里被创造；合意的未来，如何通过反思或设计让周围的世界更有意义和益处。

以上这些多样性的社会性意义为设计的突破提供了关于社会文化活动的有价值的线索。所以说，从另一角度看，设计也是以故意和合理的方式制造我们的环境的方式，来满足我们的需求并赋予我们生命的意义。

一般而言，突破性的设计大多来自技术的变革，但事实上，社会文化观念的变革同样也是设计力创新的另一驱动力。从 Alessi、Kartell、Bang & Olufse 等成功案例及设计思考中可见，观念驱动的创新往往从理解社会文化模型下微妙的和不言而喻的动力学开始，并带来社会文化观念和意义的新的变革[④]；同时，通过新的技术的出现或将现有技术用在全新的语境或愿景探索中，也会带来观念层面的颠覆式变革。为此，维甘提(Roberto Verganti)教授明确指出，设计力创新的概念，即在创造意义的激进式创新[⑤]。这也是为原产品创造新的属性，结合商业与社会要素，基于"共享价值"理念进一步开拓、引领新的市场。例如索特萨斯创建的孟菲斯组织所做的实验性文化产品的设计语言。又如飞利浦基于家庭愿景(符号)或意义以构想未来的产品设计理念，通过创新令世界更为健康、可持续。

---

① David Pye. The Nature and Aesthetics of Design [M]. London: A & C Black Publishers Ltd. 2000:15.

② 李子龙,吴雪松.跨越设计中"伪装"的多样性——以惠而浦冰洗产品设计实践研究为例[J].装饰,2021(08).

③ [美]克劳斯·克里彭多夫.设计:语意学转向[M].胡飞等译.北京:中国建筑工业出版社,2017:8.

④ Donald A. Norman,Roberto Verganti. Incremental and Radical Innovation:Design Research vs. Technology and Meaning Change [J]. Design Issues,2014,30(01):78-96.

⑤ [意]罗伯托·维甘提.设计力创新[M].家庭传媒城邦分公司,2011:前言.

如何实现意义的激进创新的过程与方法是其中的关键,需要忘却以使用者(或消费者)为中心的"设计思考",取而代之的是重点提出突破性的愿景,具体就是善用关键诠释者的知识,以诠释性实验室、跨学科小组会议等形式激发想法,进而通过倾听、诠释、诉说的一系列过程借由"文化原型"来赋予产品新的意义。可见,社会性意义的创新应是自下而上、下沉于广泛群体需求的"第三种创新"[①]。

总之,这预示着社会意义驱动的创新设计在解决多元可持续发展概念中扮演重要角色,因其与社会、文化、经济以及文化存在显著的涟漪反应。例如 LG 的新 Object 电视系列与松下打造的去中心化理念电视设计(图 1-1-59),其作为情感内涵符号充分体现出对于家庭美好生活的想象与期望。Nanoleaf 智能灯光区别于传统灯具,每个单体均是几何形态,用户可根据自身喜好以及家庭特定环境,打造独一无二的专属设计。该灯板已然不只是照明灯具,更是营造家庭情绪氛围,满足个性化需求的"调节剂"。

图 1-1-59 LG Objet 系列家电 / LG / 韩国 / 2018
LG Objet 系列采取的家电与家具结合的理念,重新塑造了家电的使用意义,代表着个性化家电时代的来临。

此外,当代的设计者愈加注重产品意义的社会属性,并随之衍生出诸多如情感化设计、共生设计[②]、批判性或思辨设计等设计理念。其均旨在以社会生活为缘起,积极表达关于社会学、心理学以及意识形态的观点,进而通过思想层面的"讨论"引起人们反思(图 1-1-60 至图 1-1-63)。

(二)产品、情境及文化体验的综合意义

克劳斯·克里彭多夫与巴特(R. Butter)在 1984 年语意学设计的探讨中就指出,用户与产品意义互动时不仅仅通过产品本身,还有使用的情境,既包括了使用者使用时的听阅运作,还涉及

---

① [意]罗伯托·维甘提.第三种创新:设计驱动式创新如何缔造新的竞争法则[M].戴莎译.中国人民大学出版社,2014.

② [日]枡野俊明.共生的设计[M].北京:中国建筑工业出版社,2018:23-26.

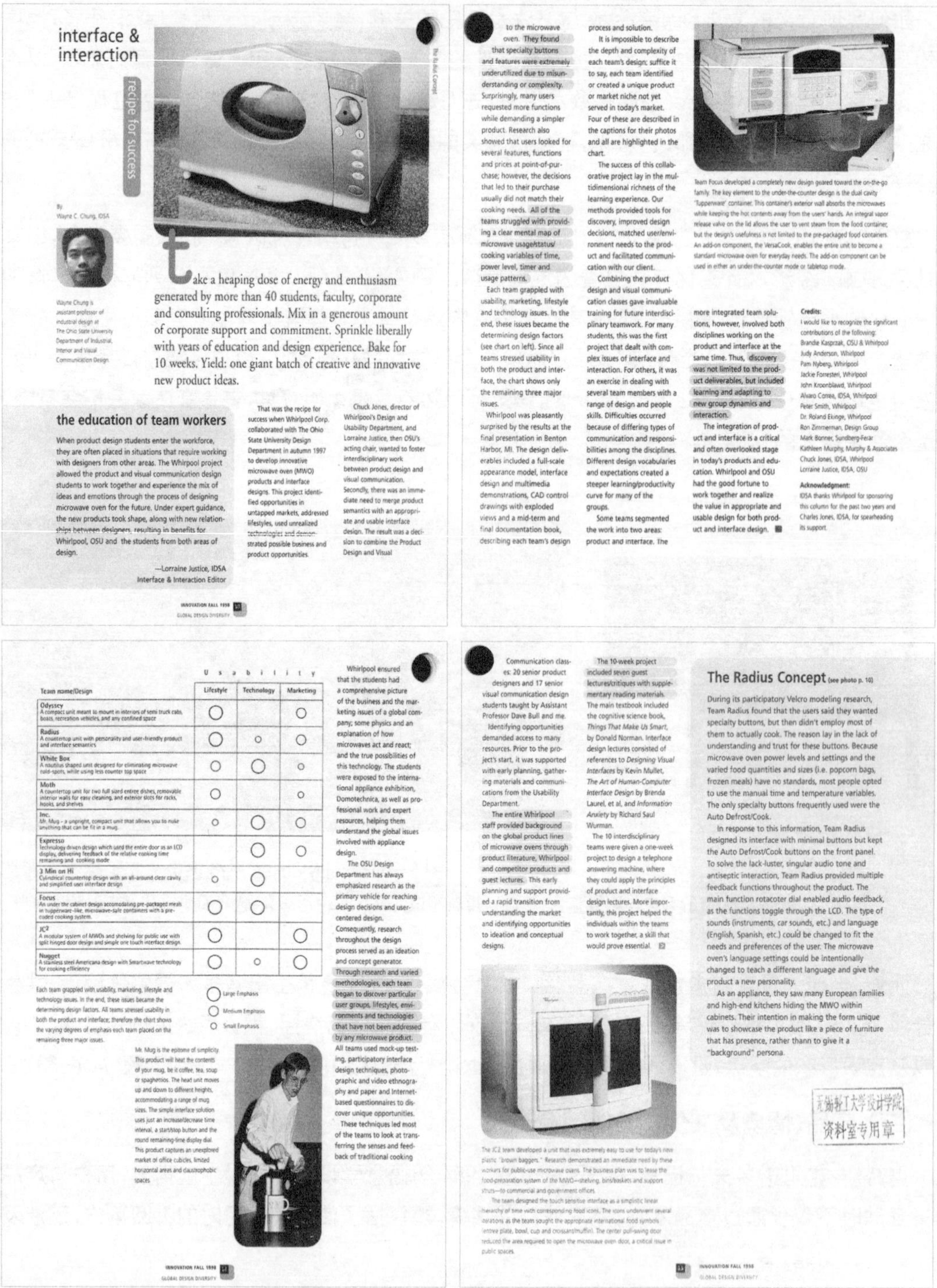

interface & interaction

recipe for success

By
Wayne C. Chung, IDSA

Wayne Chung is assistant professor of industrial design at The Ohio State University Department of Industrial, Interior and Visual Communication Design.

Take a heaping dose of energy and enthusiasm generated by more than 40 students, faculty, corporate and consulting professionals. Mix in a generous amount of corporate support and commitment. Sprinkle liberally with years of education and design experience. Bake for 10 weeks. Yield: one giant batch of creative and innovative new product ideas.

the education of team workers

When product design students enter the workforce, they are often placed in situations that require working with designers from other areas. The Whirpool project allowed the product and visual communication design students to work together and experience the mix of ideas and emotions through the process of designing microwave oven for the future. Under expert guidance, the new products took shape, along with new relationships between designers, resulting in benefits for Whirlpool, OSU and the students from both areas of design.

—Lorraine Justice, IDSA
Interface & Interaction Editor

That was the recipe for success when Whirlpool Corp. collaborated with The Ohio State University Design Department in autumn 1997 to develop innovative microwave oven (MWO) products and interface designs. This project identified opportunities in untapped markets, addressed lifestyles, used unrealized technologies and demonstrated possible business and product opportunities.

Chuck Jones, director of Whirlpool's Design and Usability Department, and Lorraine Justice, then OSU's acting chair, wanted to foster interdisciplinary work between product design and visual communication. Secondly, there was an immediate need to merge product semantics with an appropriate and usable interface design. The result was a decision to combine the Product Design and Visual

INNOVATION FALL 1998 10
GLOBAL DESIGN DIVERSITY

The Radius Concept

to the microwave oven. They found that specialty buttons and features were extremely underutilized due to misunderstanding or complexity. Surprisingly, many users requested more functions while demanding a simpler product. Research also showed that users looked for several features, functions and prices at point-of-purchase; however, the decisions that led to their purchase usually did not match their cooking needs. All of the teams struggled with providing a clear mental map of microwave usage/status/cooking variables of time, power level, timer and usage patterns.

Each team grappled with usability, marketing, lifestyle and technology issues. In the end, these issues became the determining design factors (see chart on left). Since all teams stressed usability in both the product and interface, the chart shows only the remaining three major issues.

Whirlpool was pleasantly surprised by the results at the final presentation in Benton Harbor, MI. The design deliverables included a full-scale appearance model, interface design and multimedia demonstrations, CAD control drawings with exploded views and a mid-term and final documentation book, describing each team's design process and solution.

It is impossible to describe the depth and complexity of each team's design; suffice it to say, each team identified or created a unique product or market niche not yet served in today's market. Four of these are described in the captions for their photos and all are highlighted in the chart.

The success of this collaborative project lay in the multidimensional richness of the learning experience. Our methods provided tools for discovery, improved design decisions, matched user/environment needs to the product and facilitated communication with our client.

Combining the product design and visual communication classes gave invaluable training for future interdisciplinary teamwork. For many students, this was the first project that dealt with complex issues of interface and interaction. For others, it was an exercise in dealing with several team members with a range of design and people skills. Difficulties occurred because of differing types of communication and responsibilities among the disciplines. Different design vocabularies and expectations created a steeper learning/productivity curve for many of the groups.

Some teams segmented the work into two areas: product and interface. The more integrated team solutions, however, involved both disciplines working on the product and interface at the same time. Thus, discovery was not limited to the product deliverables, but included learning and adapting to new group dynamics and interaction.

The integration of product and interface is a critical and often overlooked stage in today's products and education. Whirlpool and OSU had the good fortune to work together and realize the value in appropriate and usable design for both product and interface design.

Team Focus developed a completely new design geared toward the on-the-go family. The key element to the under-the-counter design is the dual cavity 'Tupperware' container. This container's exterior wall absorbs the microwaves while keeping the hot contents away from the users' hands. An integral vapor release valve on the lid allows the user to vent steam from the food container, but the design's usefulness is not limited to the pre-packaged food containers. An add-on component, the VersaCook, enables the entire unit to become a standard microwave oven for everyday needs. The add-on component can be used in either an under-the-counter mode or tabletop mode.

Credits:
I would like to recognize the significant contributions of the following:
Brandie Kasprzak, OSU & Whirlpool
Judy Anderson, Whirlpool
Pam Nyberg, Whirlpool
Jackie Forresteri, Whirlpool
John Kroonblawd, Whirlpool
Alvaro Correa, IDSA, Whirlpool
Peter Smith, Whirlpool
Dr. Roland Ekinge, Whirlpool
Ron Zimmerman, Design Group
Mark Bonner, Sundberg-Ferar
Kathleen Murphy, Murphy & Associates
Chuck Jones, IDSA, Whirlpool
Lorraine Justice, IDSA, OSU

Acknowledgment:
IDSA thanks Whirlpool for sponsoring this column for the past two years and Charles Jones, IDSA, for spearheading its support.

Usability

Team name/Design	Lifestyle	Technology	Marketing
Odyssey A compact unit meant to mount in interiors of semi truck cabs, boats, recreation vehicles, and any confined space	◯ (large)		○ (medium)
Radius A countertop unit with personality and user-friendly product and interface semantics	◯ (large)	∘ (small)	○ (medium)
White Box A nautilus shaped unit designed for eliminating microwave cold-spots, while using less counter top space	○ (medium)	◯ (large)	∘ (small)
Moth A countertop unit for two full sized entree dishes, removable interior walls for easy cleaning, and exterior slots for racks, hooks, and shelves	○ (medium)		∘ (small)
Inc. Mr. Mug - a unpright, compact unit that allows you to nuke anything that can be fit in a mug.	∘ (small)	◯ (large)	○ (medium)
Expresso Technology driven design which used the entire door as an LCD display, delivering feedback of the relative cooking time remaining and cooking mode		◯ (large)	○ (medium)
3 Min on Hi Cylindrical countertop design with an all-around clear cavity and simplified user interface design	∘ (small)	◯ (large)	
Focus An under the cabinet design accomodating pre-packaged meals in tupperware-like, microwave-safe containers with a pre-coded cooking system.	◯ (large)	◯ (large)	
JC^2 A modular system of MWOs and shelving for public use with split hinged door design and simple one touch interface design.	◯ (large)		◯ (large)
Nugget A stainless steel Americana design with Smartwave technology for cooking efficiency	◯ (large)	∘ (small)	◯ (large)

◯ Large Emphasis
○ Medium Emphasis
∘ Small Emphasis

Each team grappled with usability, marketing, lifestyle and technology issues. In the end, these issues became the determining design factors. All teams stressed usability in both the product and interface; therefore the chart shows the varying degrees of emphasis each team placed on the remaining three major issues.

Mr. Mug is the epitome of simplicity. This product will heat the contents of your mug, be it coffee, tea, soup or spaghettios. The head unit moves up and down to different heights, accommodating a range of mug sizes. The simple interface solution uses just an increase/decrease time interval, a start/stop button and the round remaining-time display dial. This product captures an unexplored market of office cubicles, limited horizontal areas and claustrophobic spaces.

Whirlpool ensured that the students had a comprehensive picture of the business and the marketing issues of a global company; some physics and an explanation of how microwaves act and react; and the true possibilities of this technology. The students were exposed to the international appliance exhibition, Domotechnica, as well as professional work and expert resources, helping them understand the global issues involved with appliance design.

The OSU Design Department has always emphasized research as the primary vehicle for reaching design decisions and user-centered design. Consequently, research throughout the design process served as an ideation and concept generator. Through research and varied methodologies, each team began to discover particular user groups, lifestyles, environments and technologies that have not been addressed by any microwave product. All teams used mock-up testing, participatory interface design techniques, photographic and video ethnography and paper and Internet-based questionnaires to discover unique opportunities.

These techniques led most of the teams to look at transferring the senses and feedback of traditional cooking

INNOVATION FALL 1998 11
GLOBAL DESIGN DIVERSITY

Communication classes: 20 senior product designers and 17 senior visual communication design students taught by Assistant Professor Dave Bull and me.

Identifying opportunities demanded access to many resources. Prior to the project's start, it was supported with early planning, gathering materials and communications from the Usability Department.

The entire Whirlpool staff provided background on the global product lines of microwave ovens through product literature, Whirlpool and competitor products and guest lectures. This early planning and support provided a rapid transition from understanding the market and identifying opportunities to ideation and conceptual designs.

The 10-week project included seven guest lectures/critiques with supplementary reading materials. The main textbook included the cognitive science book, *Things That Make Us Smart*, by Donald Norman. Interface design lectures consisted of references to *Designing Visual Interfaces* by Kevin Mullet, *The Art of Human-Computer Interface Design* by Brenda Laurel, et al, and *Information Anxiety* by Richard Saul Wurman.

The 10 interdisciplinary teams were given a one-week project to design a telephone answering machine, where they could apply the principles of product and interface design lectures. More importantly, this project helped the individuals within the teams to work together, a skill that would prove essential.

The JC2 team developed a unit that was extremely easy to use for today's new plastic "brown baggers." Research demonstrated an immediate need by these workers for public-use microwave ovens. The business plan was to lease the food-preparation system of the MWO—shelving, bins/baskets and support struts—to commercial and government offices.

The team designed the touch sensitive interface as a simplistic linear hierarchy of time with corresponding food icons. The icons underwent several iterations as the team sought the appropriate international food symbols (entree plate, bowl, cup and croissant/muffin). The center pull-swing door reduced the area required to open the microwave oven door, a critical issue in public spaces.

The Radius Concept (see photo p. 10)

During its participatory Velcro modeling research, Team Radius found that the users said they wanted specialty buttons, but then didn't employ most of them to actually cook. The reason lay in the lack of understanding and trust for these buttons. Because microwave oven power levels and settings and the varied food quantities and sizes (i.e. popcorn bags, frozen meals) have no standards, most people opted to use the manual time and temperature variables. The only specialty buttons frequently used were the Auto Defrost/Cook.

In response to this information, Team Radius designed its interface with minimal buttons but kept the Auto Defrost/Cook buttons on the front panel. To solve the lack-luster, singular audio tone and antiseptic interaction, Team Radius provided multiple feedback functions throughout the product. The main function rotacoter dial enabled audio feedback, as the functions toggle through the LCD. The type of sounds (instruments, car sounds, etc.) and language (English, Spanish, etc.) could be changed to fit the needs and preferences of the user. The microwave oven's language settings could be intentionally changed to teach a different language and give the product a new personality.

As an appliance, they saw many European families and high-end kitchens hiding the MWO within cabinets. Their intention in making the form unique was to showcase the product like a piece of furniture that has presence, rather thann to give it a "background" persona.

INNOVATION FALL 1998
GLOBAL DESIGN DIVERSITY

图 1-1-60 界面与互动研究 / 俄亥俄州立大学设计系与惠尔浦公司 / 1998 年《创新》秋季刊

俄亥俄州立大学设计系与惠尔浦公司合作设计开发概念微波炉。

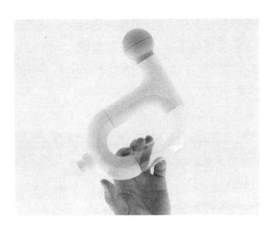

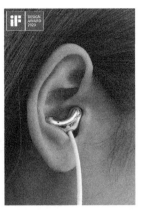

图 1-1-61 OPlay- 哮喘儿童的医疗产品 /
邓玥，莫洁莹，王凡，杨金禤 / 中国 / 2021
以模仿乐器的形式将乏味的治疗转化为愉悦的
音乐体验。

图 1-1-62 瑷玥耳机 – 玉佩文化 / 周超红 /
中国 / 2020
耳机结合中华玉文化，将传统珠宝首饰与电子科技跨界融合，
塑造东方之美的视觉形象，亦作为耳机设计的一种新方向的
探索，引领新生代消费群体的观赏审美需求。

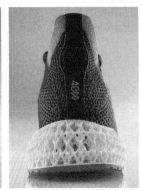

图 1-1-63 4DFWD 运动鞋 / Adidas / 美国 / 2021
结合 4D 技术，将物理与生物力学转化为性能解决方案方面的潜力。

到其文化的背景。产品的意义中功能可见性自然是其重点，通过容易辨认的、可操作性强的符号
来表达与用户相关的功能，我们才得以进入认知产品的大门。然后，产品使用情境中则会发生更
为丰富的意义交互。产品的使用情境是一系列活动场景中人、物的行为活动状况，特指在某个特
定时间内发生状态的相关的人、物及事，强调特定时间及环境中人们的心灵动作及行为。具体多
关注使用产品过程中的人、物及事的关联性。通过产品的使用情境，不仅可以召唤出产品固有的、
客观的功能性意义，还有该产品与生活世界的联系，与人有关的心理性、社会性、文化性的象征价
值及知识体验，甚至有时还是一个生动故事的叙事。

　　在当下科技产品同质化的背景下,国际文化与地方文化的共生互补,地域特色的美学、文化、历史及记忆的国际性、跨文化传播等,往往成为设计意义突破的一个重要方向(图 1-1-64)。所以,由于产品的意义是综合性的意义建构,而不同类别或不同生命周期阶段的产品有其不同的意义重点,要根据其战略需要或用户需求,适当强化所关注的重点。

图 1-1-64　3D 编织纤维 / Anya Molyviatis / 瑞士 / 2021
结合 3D 编织、色彩渐变、互动合成以及将城市景观与自然环境相结合的技术,创造出
一种振荡的色彩带来的感官体验。

　　使用情境除了激发出综合性意义以外,还通过多种感官的接触互动丰富其从感知到认知的过程。产品与用户在情境中的互动,除了视觉为主,听觉、嗅觉为辅的非直接接触,还有肤觉(或狭义的触觉)为主的物理性、动态的接触,这对于当今智能产品及界面的交互尤为重要。因此,当下的产品语意学设计范式,不应局限于产品本身单一、静态的符号,而是在包括使用情境、文化体验在内的整体情境中创新产品、理解产品的,涉及多感官、多层面的意义互动。所以,需要更多注重产品的使用情境、强化文化内在和外在的相关属性,通过结合实体与虚拟符号以塑造意义的互动,进而构建整体的综合性体验。前文中所列举的会奏乐的凳子、利用灯光营造氛围感的概念车以及根据温度、光线而产生变化的啤酒包装,均是在实现产品基础功能的同时,采取不同维度的感官呈现,给予产品多元且丰富的意义表达。

　　所以,结合上述描述的设计要素的符号性,从设计领域出发,除掌握产品本身的设计要素外,更要求培养设计师对于综合灵活运用如声效、光效、动态等多元虚拟符号要素,以及转化产品与文化特质之间的能力。例如著名电动汽车品牌特斯拉,致力于采取颠覆式创新以探究未来出行的生活愿景。特斯拉对于每一系列车型的细节设计都是设计师刻意为之,除展现美观的设计外形外,其极简主义的内饰与易于操作且具有人性化的交互界面,在提高车辆行驶的效率以及塑造其"来自未来"科技感品牌形象的同时,亦带给用户多维度的综合沉浸式体验。又如任天堂的 Wii 游戏机,其产品样式、界面以及控制器区别于传统游戏机,有机融入感应器,其激进的产品语言旨在拓宽受众面,使游戏机变为人人可参与的实体体验活动,成为一种"全民运动"的文化浪潮风靡全球(图 1-1-65)。这种技术与意义突破并结合的策略也为任天堂带来巨大的收益。可见,设计驱动意义创新无疑会成为未来发展的重要趋势。

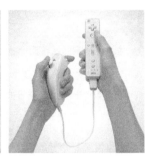

图 1-1-65　Wii 游戏机 / 任天堂 / 美国 / 2006
沉浸式游戏体验,掀起"全民游戏"的浪潮。

第二节　产品语意学的沿革与发展

一、产品语意学的沿革

(一) 从符号学到产品语意学

随着研究的深入和多元化,符号学的内涵和边界在不断扩张和延伸,越来越多的学科领域开始尝试将符号学应用到其研究中。受到索绪尔和皮尔斯在符号学系统研究方面的启发,建筑设计领域率先尝试了符号学的应用,探索了建筑学与符号学的结合。

20 世纪 50 年代,意大利的艾柯、斯卡维尼、建筑师福斯柯等人开始尝试将建筑元素符号化的研究。20 世纪 60 年代,文丘里针对现代主义的"少就是多"提出"少就是乏味",明确表明应通过符号学的视角来构筑建筑的形式和内涵(图 1-2-1)。1968 年,第一届建筑符号学大会成功举办。1972 年,在巴塞罗那举行的"建筑、历史和符号理论大会"上,学者们以美国语言学家乔姆斯基的语言学原理为参照,从语言学的角度对建筑的深层结构做出了讨论。后来,詹克斯又将建筑与语言的相似性——建筑的词汇、意义、句法和符号,推广到后现代建筑(即具有多般面貌的建筑,即建筑应该是自由的、不规则的、感性的、富有意味的、曲线的,甚至是折叠的)的更广层面。

图 1-2-1　母亲住宅 / 罗伯特·文丘里（Robert Venturi）/ 美国 / 1962 年
在该住宅设计中,传统的符号被非常规地运用,通过错用符号来赋予建筑新的活力。

　　建筑设计领域对符号学的尝试和应用,对工业设计领域产生了很大的触动。1979 年艾柯在其符号学研究中指出,符号学由原来探讨语言的范围已延伸到探讨物品的范围。在符号学逐渐发展的 20 世纪七八十年代的东德设计理论中,Rainer Funke 发展了一项假说:若无产品语言性的话,与产品的真正交往及社会的秩序与活力,都将成为不可能①。这个时期,西方工业设计师和学者通过多年的实践,深感产品除人体工学、结构和生产技术方面的要求,不可避免含有意义,设计师应该了解产品意义是如何形成与传达的,并将此应用于产品设计。在建筑学的带动和影响下,工业设计领域对符号学的研究逐渐重视,并尝试结合符号学探索新的设计可能性,即产品语意学。

（二）产品语意学产生和兴起的背景

　　产品语意学是时代的产物。产品语意学之所以能作为一种新的设计思想,并在产品设计方面形成具体的设计潮流并非偶然,而是历史背景和时代发展的一种必然性。

1. 后现代主义思潮的兴起

　　20 世纪 50 年代以后,国际现代主义消极作用开始显现,产品设计趋于单调、简单、冷漠、严谨而缺乏人情味,只具有技术语意和功能使用语意,没有思索回味的余地。鉴于此,通过对现代主义设计的反思和批判,建筑领域率先出现了反对国际风格、提倡关注情感和人文关怀的思想,随后形成了轰轰烈烈的后现代主义思潮。1977 年,詹克斯在《后现代建筑的宣言》中明确提出了后现代的概念。后现代主义强调设计的隐喻意义、通过历史风格增加设计的文化内涵

---

① ［德］Bernhard E. Burdek. 产品造型的历史、理论及实务［M］. 胡佑宗,译. 亚太图书出版社,1996:147.

与象征意义,或者反映一种幽默与风趣等。

后现代主义的目的是重建人类现有的文化,探索尽可能多元化的创新道路。后现代设计风潮经由建筑设计领域影响到了产品设计领域,设计师们开始关注产品使用价值之外的特定意义与文化内涵,并力图使其进一步成为某一特定文化或语境的隐喻或符号,由此开启了产品语意学的探索(图1-2-2至图1-2-6)。

图 1-2-2 现代主义设计的产品,强调功能和极简洁的造型语言

图 1-2-3 水果盘 / Tom Dixon / 英国
在简约主义和工业美学的基础上又充满生活气息。

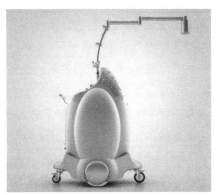

图 1-2-4 充满人情味的医疗设备设计

图 1-2-5 花瓶、咖啡壶、牛奶壶与糖缸 / 查尔斯·詹克斯
(Charles Jencks) / 阿莱西(Alessi) / 意大利
后现代主义思潮中的标志作品。

图 1-2-6 孟菲斯回顾展上的"卡尔顿书架" / Ettore Sottsass / 意大利 / 1981
不拘泥于功能性,表现了对通俗文化、大众文化、古代文化和装饰的认同。

2. 机械时代向电子、信息时代的转变引起的"造型失落"

20世纪50年代中期,在电子技术的驱动下,产品造型日渐趋向盒状化、扁平化与同质化。以往设计所遵循的"造型要明确地表达功能与结构"的创造法则已不再合适。在电子产品特别是数字化时代智能产品的带动下,大多数产品以极简的造型呈现,如平板电脑、智能手机等,造型与功能之间失去了必然的、密切的联系性,导致了物理机能的"黑箱现象"和"造型失落",以至于面对造型单一的产品时,使用者无法有效辨认和识别其具体功能,由此,设计的意义与体验重点转向了软件界面上(图1-2-7)。

除此之外,随着技术和材料科学的发展,家电产品、通信器材产品体积逐渐小型化,功能大幅度提升,例如索尼的Walkman产品TPS-L2(1979)、MD产品Qualia 017(2014)。而近年来的iPod、iPad到智能电视、智能恒温器NEST甚至是最新的可穿戴式智能设备,更是因智能交互技术的介入形成新的产品潮流。可见,在新旧转换的过程中,所有新生的或旧的但已改变的产品,都需要一种可以辨别、易于识别的新的造型形象来确定自身(图1-2-8)。然而,不可置疑的是,除了旧符号的渐进性设计外,大多新产品仍然潜藏着新造型和新设计符号匮乏的现实,而这也是后现代以来及当今产品设计的重要需求之一。因此,无论是新功能还是新形象,都需要探索新的造型语法来建构和表现,以满足新时代"物品辨认的需要"与"意义创新的需要"。

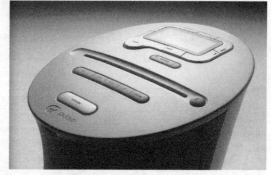

图1-2-7 电子时代产品的扁平化、简洁化,往往带来无法识别的问题

图1-2-8 注重识别使用且有表情的电子产品界面设计

3. 感性的互动与沟通成为消费者关注的热点

后工业时代,社会经济体系真正意义上从以生产者为导向转向了以消费者为导向,甚至是以价值为导向。经济的发达和生活质量的提高,使得同质化的产品无法满足消费者的内心需要,促使人们在满足物质功能的同时追求更多的精神功能——要求产品个性化、多样化与差异化。这意味消费者对产品的消费已经从现代设计所强调的功能满足、转变为对产品意象的心理满足,注重风格差异、精神享受与社会价值,这其实是一种追求象征价值的"符号消费"现象(图1-2-9、图1-2-10)。

　　而现代生活节奏的加快、生活场景的碎片化等一系列生活形态的变化,同样带来了社会交流的日益淡漠和表达逻辑的复杂,因而,产品感性层面上的意义互动,情感和人性的平衡以及产品的对话功能——即人类心灵与精神的操作成为关注的焦点。可理解性、可沟通性也已成为新产品意义设计的中心问题(图1-2-11)。

图1-2-9 "情人"打字机 /
Ettore Sottsass / 意大利 / 1969
廉价而又时尚的便携式打字机。

图1-2-10 The Trooper 时尚头戴式耳机 /
尼克松(Nixon)公司 / 美国
前卫大胆的设计,引领风潮。

图1-2-11 "当时优良设计的胜利"
只要与高科技有关,所有东西都变得轻薄短小,像盒子、表板,
即使会吠的狗也演变为住宅防卫系统。

4. 对文化意义的再认识

　　随着全球化的发展,技术文化和国际化的风格正在逐渐消解世界各地的固有文化特色,各民族的设计文化和审美特点、地区性的个性风格遭到无情地抛弃和轻视。但是,地域文化作为在一定地区的自然、风土、生态等基础上经过长时间历史积聚形成的特定的东西,是一种"记忆",而这些正与产品设计中心理、社会、文化的历史脉络紧密联系。因此,设计需要关注多样化的文化的关联性和社会意义,不管对于本文化传统还是跨文化的设计,都要通过有意识的产

品设计,来建立世界文化(技术文化)和地域文化的动态平衡和共生互补,尊重两者的同等地位,并从"生命造型的意义"寻求文化重建的典型(图1-2-12至图1-2-14)。

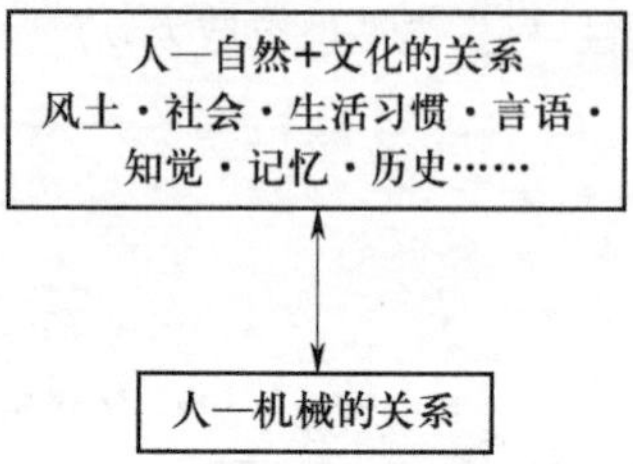

在文化全球化背景下,当代中国产品设计,同样面临着一个新的课题,即如何使文化创新的思维、思想永远活跃,以开明宽阔、广泛包容的胸襟,从历史和其他地域文化的源流中,汲取文化的养分,接受各种不同的思想与鲜活的知识,使产品设计才思不断、新水长流,在融合互动中持续创新,以更符合全球不同地区、民族与市场的人们的文化愿景。这也是当代设计师所追求的共同目标之一。

> 人—自然+文化的关系
> 风土·社会·生活习惯·言语·知觉·记忆·历史……
>
> ↕
>
> 人—机械的关系

图1-2-12　从人与机械的关系向人与自然、文化的关系转变

图1-2-13　袖珍收音机 / 印度工业设计中心 / 印度
从这些诙谐俏皮的作品中,能感受到印度的风土味和民族风格。

图1-2-14　MRET净水器 /
MOTO / 韩国
简约、优雅、质感的韩式风格。

综上所述,后现代主义的思潮、消费社会及消费者的多样化与感性需求,以及设计文化重建的需要,都印证了产品语意学的产生和兴起具有时代的必然性。其对主体精神、文脉和符号语意的重视,有助于为各种社会问题提供新的设计思考和新的可能性:赋予产品新的差异性和识别性;赋予产品功能性以外的人文价值,即在产品发展、人类使用产品的历史以及未来愿景中重新探求产品的文化意义;进一步突出其"对话功能"与"环境功能",在心理、社会、文化与环境方面形成有意义的互动。

(三) 产品语意学的发展历程

产品语意学作为多学科领域跨界与融合的研究成果,除却上文提到的符号学理论和时代背景之外,德国乌尔姆设计学院的"符号运用研究"也是关键源点之一,其奠定了产品语意学的初始架构基础。

20 世纪 50 年代,德国设计领域开始关注符号学研究,其标志之一便是乌尔姆设计学院提出的 "设计符号论",而这也是产品语意学理论框架的起源。马尔多纳多最早在一所设计学校开设的设计符号学课程进行授课,他和郭本思都为学校期刊 "乌尔姆" 撰写了很多论文,例如马尔多纳多的《交流与符号学》。汉斯·古格洛特在一次报告(1962)中,以 "作为符号的设计" 一语指明了符号与设计的一致性,即 "具有正确信息内容的任何产品都是一个符号"。其强调产品指示(标识功能)作为设计的第一步的观点,从传统到现在都备受重视。古伊·邦西彭普(Gui Bonsiepe)(1963)强调符号学对设计的重要性时说:"基于符号程序的、在使用者和器具之间的沟通方面可能是工业设计理论最重要的部分。" 马克思·本泽进一步推动了符号学观点在形式美学功能原理的基本造型方法中的探讨,影响到后来 "好的造型" 的准则。由此,乌尔姆设计学院的尝试带动了符号学在产品设计中的研究。

经过乌尔姆设计学院的尝试和探索,符号学在产品设计中的研究得到了关注并开始发展,产品语意学的理论框架也初见雏形。但是,由于当时的时代局限性,符号学在产品设计领域的研究未能延续探索,直到 20 世纪七八十年代,在新的社会历史背景的推动下,才逐渐成熟发展。

20 世纪七八十年代,在后现代主义思潮,电子信息时代 "造型失落"、消费社会和用户需求变化以及文化重构等时代背景下,符号学理论进一步完善并和产品设计加速融合,产品语意学的诞生条件已然成熟。

20 世纪 80 年代初,尤里·弗里德兰德 Uri Friedlander 尝试应用 "隐喻"(Metaphern)来描述产品的象征意义。主要包括三种隐喻:历史的隐喻,使人们回想起更早的事物;技术的隐喻,包含了科学及技术的成分;自然的隐喻,源于自然的形式、运动或事件。从隐喻的思考中,继而衍生出感官表现主义的或隐喻的造型设计 [①]。1983 年,美国宾夕法尼亚大学的克劳斯·克里彭多夫(K.Krippendorff)教授和俄亥俄州立大学的莱因哈特·巴特(Reinhart Butter)教授明确提出 "产品语意学" 这一概念,并在 1984 年美国工业设计师协会 IDSA 年会期间举行的关于产品语意学的专题研讨会上予以明确定义,即产品语意学是 "研究人造物体的形态在使用环境中的象征特性,且将其中的知识应用于工业设计上的学问"。并进一步认为产品语意学是对旧有事物的新觉醒,产品不仅要具备物理机能,还要能够向使用者揭示或暗示如何操作和使用,同时产品还应具有象征意义,且能够构成人们生活当中的象征环境。到 1989 年,又将其定义为 "一种关于人们如何将意义赋予人工物及相应地与其互动的系统研究"。

1984 年,会议论文由该协会《创新》杂志春季号结集出版,主题为 "形式的语意学"。专辑中发表了克劳斯·克里彭多夫、巴特、格罗斯(Gross)、麦科伊(M. McCoy)、朗诺何(Lannoch)等人

---

① ［德］Bernhard E. Burdek. 工业设计——产品造型的历史、理论及实务[M]. 胡佑宗,译. 亚太图书出版社,1996:266.

的文章,例如 *ProductSemantics:Exploring the Symbolic Qualities of Form*、*Defining a New Functionalism in Design* 等。通过这份专刊,20 世纪六七十年代在德国发展出来的这个新设计观念,在美国得到了突破,进一步推动了基于符号学和语言学的产品设计理论的发展(图 1-2-15)。

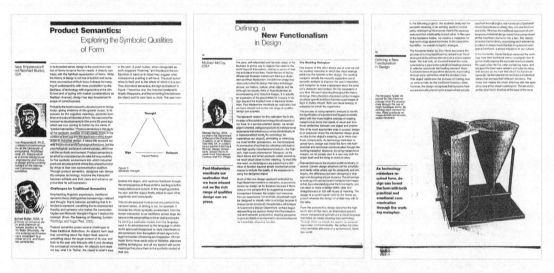

图 1-2-15   克里彭多夫与巴特、麦科伊的产品语意学文章,刊登于《创新》杂志 1984 年春季号

　　同年夏天,美国克兰布鲁克艺术学院的麦科伊教授策划召开了名为"产品设计的形态与功能的新意义"产品语意学研讨会。克兰布鲁克艺术学院是美国最早在课程中研究产品语意观念的机构之一。麦科伊夫妇和学生成功地发展出一系列应用产品语意学的典范设计,其中最为著名的作品就是学生丽萨·克诺(Lisa Krohn)的"电话簿"电话机,该设计不仅赢得了"芬兰造型大奖",而且因其清晰地展示了在电子产品中利用产品语意学可拓展的设计潜能,在当时造成了极大的影响,甚至被视为产品语意学真正的突破。丽萨通过将电话簿的意象符号应用到电话机上,接续了处理书本的传统方式——翻,每一页都包含一项实用指南,硬件和软件相互配合,使初学使用者也能轻松使用。

　　麦科伊将此理论观念视为"解释的设计",其核心更接近于产品语言学,适合于既定功能和文脉的任何设计,可以覆盖更为宽广的文化、艺术设计领域。

　　在此影响下,1985 年在荷兰举办了全球性的产品语意研讨会。飞利浦公司在布莱希(Blaich)的领导下以其"造型传达设计策略——富有表现力的形式"的理念而获得巨大成功。"滚轮"收音机上市不久,就售出超过 50 万台(图 1-2-16)。在有关专题研讨会上展现了产品语意理论的具体应用成果。1989 年夏,荷兰赫尔辛基工业艺术大学举办了国际产品语意学讲习班,随后,产品语意学得到了众多欧洲院校的积极推广。产品语意学经由研讨会、出版物、高校研究和新的产品路线传遍欧洲,此后逐渐形成遍及世界的设计潮流(图 1-2-19 至图 1-2-22)。

20 世纪 90 年代起，《工业设计——产品造型的历史、理论及实务》和德国 *Form* 杂志再度以产品语言为主题，对产品的表现形式与诠释意义进行探讨。产品语意学也开始扩展到更多的设计领域，包括使用者的界面设计、人机因素研究、地域文化研究等，将设计因素深入至人的心理、精神层面，在亚洲的日、韩等国也有学者结合"感性工学"加以研究。

20 世纪 90 年代后期，中国台湾出版的《设计的文化基础——设计·符号·沟通》(杨裕富，1998)一书，梳理了近现代语言学、符号学的发展与设计的关系，特别提出了设计文化符码的建构模式和解读方法，把文化符码分为策略层、意义层和技术层，为很多设计研究所参考和引用(图 1-2-17)。

无锡轻工大学(现江南大学)的刘观庆教授早在 20 世纪 90 年代于东京造型大学研修期间，就进行了产品语意学的专题探索。他从古代音乐故事"高山流水"中提取造型要素，进行激光唱机产品的设计，试图展现中国传统音乐的文化内涵(图 1-2-18)。1994 年，他回国后率先在工业设计教学中尝试产品语意学设计，发表的相关课程成果给人面目一新的感觉。

2000 年后，国内外学者较为系统地探讨设计符号、产品语意的著作及教材也相继出版，包括《设计符号与产品语意》(胡飞、杨瑞，2003)、《设计符号学》(张宪荣，2004)、《产品的语意》(张凌浩，2005，第一版)、《语意转向：新的设计基础》(Klaus Krippendorff，2006)、《工业设计符号基础》(胡飞，2007)、《视觉的诗学——平面设计的符号学向度》(海军，2007)、《符号学产品设计方法》(张凌浩，2011)等，从各自的专业角度，对符号学理论的认识、设计语言与设计创新方法及实践进行了集中探讨。

同时，国内外设计学科对设计符号和产品语意的研究也越发多元化，其中研究的主题包括：产品语意设计教育、产品语意的评价方法、产品语意与系统化设计、跨文化语意设计、产品语意与交互等。

产品语意设计教育方面，广州美术学院张剑教授从符号学原理出发，灵活构造产品符号和语意的设计方法，指导学生归纳包括符号文本编译方法、意义预设和探究等设计方法；苏乔伊·查克拉伯蒂(Shujoy Chakraborty)探索了影响产品符号传达的物理特性或内在特征，并在设计教学中发展出一种形状编码策略；2007 年，埃文斯(Evans)和萨默维尔(Sommerville)在英国的国际工程和产品设计教育会议上提出了一种"解构产品语意"的方法，旨在提高产品语意在设计教育中的有效性。

产品语意的评价方面，Yanhe Zhang 等人提出了基于用户记忆的产品语意评价模型；Petiot 等人以可用性测试为基础，结合营销和决策理论，开发了一种评估产品语意的通用方法。

产品语意与系统化设计方面，Jonas SjöströmBrian 等人从利益相关者、语言和功能构件、产品活动周期等方面探索了产品系统的语意设计实践；欧静通过研究复杂产品的语意编码问题，提出了产品层次语意的概念，并构建了基于语意特征的情境过程模型。

图 1-2-16 "Roller"(滚轮)收音机 /
PHILIPS 公司 / 荷兰 / 20 世纪 80 年代
运用滚轮的符号造型隐喻,深得年轻人欢迎。

图 1-2-17 左图:《工业设计:产品造型的历史.
理论与实务》(胡佑宗译,1996);
右图:《设计的文化基础——设计·符号·沟通》
(杨裕富,1999)

"鸣虫" / 谭杉 (左上)

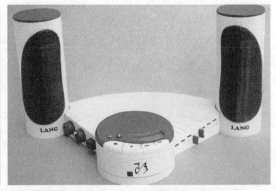

"朗" / 林友 (右上)

"越风" / 马西越 (左下)

"古琴" / 傅炯 (右下)

图 1-2-18 无锡轻工大学(现江南大学)课程作业 "CD 机设计" / 中国 / 1994

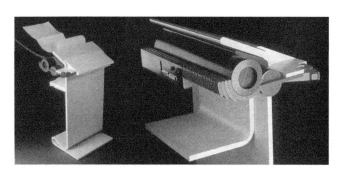

图 1-2-19 打印机原型 / Elaine
将纸张的流动感表现出来。

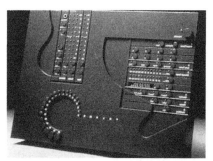

图 1-2-20 立体收音机 / Robert
Nakata / 日本
使用音乐符号和传统的乐器来诠释电子
乐器的天性。

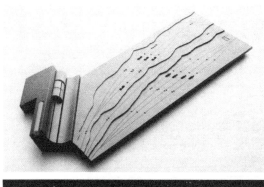

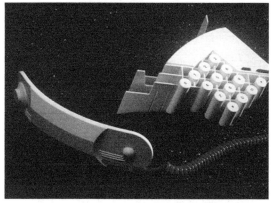

图 1-2-21 轨道图像终端机与电话研究案 /
Jurgen Hitzler 等 / Siemens Design Studio / 1986

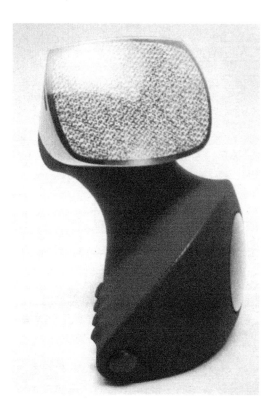

图 1-2-22 个人电视机 / 克兰布鲁克艺术
学院 / Peter Stathis / 美国

跨文化语意设计方面,Asghar S 等人探讨了认知中的文化差异与辅助技术的产品属性及其用户的语意偏好的关联性;Lin Shuzhen 等人通过抽象地域文化特征作为产品语意设计元素,对其属性进行分类,建立了文化语意元素库。

在产品语意与交互方面,Wellington Gomes de Medeiros 通过结合产品语意学和交互中情感维度与务实维度,提出"有意义的交互"(MI)理论,以此来探索产品语意维度以及交互中用户的认知和行为(图 1-2-23)。克劳斯·克里彭多夫认为产品语意设计关注的交互范围不应局限在电子产品的界面上,而应扩展到所有生活产品中,通过用户与语意的互动,实现产品和用户心灵或思想的对接。

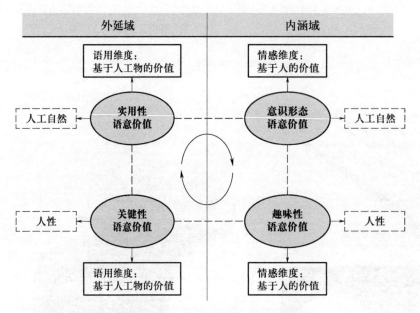

图 1-2-23　有意义的交互框架(MI 框架)和四个语意价值 /
Wellington Gomes de Medeiros / 英国 / 2007

除此之外,产品语意学还在数字化网络、可持续设计、智能产品设计、虚拟现实、设计战略等方面有着众多相关研究。

总之,在今天的设计学领域中,经过众多符号学家、设计学者和设计师的不懈探索,人们对符号、意义等词已不再陌生,产品语意学及设计符号学的理论及观点也将进一步推动设计创新方法的研究,并将在新的时代中不断创造新的价值。

▶▶ 二、作为符号的设计:乌尔姆

乌尔姆设计学院是在产品领域进行设计符号探索和研究的先驱,奠定了合理设计学说和设计程序科学化的首块基石。乌尔姆设计学院教师汉斯·古格洛特(Hans Gugelot)在 1962 年的一份报告中,以"作为符号的设计"的术语,指出了符号与设计的一致性,也表明了乌尔姆设计学院关于设计符号的研究方向[①]。此外,产品语意学概念的提出者之一,克劳斯·克里彭多夫(K.Krippendorff)教授也曾引用乌尔姆设计学院的观点:一件东西的意义在于表达了所能呈现这件东西全貌的大量脉络,包括历史、制造程序、使用者范围、功能逻辑、经济定价等,都是以语言为媒介传递的[②]。由此可见,乌尔姆设计学院有关符号学的观点与产品语意学有密切的关联,其构成了产品语意学的理论的雏形。

(一)乌尔姆设计学院符号研究的发展阶段

乌尔姆设计学院对符号学的研究经历了几个不同的阶段:

1947—1953 年,英格·肖尔(Inge Scholl)和奥托·埃舍尔(Olt Aicher),筹设了一个基金会,目的是打造一所将职业技能及文化造型与政治责任结合起来的学校。随后,在该基金会的支持下,乌尔姆设计学院得以成立(图 1-2-24)。

图 1-2-24　乌尔姆设计学院大楼 / 1955

1953—1958 年,乌尔姆设计学院在临时校舍中开始早期的教学工作,课程延续了包豪斯的功能主义传统,并在此基础上进行进一步发展和延伸:以产品来满足民众生理及心理上的需求,尤其形式美的问题应是心理上的特质。学校的任务必须不止传授知识及培育智能,还应包括感官能力的培养。因此,乌尔姆设计学院致力于构建一个基于社会学、符号学和政治参与的新设计科学来弘扬包豪斯人道主义精神,从根本上反思现代工业社会中美学和设计的社会意义。1954 年,马克斯·比尔(Max Bill)被任命为乌尔姆设计学院校长后,开始探索设计教学的革新之路,其中最

---

① [德]Bernhard E. Burdek. 工业设计——产品造型的历史、理论及实务[M]. 胡佑宗,译. 亚太图书出版社,1996:150.

② [德]Bernhard E. Burdek. 工业设计——产品造型的历史、理论及实务[M]. 胡佑宗,译. 亚太图书出版社,1996:269.

值得关注的就是在教学计划中增加新的科学学科,希望构建造型、科学和技术三位一体的系统教学体系。该教学体系的探索对乌尔姆设计学院和后续的设计教学都产生了深远的影响。

1958—1962 年,更多的跨界学科被纳入乌尔姆设计学院的教学大纲之中,例如人体工程学、数学技巧、经济学、物理学、政治学、心理学、社会学、符号学和科学理论等,这些学科的加入,对产品造型设计的方法学产生了极大的影响。其中,符号学是造型研究重点关注的领域,并且聚焦于其介入后的设计方法发展,甚至有学者认为乌尔姆设计学院已经发展出"一项有根据的造型行为的最新观念"。不过,许多学科的纳入并非是事前计划好的,后续也没有产生持续性的影响,所以严格来说只是提出了一些思路,并没有成功地发展成为严谨的方法论。当然,这些尝试也取得了一些成果,包括积木设计、系统设计,而其中以符号学为基础的 Bense 计量美学,使得设计在一定程度上像自然科学一样得以建立及证明[1]。

1962—1968 年,乌尔姆设计学院与斯图加特大学合作构建的环境规划研究所(IUP),在符号学和设计学结合的研究中起到了基础性的作用。马克斯•本泽通过在此的教学和研究,发起了信息、产品设计和视觉传达领域的符号学研究。此外,IUP 的一个工作小组出版了《造型辩证法》,在功能主义和情感冲动之间,挖掘了一个新的设计领域,并且可以用弗洛伊德心理分析的理论来进行描述,为设计理论的发展提供了一个新方向。该书指出,造型的情感面及象征面,是能够与政治意义相契合的,并且在设计方法学上还有很大的探索空间。

(二) 乌尔姆设计学院符号学的教学应用

1. 基础课程

图 1-2-25 ALU ALU 时钟 /
J. 格罗斯(Jochen Gros) / 德国 / 1979
所有部件都简化到最基本的几何图形。

乌尔姆设计学院的基础课程,在继承原包豪斯基础课程之上,逐渐发展成为一种更为精准的几何数学式的视觉教学法,通过介绍包含符号学在内的造型基础及相关理论科学知识,引导学生进行大众化的造型设计、了解科学知识及设计工作的过程。同时也想通过对造型活动基本手法(色彩、形状、形式的规律、材料、质感等)的试验,培养敏锐的感知能力[2]。在这种基础教学方式下,学生获得了精准、理性的训练,形成了高度统一的符号化造型设计思维(图 1-2-25、图 1-2-26)。

① [德]Bernhard E. Burdek. 工业设计——产品造型的历史、理论及实务[M]. 胡佑宗,译. 亚太图书出版社,1996:151.

② [德]Bernhard E. Burdek. 工业设计——产品造型的历史、理论及实务[M]. 胡佑宗,译. 亚太图书出版社,1996:42.

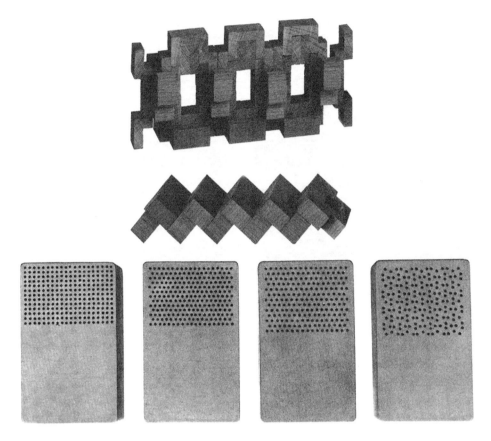

图 1-2-26　乌尔姆造型学院基础课程作品：Traudel Hölzmann /
乌尔姆设计学院 / 德国 / 1966
上图由同质元件构成的立体结合，元件在一厘米的网格构架上进行构思，可组成的造型约有 67 位；
下图在同一方块造型上，使用直径 2 毫米的圆，通过各种不同的穿洞方式、不同距离及不同元素大小的
混合网格，构建出不同的符号形式和意象。

2. 产品造型设计课程

　　乌尔姆设计学院在产品造型设计的课程上，强调应关注能够工业化大批量生产的日常生活
用品，需要设计产品的造型、功能，同时尝试挖掘产品造型背后的潜在因素如文化、加工技术、政
治和经济影响等。例如，Peter Raacke 和 Dieter Raffler 1965 年设计的塑料手提箱便直观地应
用了直角符号，凸显了对手提箱的摆放、储存等功能的指示，还包含了理性、规整和纯粹等特点
（图 1-2-27）；又如汉斯·罗瑞奇特（Hans Roericht）在乌尔姆设计学院的毕业作品——TC100 叠放
餐具，该套餐具供宾馆日常使用，极具统一的符号化造型同时又能清晰地指示使用功能，在更深
层次上，衍生出设计者对节约空间和经济成本的思考，更重要的是能让用户感受到宾馆的干净、
整洁与规范。除此之外，乌尔姆设计学院的产品设计课程的主题也从针对单一产品转变为针对
产品系统，力图通过产品系统设计，形成一种统一的形象，如企业形象（图 1-2-28）。

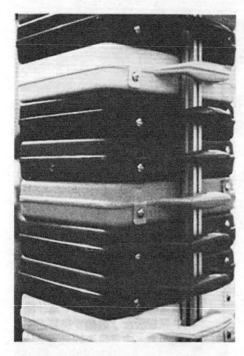

图 1-2-27 塑料手提箱 / Peter Raacke 和 Dieter Raffler / 德国 / 1965
大量应用直角符号，呈现出一种精准的几何造型。

图 1-2-28 TC100 叠放餐具 / Thomos / Rosenthal AG 公司 / 汉斯·罗瑞奇特(Hans Roericht) / 德国 / 1959
高度统一的几何造型，营造了整洁、规范、秩序的符号意象。

3. 信息课程

信息课程是面向印刷、电影、电视等专业领域的训练课程，该课程关注符号形式和符号内容中的信息，结合信息论等观点，根据不同的媒介，研究符号的传递形式和表达逻辑，并将其转用在造型设计领域。乌尔姆设计学院的教师马克斯·本泽在 1954 年关于美学的研究中重点关注了视觉现象的可量化性问题，并强调美是可测量的。Rolf Garnich(1968) 在他的论文副标题中描述：在设计品的分析过程中，可以通过数学的方法来客观描述美学情况，并在设计品的合成过程中塑造出起作用的造型[①]。同时他也在论文中尝试测定出咖啡壶的美感尺度(图 1-2-29)。

4. 视觉传达课程

视觉传达课程的重心在大众传播，通过结合心理学、符号学、社会学等学科，以系统设计的思维，关注符号形式的一致性和传达的通用性。例如，在乌尔姆设计学院的影响下，博朗公司经由技术观念，加以控制产品造型及相关的传播物(信封、说明书、信录等)的统一，建立一个全面统一

---

① [德]Bernhard E. Burdek. 工业设计——产品造型的历史、理论及实务[M]. 胡佑宗，译. 亚太图书出版社，1996:197.

的企业形象。其于1952年由沃尔夫冈·施密特尔(Wolfgang Schmittel)设计的公司商标至今仍在沿用。同时,在排版、摄影、包装、展示系统、通信科技、广告装置造型和绘图系统等方面进行可视化符号的研究,包括字体、图形、色彩计划、图表、电子显示终端等全新视觉系统,凸显了符号学的成功应用。

三、博朗公司的符号设计哲学

乌尔姆设计学院的"设计符号论"最典型也是最成功的应用非博朗公司(Braun)莫属,其在设计史上留下了浓墨重彩的一笔(图1-2-30)。首先,博朗公司发展出了一种符号设计路线,产生了设计的形式语言,更深层面上塑造了德国产品的符号意义:实在、理性、简洁等。其次,博朗公司遵循的设计哲学,至今仍主导其经营和设计策略,甚至超越了国界,成为世界众多设计公司和企业的楷模。

20世纪50年代,乌尔姆设计学院开始与博朗公司合作,合作使得学院和企业之间建立起一个通畅的渠道,把学院的想法、观念和方法贯彻到博朗的产品设计中。博朗的设计实践,严格执行了乌尔姆设计学院的设计思想和原则,其中就包含了设计符号论的相关研究。而设计符号运用到博朗公司产品设计的过程中,也为博朗公司的设计哲学和设计风格奠定了方向。

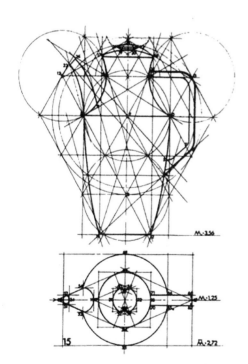

图1-2-29 咖啡壶的美学尺度的计算 /
Rolf Garnich / 德国 / 1968

图1-2-30 博朗公司商标的设计 / 博朗公司 /
Wolfgang Schmittel / 德国 / 1952
有严格的规范和严谨的使用。

博朗公司的符号设计哲学可以简单概括为一句话——"少而更好"（less but better），该语继承自"少即是多"的设计信条。首先，在产品造型设计上，以高度简洁的几何外形为基础，采用单纯的色彩和色调，摒弃一切外加装饰，力图使产品纯粹到极致。但这并非是形式至上的教条主义，而是通过高度的抽象，保留了产品最本质的符号形式，在达到极简造型的同时又能给予用户最清晰的认知和感受。例如，博朗公司20世纪50年代设计的一系列收音机，极简的方块状造型中又清晰地凸显了收音机的符号形象：镂空长条状或圆点状的出声孔，可旋转的圆形旋钮或可按压的方块按钮，又或者带有数字刻度的频道盘（图1-2-31）。又如博朗PC 3-SV唱片机用最少的构件组成了最精致的机身，但是又保留了唱片机最本质的认知符号：顶层的圆形唱盘和旁边长条状的唱臂（图1-2-32）。

图1-2-31　收音机、视听设备等设计／博朗公司／德国／20世纪五六十年代
这些产品采用极简的造型，同时又清晰地凸显了产品的符号形象。

其次，"少而更好"在极简造型的基础上，更着重关注了产品功能的使用、心理学的满足、人机工程学原则和操作的合理性，并将操作视觉化，通过符号形式传达清晰的功能语意。例如，凸起的按钮传递按压的功能指示，圆形旋钮传递可旋转的功能指示，阻尼齿轮传递可滑动的功能指示等。在其中，最典型的产品是博朗公司1971年设计的ET33袖珍计算器，其造型大小可以一手掌握，凸面半球形按键传达了可以按压的操作指示，每个按键上的数学符号也直观地表示了相关的功能语意，并且不同按键之间保持了合理的间隔，防止误操作。这一设计符号被之后的智能手机计算器界面沿用至今（图1-2-33）。

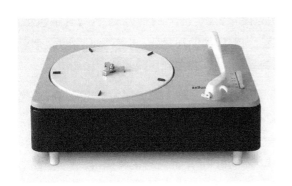

图 1-2-32　PC 3-SV 唱片机 / 博朗公司 /
德国 / 20 世纪中期

图 1-2-33　ET33 袖珍计算器 / 博朗公司 /
D. Rams,D.Lubs,L.Littmann / 德国 / 1971

　　最后,产品的造型符号还直截了当地反映出产品在功能和结构上的特征。乌尔姆设计学院关于系统设计和积木设计的思想和方法,不仅要求功能上的连续性,还要求要有简便和可组合的基本形态,这就加强了设计中的几何化符号,特别是直角符号的应用。例如,拉姆斯和古格洛特于 1956 年设计的袖珍型电唱机收音机组合,博朗公司设计的方块打火机以及高保真音响系统,都是可分可合的标准部件,这种几何可组合的符号,也进一步传递了系统、秩序、和谐的产品语意(图 1-2-34 至图 1-2-36)。

图 1-2-34　袖珍型电唱机
收音机组合 / 迪特·拉姆斯
(Dieter Rams)和汉斯·古格洛特
(Hans Gugelot)/ 博朗公司 /
德国 / 1956

图 1-2-35　方块打火机 /
博朗公司 / 德国 / 20 世纪中后期

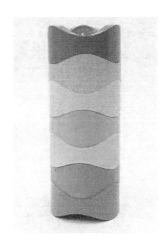

图 1-2-36　可叠放的烟灰缸 /
Helit 公司 / 沃尔特·
蔡施格(Walter Zeischegg)/
德国 / 1966—1967

通过和博朗公司的合作,加上迪特·拉姆斯等人的推动,乌尔姆设计学院的造型概念被广泛地应用到工业设计的范畴,并随之形成"El Buen Diseño"(Good Design,即好的设计)的思潮和运动。赫伯特·林丁格(Herbert lindinger)(1983)将"好的设计"归纳为十"诫",其中包含:合乎人体工程学、技术及形式上的自立、与周遭搭配合宜、操作的视觉化、高度的造型品质、刺激感官及思想等。这些标准和准则,都体现了对设计符号的形式、价值和思想的关注和应用。

虽然囿于时代的局限性,乌尔姆设计学院符号学的研究并未涉及更深层的文化脉络和内涵性语意方面,也未能实现形式和生活以及社会意义的融合。但是,不可否认的是,乌尔姆设计学院在符号构成、形式美学和功能语意以及设计符号学方面系统化、科学化的尝试,对后续设计领域的符号学研究和产品语意学有着深远的影响。其率先尝试了产品符号的构建,其基于形式功能美学原理的基本造型手法,即内在与外在的形式连接(在产品或者产品群中采用一致的造型手法、元素、视觉等),成为产品语意学基础的关键部分。而在功能语意方面,乌尔姆设计学院教师汉斯·古格洛特在1962年指出:"人类的观察方式把人了解事物的语言视为理所当然。在一个封闭的文化圈中,也可以将其视为前提"。通过将符号学和心理学、人机工程学、社会学等科学学科结合,其几何符号不是单纯的摒弃,而是在简化的基础上保留了最纯粹、最本质的产品认知形态,并契合清晰的产品属性、类别和功能语意的指示,这种符号形式至今影响着产品语意学的一些基本准则。此外,乌尔姆设计学院所表述的"物件的道德",基本上是立足于当时设计理论的新状况之上,其对产品造型的潜在价值和语意的初步摸索,并且由此发展出来的对产品符号设计的思考和讨论,都成为产品设计和语意学的珍贵财富(图1-2-37)。

图1-2-37 "物件的道德"展/德国/1965
体现了对产品造型和符号价值的思考。

▶▶ 四、展望:产品语意学设计的新视野

随着技术的发展与社会的转型,复杂性成为当今时代的主要特征,主要表现为经济、科技、人类、文化、环境等多因素发展错位形成的摩擦与矛盾。这些因素在交织之中不断地对抗与融合,

引发了社会、市场、人文、消费需求和生活方式的变化,进而带动了设计方法、思路和理念等方面的革新。在这样的社会背景下,产品语意学作为现代设计的关键一环,也需要扩展新的视野,探索如何在当今的数字化时代、体验经济和跨文化沟通中创造更有意义的产品,建立新的情境或者至少能提供解释设计的语意模型。

(一) 数字化时代下的产品语意设计

数字技术正以新理念、新业态、新模式全面融入人类经济、政治、文化、社会等。随着数字化时代的到来,设计必然会处于一个语言重构的持续变化之中。而以数字化技术为基础的数字化产品,则最能凸显数字化时代的价值。

数字化时代下,无论是产品实体功能、技术、交互的内敛,还是数字化新兴符号形式和表达逻辑的改变,都很大程度上颠覆了传统的认知,这也对产品语意学提出了巨大的挑战。数字化产品由实体硬件和虚拟软件两部分组成。在实体硬件方面,极简的造型和极致的内敛并不意味着设计的同质化,可以参考博朗公司的设计哲学,通过保留产品最本质的符号形式来实现产品属性、类别和功能的认知,例如微单数码相机保留了传统相机的镜头、快门等符号,数码音箱保留了镂点状的出声孔;又或者通过人体工程学原则和交互模式进行认知的凸显,例如微软XBOX 2020 Series X One S 无线游戏手柄,是以用户玩游戏时手掌和手指的交互方式进行设计的,谷歌的 Nest 新款恒温器虽然取消了原机型的物理旋转外壳,取而代之的是一侧的触摸感应滚动条(图 1-2-38),二者都具有很强的认知性。

图 1-2-38　Nest 温控器 / Google LLC / 美国 / 2021
智能操作模式旨在帮助用户节省能源。

在软件方面,以数字化技术为基础的虚拟空间,也为产品语意设计提供了全新的视野和创作空间,唤醒了产品语言表现力的巨大潜能——设计的个性化、多样化与诗化。这也造成了符号构建的随意性、滥用甚至天马行空,脱离现实,造成了更大的认知障碍。因此,在虚拟软件中的符号设计,一方面需要继承传统符号的底层基础架构,即基于现实生活,使符号形式有根有据,以此快速唤醒用户的认知记忆。例如智能手机界面中呼叫的符号形式是源自座机电话筒的形象;微信的

logo 则是来源于传统漫画的对话框,该符号凸显了其交流的产品属性和功能认知(图 1-2-39)。另一方面,符号形式设计可以结合数字化技术,进行认知的强化,例如加载页面和交互按钮的设计,可以利用视觉动效,更清晰地传达产品的状态,同时又能引导用户操作。最后,传统符号和数字化符号在碰撞和交融中,产生了更多新兴的形式符号和意义,丰富了产品语意学的内容,扩大了产品语意设计的边界,并在不断发展中实现动态进化。例如苹果公司一直致力于发展其产品的生态系统,在保持几何化、单纯色彩的硬件造型基础上,软件 iOS 界面从立体化逐渐转变到扁平化的图标风格,其符号功能指示以及交互方式也随着技术的发展而变化,在不断迭代中更新产品符号的认知,同时打通了苹果的整个产品的生态系统,进一步完善了产品符号认知和语意生态(图 1-2-40、图 1-2-41)。

图 1-2-39 微信 logo /
腾讯(Tencent)/
中国 / 2014

图 1-2-40 iPad Air 平板电脑 /
Apple 公司 / 美国 / 2020

图 1-2-41 Nature Mini Switch 智能家居面板 / 王建华、
吴冬月、张博、庄临沂 / 中国 / 2021
目的是让用户轻轻一按就能过上智能生活。

纵观数字化时代发展的历程,硬件和软件是密不可分且相互支撑的。硬件是软件运行的基础和载体,软件则是硬件的内容延伸和"灵魂",硬件和软件之间的组合关系构成了数字化时代下产品语意设计的基础性要素。因此,软件和硬件需要协作与融合,打造一体化的整体设计及服务生态,产品语意的设计也需要构建系统化的新策略。首先要对数字化产品的硬件和软件进行综合设计,在充分发挥各自优势的基础上,对二者的视觉呈现、交互方式、体验感受进行统一设计,这并非是要求硬件与软件的各方面的设计都一模一样,而是要保证语言符号和语意传达在硬件和软件中的一致性,其次又基于硬、软件不同交互特性,使其符号表达各具重点,用户在软硬之间可以无障碍切换,形成全组件与全流程的感受和体验。任天堂 Switch 游戏机(Nintendo Switch),其软硬件的符号形式设计方面保持高度统一,无论是机体本身、游戏手柄还是游戏附属硬件(健身环、马里奥赛车方向盘、Labo 套件、Amiibo 等)都能与游戏内容、引导的符号形式呈现一致,并且在使用中通过软硬件符号的配合,包括硬件的造型、符号与软件的符号、动效、文字等的配合,引导指示声、提醒注意声、寻求确认声等与不同频率和强度的震动等的共同协作,用户能够快速清晰地理解意图并完成交互。通过系统性的语意传达,使用户产生流畅、愉快的使用感受(图 1-2-42)。

图 1-2-42 Switch 的 Labo 套件 / 任天堂(Nintendo)/ 日本 / 2018
Switch 的 Labo 套件通过附属硬件设备和游戏软件协同,通过高度统一的外形符号和
最贴近日常生活的操作方式来实现多元的数字化交互。

(二) 体验设计中的产品语意构建

20 世纪 90 年代,用户体验的概念经由唐纳德·A·诺曼(Donald Arthur Norman)的阐述得到初步推广。随着研究的深入,用户体验也涉及更广泛的学科领域,而在设计领域,衍生出了体验设计这一概念[1]。1999 年,伊丽莎白·桑德斯 Elizabeth Sander 提出了"为体验而设计"讨论主题[2],体验设计逐步得到研究学者们的关注。到今天,尽管体验设计的概念已被广泛独立使用,但仍无明确定义。使用较广泛的解释是:"体验设计是将消费者的参与融入设计中,在设计中把服务作为'舞台',产品作为'道具',环境作为'布景',力图使消费者在商业活动过程中感受到美好的体验过程。"

---

① 胡飞,姜明宇 . 体验设计研究:问题情境、学科逻辑与理论动向[J]. 包装工程,2018,39(20).

② [美]伊丽莎白·桑德斯 . 体验设计新工具 [C]. 第一届国际设计和情感会议论文集,1999.

在体验设计的理解和定义中，可以发现，相对于数字化设计聚焦于产品相关系统，体验设计从更为宏观的角度出发，其研究的范围不仅包括产品系统，还包含了活动的整个周期和更大范围的环境场景。因此，要在体验设计中构建符号语意，要进一步强调叙事性，主要包括以下几个维度：时间性和情境空间（时空维度）、多感官通道和情感维度。

在叙事性的时空维度上，首先，要着眼于更广的时间维度，将语意的传递和影响规划到完整的时间线中去，包括：第一，触点前的先验、预测和期望——即如何通过符号化的方式，使用户在未使用产品前就被吸引；第二，使用中的过程和即时体验——用户在使用产品时符号传递的功能指示和即时感受，或者通过符号的传递强化个人经历和印象；第三，后续的影响、反思和意义塑造——用户在使用结束后，再次接触到相关符号时产生的回味、思考，甚至成为一种生活态度和方式。其次，在情境空间维度上，则要提升情境空间的高度，不仅要为产品赋予语意，而且要通过创造和设计相关场景与环境，赋予产品和空间的关联意义、价值与文化。例如德克萨斯儿童医院，一改医院冷漠、严肃的风格，采用了有机的造型，并通过色彩缤纷的设计元素进行点缀，这样在触点前就能减少儿童对医院的排斥；在就医过程中，通过在医疗空间和设施中加入玩具、卡通等各种符号形式，在空间上即时传递了一种温暖、友好、活泼等语意，营造出友好型的氛围和欢快的就医体验，并使儿童在离开医院后留下欢乐、好奇与童趣的经历和回忆，而非焦虑、不安和害怕的感受（图 1-2-43）。

图 1-2-43 德克萨斯儿童医院 / FKP | CannonDesign 公司 / 美国 / 1954 年建立

　　同时,体验的全面性意味着需要更多元的可传递性。因此在体验设计中可以采用多感官通道进行语意传达,在视、听、嗅、味、触等方面,结合人文性、历史性和文化性,进行符号的构建和传递,使得符号语意更为多元化、层次化和立体化。例如,可以在博物馆中利用 VR 虚拟设备,通过 Reterece Line 数字水龙头利用智能交互技术,帮助用户通过传感驱动高效操作水龙头,同时又通过顶部直观的 LED 指示显示水温,并引导用户正确洗手(图 1-2-44)。

　　体验涉及感觉、情绪、文化等许多难以精准量化的无形因素,虽然能够参照心理学、认知科学等自然学科中的某些标准进行评估,但是仍无法解释人在感性、行为和文化等方面的差异。因此仅通过量化生理数据所提供的参数而进行的产品体验设计,将追求效率和愉悦当成体验设计的唯一方向,是无法创造优秀的体验设计的[①]。人的立体形象是建立在多元情绪之上的,因此在情感维度上,要打破只追求愉悦感的固化思维,负面的体验也能塑造价值和意义,并且能产生更深刻、更持久的影响。例如,怀孕分娩体验馆通过模拟相关场景并使用一些特制产品,让男性穿着模仿女性怀孕时的体感的特殊服装,体验怀孕的艰辛(图 1-2-45);又或者通过分娩疼痛模拟仪器让男性感受女性在分娩时候的痛苦,从而传递新生命降临的伟大以及在后续婚姻生活中应互相尊重、互相珍惜的价值和意义。

图 1-2-44　Reference Line 非接触式数字浴缸水龙头 /
LIXIL Global Design / 美国 / 2022
显示水温,并提供带有动画计时器的正确的洗手指导。

图 1-2-45　模拟孕妇的服装 /
Jason Bramley,Steve Hanson 和
Jonny Biggins / 英国、西班牙
模拟孕妇体验的服装设计,可以让男性
体验女性在怀孕时的部分感受。

① 　王也.用户体验设计中情感与同质性特征的现象学反思[J].世界美术,2021(01).

（三）跨文化语境下的产品语意设计

自 19 世纪中期到 20 世纪初,在设计领域,全球化的一个典型与集中的表现就是设计技术、文化的国际化和建筑、空间或产品美学风格的趋同。到今天,全球化进入了跨文化时代。"跨文化"是指在对于与本民族文化有差异或冲突的文化现象有充分正确的认识的基础上,以包容的态度予以接受与适应 ①。随着跨文化在世界范围的展开,以及后续的民族文化的觉醒与民族自信心的增强,世界文化与地域文化(民族文化、传统文化)这两个既相互矛盾又相互联系的文化在交织与冲突中,使今天的世界设计文化景观变得日益错综复杂。产品语意学设计需要在广泛的探索中,重新反省并探讨新的设计文化观。

产品是实用的物的符号,也是文化的符号。产品的设计一方面揭示了设计的工具性,另一方面也揭示了设计的文化性,其内核是文化的传承与发展。因此,产品语意学在跨文化时代,需要构建能够连接传统文化与现代文化、全球化与地域化的符号语意。首先,要关注到文化具有情感与共有性的特点。通过共同行动,人们分享有共通的感觉、概念、形象和态度,这使得他们具有同质性。在进行产品语意设计时,可以从造型、色彩、材质、形式符号和意义等方面挖掘人性的共通之处,以此为基础,寻找能够在一定程度上化解文化冲突的设计点。其次,产品的语意并不只是在不同文化之间的流动与传播,而是要在尊重文化多样性的基础上,提升跨文化间的设计对话交流。由此,需要重视"之间"的关系即传统与现代、地域与全球之间,关注文化的空间性和时间性上的折中、融合和创新演进,不同文化只有经过交融、交汇以后,才能产生转型和变异,以此推动并产生丰富的多样性,并为"多文化共存"作出贡献(图 1-2-46)。较为突出的例子就是近年来芬兰、日本、韩国、印度等地的优秀产品,或一贯注重自然的简朴,或尊重传统文化性格的延续(图 1-2-47),都表现了对于文化发展的特定思考——在传统、本土文化与现代技术、文明的交汇中平衡发展。

最后,需要超越二元对立的跨文化设计思维。首先要拒绝离散的二元类别(西方 / 其他国家、中心 / 边缘、传统 / 现代、本土化 / 全球化),把文化脉络视作由所有对立的二元类别组成的集合体,它们共同行动、形成组织、分享传播与融合新生,在不同的文化载体中共生。跨文化语境下,产品语意学推动了各种文化符号的互动、重组、融合、延续与更新的过程,便具备超越二元对立的潜质,通过重新探求产品的文化意义或产品发展与人类使用产品的历史,赋予产品功能性以外的人文价值,其中包括了尊重人类的情感、地域文化特征,以及人类对国际社会文化"新主题"的共同关注。例如支付宝在泰国叫"Ascend",到了印度叫"Paytm";抖音在日本、印尼叫"Tik Tok"等(图 1-2-48、图 1-2-49),其中还有许多的符号和语意设计细节,既注入了中国互联网文化的基因,又深度融合了当地文化,同时通过赋权语意创作,即给予各文化主体进行自我表达和创造的空间,从而使得不同文化符号在相互碰撞与融合中,重构成为既是国际的又是地域的,既有现代

---

① 谢世海 . 跨文化产品设计研究[D].南京航空航天大学设计学硕士论文,2012.

图 1-2-46　各具地域特色的国际大城市地铁内部设计

图 1-2-47　Mollie 盐和胡椒瓶 / 安舒曼库马尔 / 印度 / 2021
最优雅但最有趣的盐和胡椒瓶。

的又有传统习俗的符号文化新形式,形成了可持续发展的多元设计文化生态。这些产品在国内外都有非常高的下载量,获得极高的认可度,保持着稳定的发展。由此,凸显了以"赋权""求同存异""包容并蓄"等为特征的语意设计的可行性。

2020 年新型冠状病毒感染开始在全球范围传播。新冠疫情作为数字化时代人类面临的全球性危机,对全球各方面都造成了极大的冲击,如文化符号的形式、表达逻辑和价值意义等方面

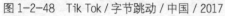

图 1-2-48　Tik Tok / 字节跳动 / 中国 / 2017　　　　图 1-2-49　pay tm / 阿里巴巴 / 中国 / 2015

都随之发生了改变。因此,产品语意学需要结合疫情时代的文化符号和认知变化,通过跨文化设计,促成世界人民团结协作共同抗疫。

　　新型冠状病毒极强的传染性和极快的传播速度,使得全球人民聚焦公共卫生与安全,抗疫产品设计也需要在各种不同的地域中传达相应的语意。例如,斯洛文尼亚 Inovata Team 设计的 Corohook 钩,其造型充分传达了一种共通的语意,即可代替按压、探测或弹开物体等功能指示,以及保持距离,避免与外界触碰的内涵(图 1-2-50)。同时,疫情的肆虐迫使各行业从线下转为线上,促使了更大范围的文化摩擦与融合(图 1-2-51)。日本 NOSIGNER 设计了一个面向疫情知识传播、信息可视化和防疫资讯等方面的非营利平台——PAND-AID。该平台通过开源和审核结合的机制,以及清晰统一的界面和交互语意设计,为不同文化思想在碰撞和融汇中协同对抗疫情提供了可能性(图 1-2-52)。

图 1-2-50　Corohook 钩 / Inovata Team / 斯洛文尼亚 / 2020
简洁的造型传达了清晰的功能指示和避免接触、保持安全的意义。

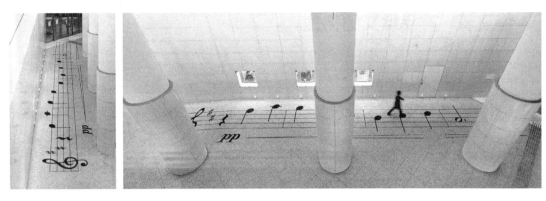

图 1-2-51　SOCIAL HARMONY 有声交互装置 / NOSIGNER / 日本 / 2020
利用古典音乐和文化艺术的力量,将社交距离升华为一种连接人们的交流方式。

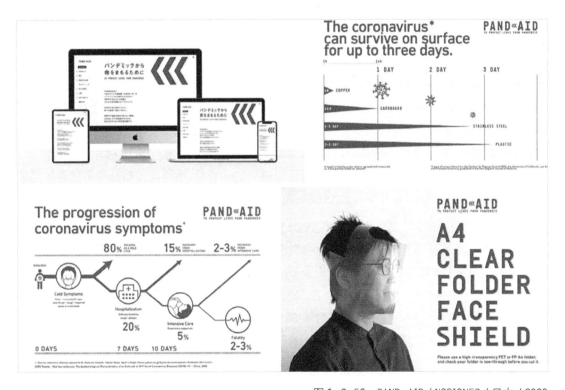

图 1-2-52　PAND-AID / NOSIGNER / 日本 / 2020
PAND-AID 中的界面设计、疫情信息可视化设计和抗疫产品设计,日本各大医院也利用其中原创的自制面罩教学影片,
制作了上万片面罩提供给资源短缺的医疗同人。

第三节 产品意义的构成

一、理解的意象

符号学理论从 20 世纪发展至今的过程中,形成了各种理论体系和研究流派,理论观点也各异,但语意学始终是其中心所在,对符号的研究必须以意义为核心,以意义为根基的研究探索才能真正涉及符号的主体。因此,产品意义的研究不仅是最受重视的核心部分,同样也是统领产品符号构成与发生作用的关键联结点。

(一) 符号意义的层次

在符号学理论研究中,意义指的是认识的内容和结果。服饰、建筑、园林、饮食等各类生活中的符号,作为有意义的载体,其反映出的意义和内容常常是多重且复杂的,对于不同对象的解释也是不同的。产品符号的意义表现也是如此。因此,产品意义的解析具备多层次性:首先是符号学一般理论的视域下的符号意义层次、演变关系;其次是深层次关于产品设计符号的意义结构。

意义内容(即意指)是指符号形式所表现和指向出来的全部内容,也是人作为主体对客观事物(符号)进行诠释(符号化)的结果。符号意指关系,是所有事物表象背后的一个共同存在,其研究是语言符号学的一个核心内容。在传统观点中,语言符号的意指关系包含两个彼此联结的项,即意指他物之物(能指)和被意指之物(所指)。在索绪尔的理论中,"能指"和"所指"两部分的统一组成符号,能指是指符号形象,是感官可以感受到的部分;而所指是指符号所代表的意义部分,即意识上的指涉。

《意义的意义》一书中,英国学者奥根登(Ogder)和理查兹(Richards)在索绪尔理论中"能指"和"所指"二要素的基础上增加了一个"意指对象",即符号能指(形式)—符号所指(内容)—意指对象(实物意义),丰富了符号联结和指称的多种可能性。皮尔斯对符号学的阐释是:研究符号、客体和意义之间关系的科学,符号的内容应该包括指称对象和解释的两个层次,符号只存在于对象与阐释之间的关系之中。在符号意指活动中,如果只有符号和意指对象,缺少作为第三项的意指根据,不能构成一个完整的意指活动过程(图 1-3-1、图 1-3-2)。

弗雷格(Frege)的意义理论是其语言哲学的核心,弗雷格指出对符号(专名)的理解应包括意谓(指称)、意义(含义)与意象。"意义处于意谓和意象之间;诚然,它不再像意象那样是主观的,但它也不是对象本身"[①]。在弗雷格的意义理论中,针对理解的意象是主观的,常常浸透着感情,其各个部分的清晰性均不相同,也不确定;而针对解释的意义(含义)则能够为许多人所共享,具有普适性。同理,对产品形态符号而言,表达的可以是功能识别的意义,也可以是进一步的主观

---

① [英]G. 弗雷格. 论涵义和所指. [美]A.P. 马蒂尼奇编. 语言哲学. 商务印书馆,2004:379.

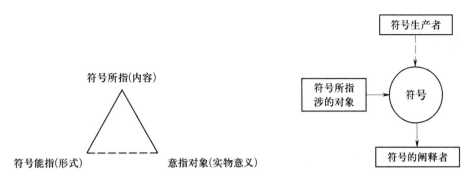

图 1-3-1 奥根登和理查兹符号学三角　图 1-3-2 皮尔斯的"符号—对象—阐释者",强调符号的联系特性

意象,用以表示有关过去的感受和知觉的体验在个人心中的复现与回忆(图 1-3-3)。

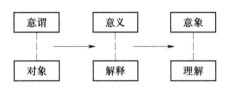

图 1-3-3 弗雷格的意义理论

罗兰·巴特在索绪尔研究的基础上,提出符号有两个层次的含义:

第一层次是符号的外延意义(Denotation),即明示义,是指使用语言表明语言说了些什么,即某个符号与其所指对象间的简单关系或字面关系。这层意义是首要的、具象的,并且相对独立的。就产品而言,外延是通过外观等直接表达的功能性的"本义",是物体的表象内容。

第二层次是符号的内涵意义(Connotation),即隐含义,其中还包括了文化中的神话(Myth)。内涵是指使用语言表明语言所说的东西之外的其他东西,是言外之意,即形成意义中那些联想的、意味深长的、有关态度的或是评价性的隐秘内容。它反映了表现的价值并依附于符号之上。

外延意义是符号明显外在的意义,内涵意义是符号在其所依托的社会文化背景之中引申的意义,后者在前者的基础上产生,稳定程度相对较低。如国王的椅子,"坐"是它的明示义(外延),还焕发出庄重的威严,表现权力,唤起敬畏之心的隐含义(内涵)。巴特将内涵意义称为"意义剩余",存在于两个维度上:一是象征,物隐喻的深度;二是分类,即社会赋予的等级系统 ①。

其中神话(Myth)是在内涵的隐含层次上发挥作用(这里的神话并非古典神话学)。巴特所谓的神话,被理解为意识和习惯的意识形态。他认为,神话的功能是使文化自然化,即支配性的文化和历史价值观念、态度与信仰,用以维护统治阶级的利益,力图将事实上部分的和特殊的东西变成普遍的和全面的,将文化的变成自然的②。神话主要在隐含的深层次发挥作用,常常不被意识

---

① 胡飞.工业设计符号基础[M].高等教育出版社,2007:98.

② 胡飞.工业设计符号基础[M].高等教育出版社,2007:98.

到。如理解以荷花为主题的图像(荷花、荷叶与月光等),需要结合所积累的在社会文化中被广为接受的概念,从中解读出"出淤泥而不染,濯清涟而不妖"的文化象征意义。

而费斯克(Fiske)和哈特利(Hartley)延续了巴特的符号学研究,在其外延和内涵的基础上又发展出第三层次的意义,即意识形态,也就是神话的广义概念(特定时期占主导地位的意识形态)。他们的研究认为最深层意义应该来自社会中的意识形态,反映了主要文化变量的概念,支撑着特定的世界观。社会成员由此对自身社会经验的某个特定主题或部分进行概念化或理解,其远超出符号当初所代表的原始意义,如现代主义、后现代主义、波希米亚精神等。以荷花为主题的图像为例做进一步理解,在第三层次即意识形态序列解读,得到"观身非身,镜像水月。观心无相,光明皎洁。一念不生,虚灵寂照"的哲学意境。竹子主题的案例也是如此(图1-3-4)再以MUJI无印良品为例,其服装、文具、家居用品及生活杂货产品的设计朴素、简约,平淡无奇,在外在层面有着"无印"的质朴和"良品"的品质,反映了极简主义的日式生活形态和美学意识。在更深层的角度,MUJI无印良品反映了一种成熟的消费观,在生活的"基本"与"普遍"间寻得新的价值观,以及对于资源、环境、相互间的理解等的考虑(图1-3-5)。

图1-3-4 "Living Gear Bamboo Glass"竹形杯
杯子堆摞起来形成节节长高的竹子造型,
展现东方文化底蕴。

图1-3-5 无印良品厨房电器 / MUJI / 日本 / 2015
MUJI无印良品的产品设计反映了极简主义的日式生活形态和美学意识,以及成熟的消费观。

（二）设计符号的意义结构

在索绪尔的能指—所指、皮尔斯的媒介—对象—解释，弗雷格的指称—意义—意象，罗兰·巴特的外延—内涵等符号学意义理论观点的影响下，建筑学和设计学领域产生了众多关于设计符号的意义结构的不同观点。

1. 建筑的一次含义和二次含义

建筑被人认识并加以理解，通常会产生不同层次的含义。一次含义是在人与建筑的直接交流中产生的，以其初始含义为依据，即以建筑自身的功能为依据去理解建筑，这样，建筑则是具有某种功能的构筑物——功用与物质上的结构。

建筑的二次含义则是在一次含义之外的，在设计者与感受者间关于建筑代码的理解，表示并强调与发送者、接收者和代码相关的领域，是深层结构。这种建筑代码在一般设计中通常并不十分明确，例如格雷夫斯（Graves）设计的迪士尼办公大厦、丹佛中央图书馆，这些建筑设计的重点就在二次含义上，通过成对概念的应用来强调表达二次含义的建筑代码，从而获得丰富的建筑内涵（图 1-3-6 至图 1-3-8）。

图 1-3-6　迪士尼办公大厦 / 格雷夫斯（Graves）/ 美国 / 1991

图 1-3-7　埃及 Steigenberger 酒店 / 格雷夫斯（Graves）/ 美国 / 1997

图 1-3-8　丹佛中央图书馆 / 格雷夫斯（Graves）/ 美国 / 1995

2. 外延意指和内涵意指

艾柯在《符号学理论》中有详尽一章专门讨论符号学与建筑。将符号理论的重要概念引入建筑领域,明确建筑符号同样包含外延意指(第一功能)和内涵意指(第二功能)两种意义。

其中,外延意指是指一项符号表达对信息接收者(处于某一特定文化的)所触发的直接效果。以汽车为例,其外延意义就是"可以开的交通工具",往往与实用功能相联系。而内涵意指则是能使处于某一特定文化的个人想起符号相关意义的所有事物[1]。在这个意义层面上,汽车可以有用于商务的汽车,追求运动享受功能的汽车,让人产生安全感、信赖感的汽车,彰显奢华的汽车等许多其他的联想(图1-3-9)。因此,内涵意指可以被当作在一个特定社会中,依据某一确定的符号而产生的联想的集合,是一种主观价值。

图1-3-9　沃尔沃 V40 汽车 / Volvo / 瑞典 / 2012

艾柯指出,外延意指和内涵意指两种意义之间存在一种明显的次序关系,这种次序不是一种价值判断,好像一个功能比另一个功能重要一样;相反,第二功能(内涵意指)是建立在第一功能(外延意指)基础之上的。

但在现代主义时期,建筑所表达的意义却往往遭到只注重实际功用(外延意指)的社会意识的遮蔽,似乎建筑符号是因为具有实用功能才成为符号,因而"常被转化为功能的展示"。建筑的每一个部件及其组合无疑具有其特定的使用功能,然而各部件的任何一种具体形式实际上都蕴涵着人类的经验和历史(内涵意指),表达着丰富的意义。建筑符号学的文化功能,便在于"重寻失去的人文意义"(图1-3-10)。

---

① [德]Bernhard E. Burdek. 工业设计——产品造型的历史、理论及实务[M]. 胡佑宗,译. 亚太图书出版社,1996:159-160.

图 1-3-10 光之教堂 / 安藤忠雄(Tadao Ando)/ 日本 / 1989
当人置身其中,自然会感受到它所散发出的神圣与庄严。

3. 明示义与伴示义

原田昭在《产品造型与评价》一文中指出,从产品中可以读取两种意含:价值意含与意象意含。前者主要指产品的功能、耐久性等,即明示义;后者指产品造型给人可爱、有趣的感觉或个性、文化等,即伴示义。伴示义是以明示义为前提的,没有功能(明示义)的产品不成为真正的产品,伴示义也就毫无意义。现代产品正面临同质化的趋势,因此设计创新的竞争取决于是否在既有的、相似的价值意含(明示义)上追求意象意含(伴示义)的差异与创新,也就是通过改变产品表现形式的能指,在有效保持功能、操作等外延意义的同时丰富其内涵意义(图 1-3-11、图 1-3-12)。

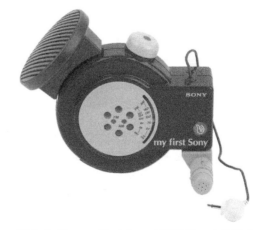

图 1-3-11 my first Sony / 索尼(Sony)公司 /
日本 / 20 世纪 80 年代中期
索尼公司面向新一代儿童设计的收音机。

图 1-3-12 "发现者"头盔式电视／飞利浦（PHILIPS）公司／荷兰／1990
"发现者"头盔式电视是专门为儿童设计的。巧妙地把产品设计成"头盔"式样，外面是可以打开的半球型罩，
有效防止了灰尘污染。流畅的现代造型中带有几分宇航神秘感的造型符号，加之以"发现者"命名，
极大地迎合了儿童的好奇心，也令那些童心未泯的成年人喜不自禁。

因此，在符号学意义理论观点的启发和参考下，设计符号意义结构的解读具有大致的相似性，也同样具有复杂的面貌。作为产品设计，其面对的主体对象、符号的语境、符号形式的构成和尺度、意义的重点与体验的过程等，与建筑设计、平面设计等都有很多不同。因此，其意义呈现的结构有其自身的具体特点。

▶▶ 二、外延性意义

（一）外延性意义的概念

外延性意义是指使用语言表明语言说了些什么，即某个符号与其所指对象间的简单关系或字面关系。就产品而言，外延是通过外观等直接表达的功能性的"本义"，是物体的表象内容。外延性意义在文脉中是直接表现的"显在"的关系，是一种确定的、理性的信息，如产品的构造、功能、操作等，这是产品符号存在的基础。

在产品设计中，可以通过产品形象直接说明产品内容本身。例如，通过对手机按钮、显示屏和听孔等功能性的描述，能够传达其外延性的意义：即可通过声音（或图像、视频）进行沟通的电子产品。自然而然，形式与功能的对应关系也就相应形成，即"Form follows function"。外延性意义借助形态元素、特征事物（包括其他五感的表征）及物理属性，例如电视的荧屏、手表的表盘或音响的喇叭，有机地作用于人们的视觉、触觉、听觉等感官，形象地展示其功能、属性、特征、结构间的有机关系，并通过感官上的导向，指示产品的使用者进行相应的操作行为。使用者通过这些明示的语意，结合以往的生活经验，作出"这是什么产品""如何使用""性能如何"或"可靠性如何"等逻辑判断,从而进一步理解产品的效用功能和掌握使用方法(图1-3-13)。

　　许多常用的生活化物件,如书、笔、家具、电话机(拨盘式)、机械按键等,其一直沿用的造型能够充分解释自身的功能,并且用户有长期的学习和体验,产生了习惯性的操作记忆,不易产生认知及操作上的错误(图1-3-14至图1-3-16)。然而由于微电子化、集成化、智能化的发展,现代高科技产品的信息含量越来越多,但产品造型依附于传统形式的程度却越来越小。这就需要通过探索设定形式与外延意义的新对应关系(即造型符号),来引导人们对产品功能的认知。例如,芬兰造型艺术大奖获奖作品——"电话簿"电话机是产品语意学成功运用的典型案例,通过借用对日常生活中"个人记事簿"的参考,通过生活中熟悉的旧物品来创造一种可视的新使用方式的暗示,使其更加简便实用,令人感到亲切(图1-3-17)。

图1-3-13　摩托罗拉 TC55 触摸电脑 /
摩托罗拉(Motorola Inc)/ 美国 / 2013
通过屏幕、前置扬声器、触笔、密封处理等体现
其时尚感、稳定性和耐用性好的外在意义。

　　科技的发展使电子产品具有更多、更微妙的功能和更复杂的操作程序,如何使产品在外延性意义的层面上,更好地被消费者认同、更具易用性,成为信息科技时代产品成功的关键所在。总之,外延性意义主要在感觉和知觉的阶段发生作用,具备客观和相对稳定性,它的存在形成了

图1-3-14　beosound 书本扬声器 / Bang & Olufsen /
丹麦 / 2021
造型以书本为灵感,侧面露出的部分类似于书脊,
像是放在书架上的一本书。

图1-3-15　Samsung Serif TV / Ronan &
Erwan Bouroullec / 韩国 / 2015
结合画框与电视机的造型,将艺术性、
收藏性与家电相融合。

图 1-3-16　索尼 PCM-D50 录音笔 /
索尼（Sony）/ 日本 / 2007
专业感的外观展现录音的高品质与操作的便捷性。

图 1-3-17　"电话簿"电话机 / 丽萨·克诺
（Lisa Krohn）/ 美国 / 1987
四页薄板是电子开关，翻查它们时，机器可以转换四个功能
模式。它本身可带来功能指示：当翻到"外出留言"
那页时，电话机就会转换模式记录留言。

图 1-3-18　Microsoft sidewinder force
feedback pro / 微软（Microsoft）/ 美国 / 1996
游戏手柄形态元素的功能提示。

"功能性"原则的基础。

（二）外延性意义的两个层次

1. 识别层次：功能性的形态整体特
征——这是什么产品？

这是外延性意义中首先对产品符号接触
者起作用的部分，主要是产品功能性的形态
特征所散发的意义，起识别和辨认产品的作
用，即"这是什么产品？""功能是什么？"等
意指内容（图 1-3-18）。

每种产品都有其特定的行业归类与典型
特征。每个产品由于主要的功能、操作使用
要求、基本结构形式、使用环境、市场习惯等因
素，在其长期发展中，自然形成了本类产品固
有或类似的功能意义特征。而这种功能意义
的特征，多与整体形态的造型、大小、尺度及主
要功能面的重点特征细节等有关。例如等离

子电视大多都是扁平状、竖直的；手机基本是小型的、长方体扁平的，通常不会是异形的；专业型数码相机的识别特征来自其特定的形态，包括具精细感与高品质的镜头、便于手握及控制的数码后背组成的整体（图1-3-19）。又如传统电脑机箱，多是特定的长方体造型以及其类似的形状、尺度、结构、正面光驱、按键、插孔等，这些特征性功能细节，使其有特定的识别度。因此，功能性的形态整体特征，成为产品身份识别的主要表达方式之一，可以帮助使用者辨认"这是什么产品？"。

图 1-3-19　尼康 D7200 / 尼康（Nikon）/ 日本 / 2015

尼康数码相机的识别特征来其专业的特定形态及细节。

　　除此之外，行动特征也是一个重要因素。所谓行动特征，即人们已经把产品原有的特征，例如门即是由其形状、结构、位置以及它的含义，同人们的行动目的和行动方法结合起来所形成的整体。自行车、手动工具或者牙刷等都具有类似的行动特征。所以，在一般产品的设计中，由于行动特征的存在，人们得以轻易理解它的功能和使用方式，而无须重新学习。如前所述，人会在生活中通过学习，适应并归纳许多特定的知识和经验，其中就包括产品的几何形状的象征含义。因此，设计师需要了解产品原有的行动特征，参照这个"经验"，采用人们已经熟悉的形状、色彩、材料、位置的组合并与人的行动特征结合，来表示特定的功能和操作，通过合理设计这些行动特征，帮助使用者认知理解新产品。

　　当代的信息科技产品盛行极简主义设计，在此背景下，科技产品（本身工作原理不同于机械产品）越来越简洁的几何形状宛若"黑匣子"一般，往往导致使用者无法感知和识别其功能、特性和操作。同时，不断出现的新功能产品，也需要形成产品形式与外延性意义间新的对应关系表达（与传统的关系并非毫无联系）。因此，需要创造新的组合法则，通过其新的功能性的形态特征，帮助使用者在新背景下的功能认知。

　　对于功能识别性形态的创造，可以采用详尽的理解产品功能所指和内部的工作原理，了解以往类似产品在机械时代的表达特征，以及其相关物品的特征细节与场景中的联系线索等方式，例如打印机可以联想到纸的特征，烤面包机可以联想到烤面包时热气腾腾的情境等。最后，在信息电子时代"轻薄短小"的造型自由的基础上，对传统特征进行适当的取舍调整——打散、删减、放大、组合等（图1-3-20至图1-3-24）。

　　总之，这种通过形态符号性表现的创新来展示产品识别与功能，有助于打破原有形式的桎梏，建立新的意义联系。例如，深泽直人设计的 8 英寸 LCD，新形式中又有着传统 CRD 的熟悉感；其设计的"果汁皮"饮料盒，产品外形直接使用对应的果汁口味的外壳符号（香蕉、猕猴桃、草莓

图 1-3-20　±0 电风扇 / ±0(Plusminuszero) / 深泽直人(Naoto Fukasawa) / 日本 / 2008

图 1-3-21　Dyson 空气净化暖风扇 /
Dyson / 英国 / 2020
结合烘手机的原理创新气流的方式。

图 1-3-22　±0 TV / ±0(plusminuszero) /
深泽直人(Naoto Fukasawa) / 日本 / 2003

等),用户一眼就能知道产品的性质;又如,Dew 集水器采用了叶片的造型,将产品与自然界中叶片收集水分的现象建立了意义联系。

2. 使用层次:功能性的界面传达——怎么用?

这是产品外延性意义的另一层次,即表达用户应该"怎么用?",具体来讲就是如何使产品易于理解与操作。在这个层次上,功能性的界面传达包括显示功能的操作程序(指示性)、将正

图 1-3-23-1　罗技键盘 /
Logitech 公司 / 德国 / 2020

图 1-3-23-2　孔径碎纸机 / Blond Design Studio /
英国 / 2019

图 1-3-24　Dew 集水器 / Mauricio Carvajal / 哥伦比亚

确的操作传达给用户（易用性）以及同时增加某些细节的象征意义，主要涉及的是产品界面的
各种符号元素与内在功用之间的逻辑关系。这对目前以信息化软件和图形界面为特征的智能
产品或移动设备设计具有相当现实的意义，已成为很多设计成功的关键，例如苹果的 iPhone、
三星智能洗衣机与冰箱（CES2012-2014），它们的智能界面指示就提升了产品与用户间的互动
关系。

　　如果需要一个标示来表明它是如何运作的，这件产品就是贫乏的设计。虽然语意学设计
与现代主义功能产品都注重功能的表达与沟通，但前者更力图通过形式的自明性（即自我表达）
来实现这一目的。因此，好的设计可以在人们直觉的基础上，使产品的目的和复杂的操作方法、
操作程序能够自我正确表达、不言自明，无须附加说明书来解释它的功能信息和意义；好的设
计要符合使用者的认知行为需要（习惯性反应），不一定是通过内部的结构来确定产品的外部
形式。由此，功能性的界面传达不仅要考虑产品操作界面的整体关系和流程，而且要考虑具体
的操作符号细部，如把手、按键、旋钮等；不仅要考虑硬件的实体部分，而且还要考虑软件操作
界面部分以及使用的情境。界面系统中的每一个符号要素，都具有特定的指示意义（图 1-3-25
至图 1-3-27）。

图 1-3-25　伊莱克斯吸尘器 Ultra One /
伊莱克斯(Electrolux)/ 瑞典 / 2010
位于两侧的操作按键、信息图形显示的大屏幕以及
优雅线条的拎手，表明其易于操作。

图 1-3-26　不同形状、大小或颜色的按键代表不同
的功能指示

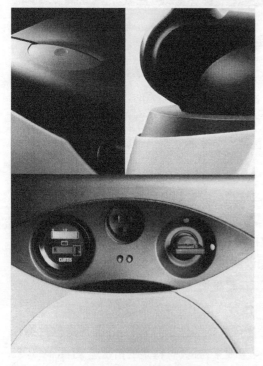

图 1-3-27　旋钮的方向语意及状态显示

从传播技术的角度说，形式必须十分清楚
地明示功能，使产品的操作不仅成为可能，也
变得值得追求。这表明，设计要引导最合适的
功能实现的动作。因此，把从符号认知出发的
产品语意学理念用于使用界面设计，就是要在
视觉交流的象征中体现某种程度的"行动经
验"，使每种产品、每个部位、旋钮开关都会"说
话"，通过符号元素(形态、色彩、结构、材料、质
感等)与内部功能因果关系的指导以及一定的
指示性设计，来表达象征自己的含义，"讲述"
自己的操作目的和准确操作方法。具体可以
通过特定造型或细节的形态相似性来实现特
定的使用方式的提示，告诉人们在哪里可以按
压、可以抓握，并引导人们以直觉的方式自然
地操作(图 1-3-28)。例如，手工锯的握把或
美工刀的进退按钮处的负形，提示可用手握或
手指操作；圆形按钮顶面微微凹下去的弧面，

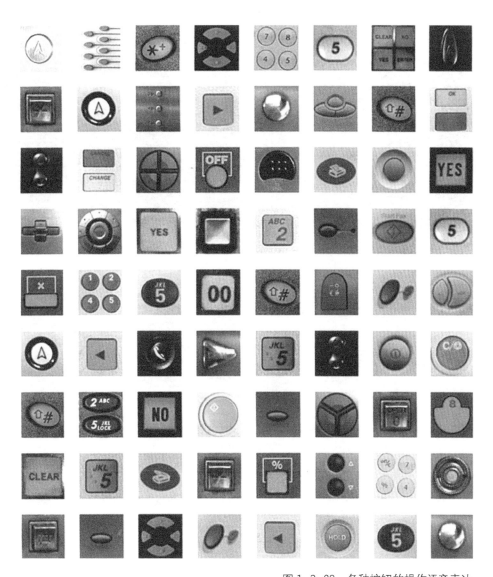

图 1-3-28　各种按钮的操作语意表达

使人通过联想就明白要用使用手指按压这一操作方式。此外，还可以通过特定的比较联系，例如旋钮周围的凹凸纹槽的多少和粗细，暗示是微调还是大调。

　　上述这些设计并非完全墨守成规，照搬以往，而是加入创造性的元素，在方便使用者理解和操作的同时，也能使其体验到新的乐趣（图 1-3-29、图 1-3-30）。

　　诺曼在《为谁而设计》提出了许多有参考价值的原则，如设计在任何时候都让消费者感觉使用简单直观，不受经验和知识的影响；对象物要醒目，反映信息明确；操作中通过视觉就可以了解产品功能，要有明确的操作提示。

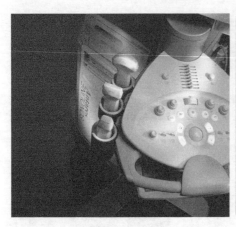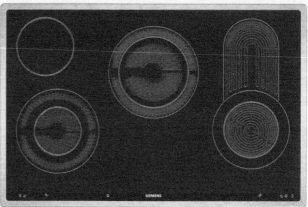

图 1-3-29   各种优秀的界面语意设计,功能意义清晰,表达形象生动

图 1-3-30   形式的产生,卡耐基梅隆大学工业设计课程。
指导:Thomas Merriman,Mark Baskinger(资料来自卡耐基梅隆大学网站)

　　李乐山在《产品符号学的设计思想》中也指出要注意五种语意表达:第一,产品语意的表达应当符合人的感官对形状含义的经验;第二,产品语意表达应当提供方向含义,包括物体之间的相互位置、上下前后层面的布局的含义、操作方向的提示;第三,产品语意表达应当提供状态的含义;第四,电子产品往往具有"比较判断"的功能,产品语意表达必须使用户能够理解其含义;第五,产品语意必须给用户表示操作。[1]

▶ 三、内涵性意义

(一) 内涵性意义的概念

　　内涵是指使用语言表明语言所说的东西之外的其他东西,是言外之意,即形成意义中那些联想的、意味深长的、有关态度的或是评价性的隐秘内容。内涵性意义与符号和指称事物所具有的属性、特征之间的关系有关,是一种感性的信息,更多地与产品形态的生成相关,是在文脉中不能

① 李乐山.产品符号学的设计思想[J].装饰,2002(04).

直接表现的"潜在"关系。即由产品形象间接说明产品物质内容以外的方面——产品在使用环境中显示出的心理性、社会性或文化性的象征价值,包括个人的情感联想、意识形态等和社会文化等方面的内容(例如,消费者认为产品有某种现代、简洁的感觉,或通过消费品牌产品感受到一种时尚的生活方式,或从机械设备中感受到一个高性能的、让人值得信赖的品牌和企业形象等)。因此,内涵性意义会比外延性意义更加多维,更加开放。

但是,内涵性意义不能单独存在,必须以外延性意义为前提。功能(外延性意义)是构成产品的基础,内涵性意义则是寄寓在形态、色彩、材质、声音等的隐喻、暗喻、借喻等之中,与形态等融为一体,从而使其成为内涵性意义的物化形态。这种意义只能在欣赏产品符号表象的时候借助感觉去领悟,使产品和消费者的内心情感达到一致和共鸣。

图 1-3-31　PlayStation 5 / 索尼公司 / 日本 / 2020

图 1-3-32　iMac G3 / 苹果(Apple)/ 美国 / 1998
使用者面对 G3,总是会引发出关于"个性生活"的种种情绪和联想。

消费者通过产品形态中的象征性符号要素及其组合会产生一定的联想,从而领悟到这个产品"怎么样"。但是这种联想往往是间接的、隐含的,具有较强的抽象成分。因此,要准确理解和体会这种象征符号所表达的意义,必须借助一定的抽象思维和想象能力。与功能性指示符号相比,产品象征性符号的设计与认知更复杂、更抽象、更困难。但从其所认知的内涵性意义来看,较之从指示性符号所认知的外延性意义,则更宽泛、更深刻。因此,内涵性的设计目标经常是最难有效表现的。

内涵性意义凸显了产品与用户的感觉、情绪或文化价值交会时的互动关系。内涵性意义会受到用户的年龄、教育程度、生活方式、所在环境以及社会文化背景等因素的影响。因此,内涵性意义指向并不使产品与其属性形成固定不变的对应关系,即使是面对同一产品,不同的观者有时会理解出不同方向或程度的意义。所以,内涵性意义常把动态的属性传递给不同的人(图1-3-31至图1-3-34)。

图 1-3-33 Airox 行李箱 / Victorinox
AG,Ibach(Schwyz)/ 瑞士 / 2020
交替的凹面和凸面、表面流线和金属光泽，
表现出轻松、优雅与奢华的感觉。

图 1-3-34   戴尔 Precision 7920 塔式机箱 / Dell / 美国 / 2022
塔式造型展现高性能、易维护的科技形象。

对内涵性意义的研究使设计师形成了"适意性"的原则。由于所涉及的内容广泛和不确定性，因此针对其象征价值的不同特性又把内涵性意义细分为感性层(浅层含义)、表意层(中层含义)和叙事层(深层含义)三个层次。

(二) 内涵性意义的三个层次

1. 感性层(浅层含义) ——情感联想

这是消费者基于共同经验和大众记忆的物品联想,对产品造型产生"情感性"的认知结果,本能水平上的感官体验,即消费者对美丑的直接反应与喜爱偏好的直接感受,是在设计表达中直接反映的感觉特性,例如现代、稳重、轻巧、柔和、自然、圆润、趣味、高雅、简洁、愉悦、新奇、女性化、高科技感、活泼感等有意味的心理感觉。想象和联想在这种认知的过程中起着激活人们情感的作用。产品符号的视觉、触觉等外在形象,包括形态、色彩、材质、界面、声音等,总会唤起人们某种积极或消极的联想,而积极的联想将会自然地增加用户对于产品的理解和喜好。

情感性的认知一般是"非功利性"取向的。虽然这与消费者本身的个性及成长背景有关,但像对于"杂乱或整齐""简单与复杂""柔软与坚硬""肥胖与瘦弱"这些属于人类共同的视觉经验而产生的喜好或厌恶,情感性的认知是人类情感直接反应的一部分。

有部分产品或物品符号会超脱不同的文化背景,具备与各地域人群相通的情感意义,以此产生共同的情感体验。产品中特定的语意符号也会使用户的情感回到过去:某种材料的物品会提醒用户若干往事,成为用户自身的印象延伸,引发强烈的感情。例如 Superpapa 灯具,柔韧的材料适合灵活摆弄,令人想起母亲的乳房或者小时候的游戏。又如,以泡泡为造型的玻璃灯具让人回想起儿童时期的快乐时光(图 1-3-35、图 1-3-36)。这种感觉、情绪与情感等有关的内涵性意义是浅层的,也是为大众所共享的,反映的是人与物的简单关系。

图 1-3-35　大泡沫吊灯(Big Bubble)/ 亚历克斯·德维特(Alex De Witte)/ 荷兰 / 2013

在消费者购买产品之前,正是通过对包括形态、色彩、材质等的感官接触,率先了解产品内涵性的感性信息,它们是产品语意中最有特性的部分。产品的情感意义可以通过富有美感的造型、亲切的人机界面、有特色的色彩和材质、自然或新奇的风格等引发消费者积极的情感体验和心理联想,从而增加消费者对产品的理解和消费偏爱,进而开启和实现人类共同的心灵与精神的操作与沟通。例如苹果 Mac Pro 电脑,以极简的造型,不锈钢内框的铝金属材质,凸显其专业级与前瞻个性的品牌形象,给人以极 "冷酷" 的感觉,留下深刻的印象,从而极大地吸引了崇尚个性的专业消费者(图 1-3-37 至图 1-3-40)。

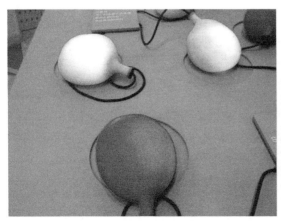

图 1-3-36　Superpapa 灯具

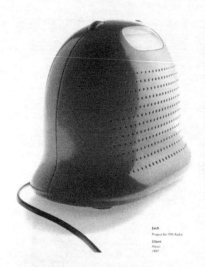

图 1-3-37 Alessi FM 广播 / Sowden / 意大利 / 1997

图 1-3-38 飞利浦多媒体产品,从"适意性"出发设计,体现家庭的传统情感价值

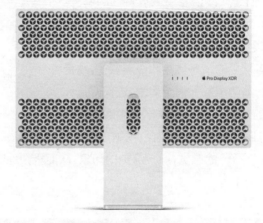

图 1-3-39 Mac Pro 工作站 / Apple 公司 / 美国 / 2019

图 1-3-40 Pro Display XDR 显示器 / Apple 公司 / 美国 / 2019

　　产生这种情感反应的象征性造型符号有时具有异质同构的特征。例如汽车、飞机、摩托车尽管功能特性不同,但它们通过采用类似的流线型形式(即能指),都给人以强烈的速度感(即所指)。虽然这些设计物之间具有不同的性质,但其在形式结构上的某种相似之处,使消费者从中感受到了相似的感觉(图 1-3-41、图 1-3-42)。因此,产品设计师可以在生活中通过收集整理各种形象符号将它们与目标产品进行连接与结合,以此强调特定内涵性意义的存在。

　　此外,消费者在多次的产品语意认知中,可能会从某一系列产品造型中持续地感受到相似的语意感觉,进而逐渐形成相对稳定的感性印象。

图 1-3-41　庞巴迪摩托艇
RPX260 / Bombardier Inc. / 加拿大 / 2014

图 1-3-42　兰博基尼
Aventador / Automobili Lamborghini S.p.A. / 意大利 / 2011

2. 表意层（中层含义）——个性与群体归属

作为一种更深层的认知结果，这种内涵性意义是在相关对象（即消费者）、产品和特定的社会环境的互动关系中产生的特定含义，是设计中隐含得更深的意义特性，在理解的层面产生（与诺曼反思水平的情感类似）。同时，这也是一种受到外界的影响与教育而形成的共同价值观，为具有一定教育程度和经济背景的部分消费者所共享，并在社会关系的层次上发挥作用。其意义的具体表现可能是一种生活个性、流行风尚或价值观念，也可能是身份认同、群体归属或品牌形象。

作为符号和象征的产品符号，能传递消费者的身份、地位、个性、喜好、价值观和生活方式，与罗兰·巴特在内涵意义中提出的"分类的等级系统"相似。现代消费社会的本质，即差异的建构。人们所消费的，不是客体的物质性，而是差异（消费符号学）。通过物品符号与他人形成差异，正是日常生活中消费的主要用途之一。鲍德里亚指出："人们从来不消费物的本身（使用价值）——

人们总是把物（从广义的角度）用来当作能够突出你的符号，或让你加入视为理想的团体……"所以说，"物"从来不是因其物质性而被消费，而是因为其同其他"物"的差异性关系而被消费的。这里人们关注的是符号的所指而不是它的能指。正是产品符号之间的关系，使"差异"得以确立。

　　汽车、手机、服装、住宅、手表等产品，许多有个性的品牌或产品符号，无论是实物还是广告图片，它们的意义都在于建立差异，以此将符号所代表的产品区分开来，从而使消费者可以通过产品符号的消费与使用达到个性的实现，体现现代消费社会"自我实现"的哲学（图 1-3-43、图1-3-44）。

图 1-3-43　捷豹 F-Type / Jaguar / 英国 / 2022

图 1-3-44　玛莎拉蒂 Ghibli / Maserati / 意大利 / 2022

　　同时，这种社会关系层面上的内涵性意义，也是消费者在社会关系中的一种身份认同感、确定感和归属感的表达（即社会化的"我"）。这意味着符号价值成了新的等级（阶层）、类型划分的标准，是物化了的社会关系。不同品牌的产品，都帮助选择该产品的消费者找到其所属的特定群体阶层。"通过各种物品，每个个体和每个群体都在寻找着他或她自己在一种秩序中的位置……

通过各种物品,一种分层化的社会开口说话……"[①]因此,消费者在选择产品时会更在意其意义表达是否符合自己身份,而非完全关注商品的使用价值。

消费者对这个分层的意义的认知是有一定的功利内涵的。由于符号是以一个事物代表和指称另一个事物,可以为人理解和解释,因此,在人的社会实践中,社会功利的内容凝结在形式要素的过程正是一种符号化的过程,它使形式要素成为社会功利内容的表征物。所以,当见到这些形式要素时,便会唤起消费者对相应社会功利内容的态度(图 1-3-45)。

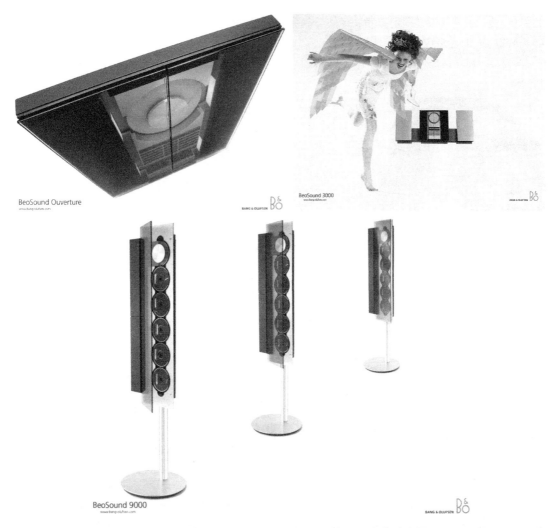

图 1-3-45 B&O 音响产品 / Bang & Olufsen / 丹麦

① 瑞泽尔 . 后现代社会理论[M]. 华夏出版社,2003:110.

　　此外，值得关注的是，在市场竞争中，这种经由特定的风格体现出的内涵性语意，还体现了商品、经济等外围因素，在消费者心中自然形成对某一品牌产品独具特色的品牌印象，例如 MINI、B&O、宝马、IBM、阿莱西等。产品的品牌形象是人为创造出来的一种虚拟识别，同样体现了上述的社会功利性内容，对产品识别的研究也是由此展开的。它的形成需要企业长期、持续经营与差异化塑造，这对如今产品的同质化趋向具有现实的意义（图 1-3-46 至图 1-3-49）。

　　3. 叙事层（深层含义）——历史文化与社会意义

　　这是最深层的叙事性和象征的意义，是用户根据自身的教育程度、社会经验和文化感悟所体会到的，是在相关对象（即消费者）、产品与社会、文化甚至是政治之间的关系中产生的特定含义，较为隐蔽，为小众所理解。

图 1-3-46　苹果 Apple Watch S7 Hermes 系列手表 / Apple 公司 / 美国 / 2021

图 1-3-47　苹果 iPhone 13 pro 远峰蓝色 / Apple 公司 / 美国 / 2021

图 1-3-48　宝马 BMW X5 / 宝马（BMW）/ 德国 / 1999
醒目的双肾型进气格栅，凹凸有致的线条与空气动力学特性，吸引偏好车的运动特性的消费者。

图 1-3-49　MINI 汽车及其附属手表 / BMW 公司 / 德国 / 2021
经典的英式设计,吸引偏好复古风格的消费者。

接触者需要通过对设计作品的深度体验,从而达到对设计背后的自我阐释。从作品的深层次感悟中,接触者往往需要结合自身的经验和背景,从中召唤出特定的故事性、意识形态、文化感受、社会意义、历史文化或者仪式、风俗等叙述性深层含义,表现出一种历史、文化的记忆性脉络。例如,哈雷摩托车所引发的是对第二次世界大战后特殊美国文化的怀念,是象征着激情、自由和狂热的精神符号和美国的文化象征。同样,Vespa 踏板摩托车,是著名电影《罗马假日》中派克和赫本风尚生活的标志,被加载了浪漫的爱情故事之后,再次解读这件设计作品,那些熟悉这一背景的人将其作为乌托邦式意大利生活的象征和战后年轻人对过去时尚生活的一种回忆(图 1-3-50、图 1-3-52)。

有些产品试图通过特定的文化符号及特定组合,唤醒人类记忆中久远的地域文化记忆和思想认同,这是由特定的语意设计所达成的信仰、仪式、迷信、吉祥物、特征物等的符号互换,从而建立起地方文化的连续性。例如,"鸟巢"(国家体育场)所展现的多种文化意象,让观者感受到中国传统文化的意义及其与自然的哲学关联。人们在使用茶道中的茶具时,更注重通过这些器物以及仪式般的使用过程,去体会坚忍、纤细、精致,略带感伤的禅意,感受文化的意境。又如斯塔克 Ghost Chair 椅,表现了 18 世纪法国以精湛工艺著称的"路易十五世"装饰艺术风格与当代的对话。因此,正如乔治·尼尔森(George Nelson)所说的"器物是文化遗留在它专属时空中的痕迹",特定的产品符号可以在与人的互动中传承和更新文化的意义(图 1-3-53、图 1-3-54)。

另外,产品中的某些象征符号(隐喻)又会与某些特定的社会现象、故事、责任或理想发生内在的关联,引发观者有关社会意义的批判性思考。例如斯塔克为 Flos 设计的"Collection guns"

图 1-3-50 哈雷摩托 / 哈雷戴维森摩托车 (Harley Davidson) 公司 / 美国 / 1903

图 1-3-51　Vespa / Piaggio 公司 / Corradino D'Ascanio / 意大利 / 1946

图 1-3-52 新型 Vespa946 摩托车、1946 年第一台 Vespa 和 Vespa MP6 / Piaggio 公司 / 意大利
新型 Vespa 摩托车延续半个多世纪的历史记忆,是一个有"历史意义"的更新设计。左上、右上图为最新款 Vespa 946,
沿用了早期车型"MP6"的车体比例和 1946 年生产的第一台踏板车的名称。

图 1-3-53 日本茶道茶具

图 1-3-54 Ghost Chair 幽灵
椅 / Philippe Starck / 法国 / 2002

灯具,就有着丰富而深刻的社会意义:武器是一个时代的符号,金色的武器象征着钱和战争的勾结,黑色的灯罩代表死亡,而金色的武器与黑色的灯罩的符号结合,表现出作者对于和平、战争、死亡、疯狂、贪婪等复杂性的社会反思,以及对新世纪的展往(图1-3-55)。

图1-3-55 "Collection guns"灯具 / Flos / 菲利普·斯塔克(Philippe Starck)/ 意大利 / 2005

三个层次的内涵性意义在消费者的语意认知中,总是互相关联、互相影响的。持续的情感的塑造,帮助个性与价值观的形成;而固定的品牌、文化、社会的印象和观点,则不可避免地影响到消费者对产品直接的情感反应,并通过这种情感性反应加以表达(图1-3-56)。但要注意,这些不同层次的内涵性意义通常是不对称的,因其产品的性质、来源、品牌、环境与社会中角色的不同而不同,即使是同一功能产品,也会因设计师介入及使用者诠释的角度不同而不同,且并非所有的产品背后都有丰富的历史文化与社会意义。

图 1-3-56 Caesarstone 系列家具 / Jaime Hayón / 西班牙 / 2021
Caesarstone 系列家具体现了古老的石器时代民俗文化魅力。

表1-3-1 内涵性意义分类表

内涵性意义分类	表现	意义共享范围	反映关系	属性特征	案例
感性层	情感联想	大众基本共享直接反应	人—物	感性	
表意层	个性和群体归属	"中众"共享间接认知	人—物—社会	差异性	
叙事层	历史文化和社会意义	小众共享深层体验	人—物—社会—文化—政治	社会性文化性	

第四节 产品语意转译的方法

一、转译的方法

　　后现代主义建筑设计很重要的部分就是建筑符号学在设计中的应用,并形成诸多较具特色的设计方法,无论是文丘里、格雷夫斯等对古典主义的借用,还是弗兰克·欧恩·盖里(Frank Owen Gehry)的解构主义建筑,或者里伯斯金德(Daniel Libeskind)在建筑中加入文学化的解释等，无不对后面的设计产生了较大的影响和示范作用。刘开济的《谈国外建筑符号学》对上述方法做了总结。

　　产品语意主要的设计应用方法也深受建筑符号学创作手法的影响，并结合产品自身的特性、语境以及与用户的关系形成了自己特定的方法论。

　　产品和建筑一样，在意义的很多方面具有含蓄的特性，只能使人联想、让人领会，而不能也不应该直接指出来。设计师试图借助各种特定的方法突出设计语言的符号特征，引人注目、传达信息、带动感悟，给接触和使用其作品的人以深刻印象。对这些方法展开探讨，有助于设计师开阔思路、启发灵感，创作出有新意且为人所理解和欣赏的作品。

（一）强调——重复与多余

　　产品语意学认为，理解产品如同"阅读作品"，重点在于产品将众多重复的信息反复作用于人的感官，从而将信息强烈地传递给观者，如同音乐作品中以各种变奏形式出现的主题，令人难忘。设计师借助重复和多余的手法，经常把某个基本图形或某种形式节奏，用各种不同的材料，借助不同的构件，在不同部位重复出现，可以使观者产生深刻的、难以忘怀的感受和印象。这是建筑设计中常用的手法，被称为"母题重复"，例如贝聿铭在苏州博物馆新馆、中国驻美国大使馆、中国银行大厦香港总部大楼等作品中多用三角形和四边形的重复（图1-4-1）。

　　符号的不断重复，使得人们会在对原型原有的印象基础上，不断补充增加新的特征元素，拓展和补充原型的细节，从而增强对其特征的记忆。产品符号要想传达意义，就要有能被人理解的

 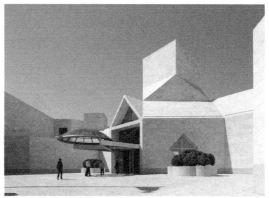

图1-4-1　苏州博物馆 / 贝聿铭 / 中国 / 2006（左图）
中华人民共和国驻美利坚合众国大使馆 / 贝聿铭 / 美国 / 2008（右图）
造型上通过重复的三角形、四边形几何元素突出建筑特色。

---

① 刘开济.谈国外建筑符号学[A].顾孟潮等.当代建筑文化与美学[C].天津科技出版社,1989:125-134.

符码,但并不意味着一定是陈旧或已知的符号。这种符号可以是新的、不为人所熟悉的,但借助重复和多余的方法,经过反复强调,也同样可以建立起新的印象和特征联系,最终被人理解和接受。例如 TPlink3G 无线路由器中自然形的重复与对比(图 1-4-2 至图 1-4-4)。

图 1-4-2 TPlink3G 无线路由器
设计元素有变化的重复,强化了产品的意义和观者的印象。

图 1-4-3 吊灯 / 麦哲伦(Magellan)/ Ryan Pauly / 美国 / 2020
麦哲伦灯具既具有统一和多样性的设计定义基本原则,又具有创新的形式,
并辅以高度方便的功能。核心结构作为一个平台,将几个灯罩排列在一个集群中,
实现单独的配置、材料选择和照明效果,这就产生了几乎像光环一样的大量照明。

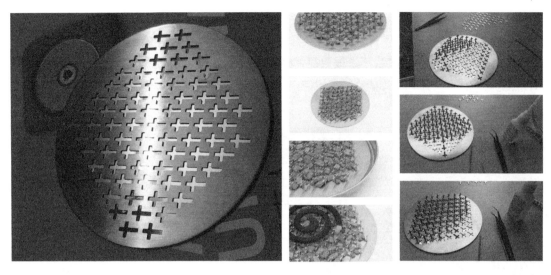

图1-4-4 蚊香盘 / 中国
采取重复图形的蚊香盘,具有形式感。

(二) 引用——新旧结合

引用是历史文化意义延续的常用手法,表现为将某种具有特定历史、文化意义的部件或材料从原来的系统原型整体中截取出来,与新的目标产品结合,以创造一种新旧结合的感觉。它是一种意义符号的自然引用,是为了创造一种有意义的自然连接,而非为了创造某种新奇的效果,这应与解构或置换的手法相区别。例如朗香教堂中对哥特时期的洛桑大教堂彩色玻璃窗的引用,日本水品牌 Fillico 的瓶盖设计对 13 世纪腓特烈二世的皇冠与后冠的参考(图1-4-7),以及法国依云矿泉水纪念版 Merry Cou Cou 云裳瓶对宫廷复古装饰图案的引用等。

一个体现民族传统或历史经验的产品的可识别性,最直观的表现是其特色构件,或称“特征符号”。狭义的“特征符号”,主要指产品形态上最直观的特征,而广义的“特征符号”也包括富有民族和地方特色、历史特色的各种产品、建筑的处理手法和比例关系。[1] 这是一个民族观察和理解的特有的结构,是其在漫长发展历程中积淀下来的。在全球化的交流和融合的过程中,设计中的某些符号系统的标志性和可识别性常常会逐渐减弱,有些设计中所用词汇也可以来自其他民族和地方,但词汇组织起来的语法却可能具有强烈的本民族特色。

王贵祥在《建筑的文化性与现代建筑文化》中指出,在艺术设计的观念上,欧洲人重模仿,艺术是模仿的产物,而模仿的升华就是特征,是表现对象的“某个主要或突出的特征”。因此欧洲

---

[1] 倪尤培. 矶崎新:“清醒的精神分裂”[A]. 许力. 后现代主义建筑20讲[C]. 上海社科院出版社,2005:167.

的建筑师和艺术家设计理念简单明晰,重视特征化、典型化形象,重个体造型的提炼与艺术再现。而中国的艺术观念重感,重视人的内心世界对于外界事物的感受,重视由外界事物在内心引起的激情。因而重气势、重意境,不是很重视单座建筑在形体上的独特性,不着力于表现每座建筑的特征,而更在意对建筑群体的空间艺术感染力的渲染。这些观念对于产品的设计处理同样具有启发意义。

符号的提取是将某一具体事物抽象化,针对的是"已经存在",即"过去",但人类的审美情趣不可能仅局限于"过去",要谋求发展,就必须在"符号"的引用与设计的创造性之间寻求突破口。因此,"引用"并不意味着简单地照搬或挪用,而应体现一种时代精神,应是设计师表达创造性的一种积极的手段,而不仅仅作为一项追求的目标。[①]例如香港设计师设计的陶制收音机,结合了陶瓷的质感,为电子产品设计带来了全新的文化意象(图1-4-5)。

图 1-4-5   陶制收音机 / 叶智荣 / 中国香港

因此,应视具体情况而定,并在引用历史、文化片段的基础上,加以变形、改变位置、材料或者概念的组合。这种手法使原来的传统语言再次复活,使新产品和历史物品(或其他有意义的产品)之间具有一定关联性,如同文学中引用古典成语和典故一样。历史物品原有的实用功能有的已不重要(或已基本消失),但在新产品中重新引用过去的形式或结构片段,会让人意会到历史的延续性。总之,引用后的产品虽来源于过去但又经过了新的处理,它们已经属于当代(图1-4-6)。

(三) 重构——变形和解构

符号的变形与解构是为了引人注意、进而引人深思,从而延长欣赏和接触的时间。经常接触的事物,人们总是容易忽略,一带而过,激发不起注意的兴趣。借助变形与解构的手法,破常示异,将为人所熟悉的设计符号变形,或打散破坏,重新组合成新的设计语言,既继承传统又有创新,是一种意象的再造。近现代建筑设计中,常运用变形与解构的方法,引人注意或深思,例如文丘里把建筑上的线条、腰线安排在人们不习惯的部位;登琨艳将原本铺在水乡建筑屋顶的屋瓦砌到立面墙上,使之看起来犹如国画里的水波纹一样,赋予其新的生命。

---

① 苏堤. 建筑表现中引用与创造的哲学思辨[J]. 华中建筑,2008(06).

图 1-4-6 积家空气钟 Atmos 561 / 积家（Jaeger-LeCoultre）/ 马克·纽森 / 澳大利亚 / 2013
参考了 Atmos 1930 怀旧经典款的设计。

图 1-4-7 "JEWELRY 珠宝系列"矿泉水 / Fillico /
日本 / 2019
天使瓶帽与翅膀以维多利亚风格为灵感，融合了哥特式、
巴洛克式等各种艺术风格。

重构一词源自解构主义,即破坏(打散、分解)某一系统内原始形态之间(或原系统之间)的旧构成关系,根据新的时代精神和创作者的主观意念,在本系统内或系统间进行重新组合、或元素间关系的变形与移位,从而构成一种新的"完整"秩序。解构主义认为构件本身就是关键,有时基本部件本身就具有表现的特征,并不一定要求其完整性(完整性不在于建筑本身总体风格的统一),而在于部件个体的充分表达,这反而能形成新的形式感觉。因此,解构主义建筑是一个从 20 世纪 80 年代晚期开始的后现代建筑思潮,涌现出很多优秀建筑作品,例如盖里所设计的维特拉家具公司家具博物馆、迪斯尼音乐厅、路易威登基金会艺术中心与蓝天公司设计的德累斯顿 UFA-Palast 等,无不具有更加丰富的形式感(图 1-4-8、图 1-4-9)。

图 1-4-8　华特·迪斯尼音乐厅 / Frank Owen Gehry / 美国 / 2003

图 1-4-9　路易威登基金会艺术中心 / Frank Owen Gehry / 法国 / 2014

1. 易位重构

易位重构即打散旧关系、重组新关系,是重构的最显著特征和功能。原有系统的部件经过打散、重组或与其他系统的部件进行组合,可改变原系统中各部件间的相互关系,移动或调度原有的位置,从而获得一种新关系和新秩序。组合关系的变异,比一个部件和原型的变异更为巧妙、多样化,因此组合关系的变异就是重构的根本原则。

文丘里十分强调这种方法,称之为改变关联域(Context)。格式塔心理学认为,整体中的某一部分的含义与其关联域有关,关联域的改变将导致含义的改变。因此,文丘里认为"建筑师可通过对各部件的组织,在一整体中为这些部件创造富于意味的关联域;通过对传统部件以非传统方式的组织,即可在总体中创造新的含义。如果他以非传统方式组合传统部件,如果他以不为人所熟悉的方式处理熟悉的事物,他就是在改变它们的关联域"[1]。即熟悉的事物一旦被置于不为人熟悉的关联域中,即可给予人们既新又旧的感觉。

2. 尺度或比例重构

运用缩小或放大原有部件的尺度和比例的重构方法,使产品与整体或使用环境构成一种新的意境。

3. 材料重构

材料重构是运用得最广泛而又简易的一种方法,往往具有事半功倍之效。例如 Eugeni Quitllet 为 Kartell 设计的 "The Light Air lamp" 灯,其长方形透明有机玻璃框架与灯罩面料的扩散形成对比(图 1-4-10、图 1-4-11)。

4. 裂变重构

裂变重构即把某一原型分裂、异化后,放到本系统内或外之间重组,打破习以为常、司空见惯的旧感受,凭借新信息的刺激强度给人以新意。

5. 叠合重构(或重组)

将原有各自独立的部件相互叠合所构成的新形态。例如由菲利普·斯塔克与 Eugeni Quitllet 为 Kartell 设计的 Masters 椅,即叠合了 Eames、Saarineen 和 Jacobsen 分别设计的三张传奇椅子的轮廓(图 1-4-12)。

从美学上讲,人们面对审美对象,不仅求新,同时也寻旧。人类审美意识中"喜新寻旧"的心理特点是共时客观存在的。因此最容易引起人们审美兴趣的不是"全新"的,也不是"古董

---

[1] 转引自李涛. 当前西方建筑创作中的非现代主义倾向[A]. 顾孟潮等. 当代建筑文化与美学[C]. 天津科技出版社,1989:106.

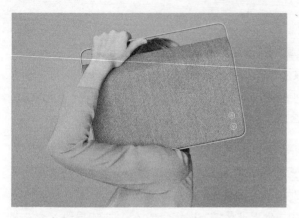

图 1-4-10   "哥本哈根 (Copenhagen)"系列无线音箱 /
Vifa / 德国 / 2014
德国品牌 Vifa 的"哥本哈根 (Copenhagen)"系列无线音箱,
布面材料的重构。

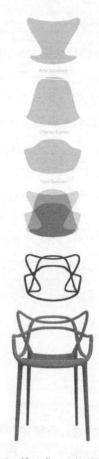

图 1-4-11   "The Light Air lamp"灯 /
Eugeni Quitllet / 西班牙 / 2011

图 1-4-12   Masters 椅 / 菲利普·斯塔克、
Eugeni Quitllet / 2009
Masters 椅,叠合了 Eames、Saarineen 和 Jacobsen
分别设计的三张传奇椅子的轮廓。

式"的,而是"亦新亦旧,亦似亦不似"[1]。从"接受美学"来看,这最能激发审美兴奋点。例如意大
利 Kartell 的"书虫"书架没有固定造型,改变了消费大众原本赋予产品形式与意义的联系(图
1-4-13);Brionvega 的 TS525 收音机多功能播放器,沿袭 1964 年经典"方块"TS502 收音机,将
高品质音箱与收音控制部分重组成便携式的创新组合。总之,变形与解构不仅使过去和现在有
着某种约定的内在关系,并且又传递新信息,因而有助于在人们心中建构新的"符号信息系统"。

---

① 李敏泉 . 重构——传统与时代共生的有效途径[A]. 顾孟潮等 . 当代建筑文化与美学[C]. 天津科技出版社,
    1989:135-140.

（四）寓意——象征与隐喻

产品意义的手法与感受,是设计师和接受者互动关系中的一种呼应。当设计师心中想要表达的某种意义必须透过实际物体的象征时,采用直接模仿转化的方式,接受者便立即可知其意。中国传统建筑就有很多极好的例子,传统庭园中的建筑或装饰元素,经常运用直接的象征手法,来追求更丰富深入的意义。例如圆形的月洞门,它不仅是畅行无阻、高低适中的(满足机能上的原则),也具备饱满和谐的造型,同时,这种造型传递的"圆月"的意象特别能引起中国人的认同。

图 1-4-13　Korpus system,Homebase
挑战传统书橱二维化、刻板的旧形象,倾斜、变形扭曲连接而成。

象征是难以觉察的东西的代表,广泛存在于人文艺术和语言之中,还存在于日常生活之中。象征概念包括体验、直觉、固有价值、文化标准等方面。象征的意义常常有联想的展开,并且不能明确定义。产品的象征意义只能从其所在的社会文化脉络或传统中被阐释出来。在建筑中这样的例子很多,例如哥特教堂平面采用十字架暗示基督受难。

对于文化性设计而言,象征性符号取代"形"的表现可以丰富建筑和产品的内容,最重要的是象征意义可以提供适合于与文化特色、地方特色有关联的多样化的产品词汇。这种设计词汇的使用,适合于我们时代的大众文化和多元文化表现的需要(图 1-4-14、图 1-4-15)。

隐喻是一种形象取代另一种形象,而实质意义并不改变的修辞手法,这种取代建立在两种形象相似性的基础上,是最为普遍的一种修辞手法。隐喻旨在以一种更为明显、更为熟悉的观念符号来表达某种观念,是在形象化中从意义出发的比喻。此外,隐喻的意义传达,还常基于旧经验说明新经验,通常选择与本体具有相似性关联的参考事物来替代本体,以易喻难,通过具体说明抽象(图 1-4-16 至图 1-4-18)。

隐喻的设计大致可以分为:具象隐喻、抽象隐喻和用装饰的隐喻。具象隐喻,即形喻,也就是通过整个产品的外观造型来隐喻。这类产品把造型放在十分重要的位置,技术往往为造型服务。例如堆摞起来如节节长高的竹子造型的竹形玻璃杯、带有小手或狗骨头隐喻的飞利浦热徽章(Hot badges)和儿童导航仪(In car navigation)(图 1-4-19)。

抽象的隐喻是指意义隐含在抽象造型之中,一般不易被解读。设计师常用抽象的隐喻手法来赋予产品背后的意义,体现产品及品牌的抽象特性。这种抽象的转化方式间接性地通过另外

图 1-4-14　水之教堂 / 安藤忠雄 / 日本 / 1988

图 1-4-15　IRONY 铸铁茶壶 / 黑川雅之 /
日本 / 2011
其造型与颜色的结合,体现日本审美意识"气"中
无形而有力的气场。

图 1-4-16　Pito 壶 / 阿莱西
(Alessi) / 弗兰克·盖里
(Frank Owen Gehry) / 美国 / 1992

图 1-4-17 Flos Gibigiana 桌面台灯 /
Achille Castiglioni / 意大利 / 1980

图 1-4-18 橄榄油油壶 / SOSO FACTORY /
西班牙 / 2022

图 1-4-19 儿童导航仪 In Car Navigation

一些实际事物,来帮助观者理解产品并保持理解的兴趣,例如 IDEO 设计的白兔意象的电熨斗,隐喻圆润、干净与柔和(图 1-4-20)。此外,抽象的隐喻还包括用抽象的操作和使用情境及隐喻意义,例如 CRANKBROOK "电话簿"电话机设计、MUJI 无印良品的拉线开关的 CD 播放器、富士山啤酒杯等(图 1-4-21、图 1-4-22)。而装饰的隐喻则在后面的装饰手法中具体探讨。

(五) 抽象——深奥与诠释

抽象,即提取被再现事物的最本质的特征,以较简单的形象将事物再现出来,使人对其有一个整体形象的把握。这种抽象的方法,意味着通过具象符号或自然符号的提炼与简化,使物形单纯,往往产生更多的艺术感染力,以此引发诠释与想象。也就是说,抽象化的结构所包含的信息量越少,审美主体解读出的结果越丰富多元。

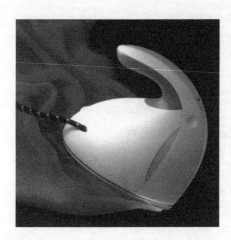

图 1-4-20　电熨斗 / IDEO 公司 / 美国

图 1-4-21　富士山啤酒杯 /
铃木启太 / 日本 / 2008

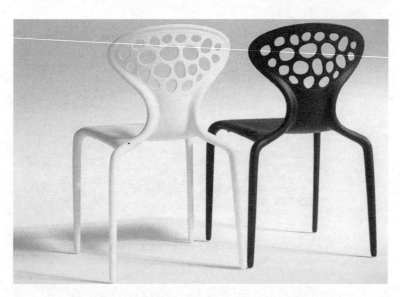

图 1-4-22　超自然椅 / Morso / 洛斯·拉古路夫 / 英国 / 2005

　　从"接受美学"来看，最容易引起人们审美兴趣的既不是"很熟悉很具象"的，也不是"很陌生很抽象"的。许多艺术家和设计师都明白，要新奇，不易理解但又能被理解，要给观者的理解以挑战，激发其理解的强烈兴趣，从而产生层出不尽的意境，给人以艺术享受，这最能激发审美兴奋点。产品意义的表现手法因人而异，在很具体到很抽象之间，如何达到人们可感知的具体程度，同时又达成可启发无限想象的抽象程度，即两者间的平衡点是设计师追求的目标。例如文丘里的富兰克林纪念馆（图 1-4-23）、汉斯·瓦格纳的"中国椅"、苹果的 iPod MOLT 明式椅（图 1-4-24）、喜多俊之的"hana"西餐餐盘（图 1-4-26）都是这样的优秀设计。

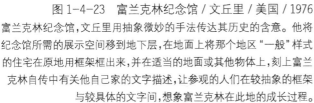

图 1-4-23　富兰克林纪念馆 / 文丘里 / 美国 / 1976
富兰克林纪念馆,文丘里用抽象微妙的手法传达其历史的含意。他将纪念馆所需的展示空间移到地下层,在地面上将那个地区"一般"样式的住宅在原地用框架框出来,并在适当的地面或其他物体上,刻上富兰克林自传中有关他自己家的文字描述,让参观的人们在较抽象的框架与较具体的文字间,想象富兰克林在此地的成长过程。

图 1-4-24　MOLT 明式椅 / DXDSPACE
DESIGN / 中国台北 / 2017

　　赫尔佐格 - 德梅隆事务所(Herzog de Meuron)设计的普拉达(Prada)东京旗舰店,以抽象的手法表达品牌的奢华,外形新颖别致,醒目而独特,犹如一块立着的巨大水晶,幕墙由数以百计的菱形玻璃组成,产生虚幻却透彻的视觉效果,开创性地在建筑设计中演绎出了奢华品牌的时尚感(图 1-4-25)。福斯特设计的首都机场 T3 航站楼,它的美更多的在于龙的意象表达(而非具象实践),辅以中国传统色彩的渲染,具体包括"龙吐碧珠"(停车楼)、"龙身"(航站楼主体)、"龙脊"(主楼双曲穹拱形屋顶)、"龙鳞"(屋顶取光天窗)、"龙须"(四通八达的交通网)等,让人身临其中,浮想联翩。苏州博物馆新馆屋顶部分的三角形,其单形的比例和多形的多样组合也是抽象自苏州历史建筑民居的屋顶变化。

　　这种抽象的手法将明式的"简朴"美学、东方禅意哲学(主要是日式)与西方极简主义风格紧密相连,在当代设计中形成新的独特美学。这类语意设计表达一般都是在做减法,简单洗练,达到极致的简约、精练的形式与优雅的格调。宗白华提到静穆的观照和活跃的生命构成艺术的两元,也是构成"禅"的心灵状态,赋予产品隐性的元素和意义内容需要尽可能的少而精练,使产品具有沉淀的美感和状态。

　　除了一般的简化、精练外,设计师往往通过在设计原型基础上的抽象化来引发想象的空间和禅意的美学意境。具体包括:

图 1-4-25 普拉达(PRADA)东京旗舰店 / 普拉达(PRADA) / Herzog & de Meuron / 2003
普拉达(PRADA)东京旗舰店,开创了奢华品牌与建筑设计相结合的新理念。幕墙由数以百计的菱形玻璃组成,
产生虚幻却透彻的视觉效果,菱形的玻璃幕墙设计更融入整座建筑物的设计之中。

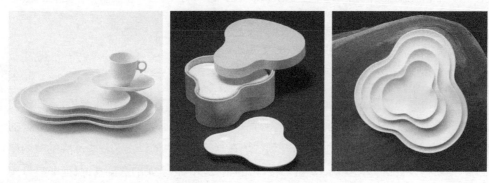

图 1-4-26 "Hana" 西餐餐盘 / 喜多俊之 / 日本 / 1971
喜多俊之的"Hana" 西餐餐盘,是对日本传统花形的抽象。

1. 几何原型的运用

以几何形态为产品原型是较普遍的做法,几何原型具有极简主义的构成意义,与抽象风格的
产品具有一定的衔接性,同时,几何形态在设计要素上弱化要素的影响,简单明快的造型直指人
心[1]。例如南正弘(Masahiro Minami)设计的 Yutanpo 暖壶、深泽直人为阿莱西设计的 CHA 抛光不
锈钢茶壶、Elica 阅读灯、吕永中设计的几何造型的 "徽州" 博古架(图 1-4-27 至图 1-4-29)。

---

① 李敏泉 . 重构——传统与时代共生的有效途径[A]. 顾孟潮等 . 当代建筑文化与美学[C]. 天津科技出版社,
1989:135-140.

图 1-4-27 CHA 抛光不锈钢茶壶 /
深泽直人 / 日本 / 2014

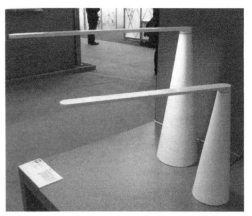

图 1-4-28 LED 台灯

图 1-4-29 Yutanpo 暖壶 / 南正弘 (Masahiro Minami) / 日本

2. 追溯经典的产品原型基础

　　普遍的产品原型,其设计基础来自人类历史中经过反复淘洗后成为经典的原型,经典的原型
基础往往获得强化表现[①]。Paul Graham 在 *Taste For Makers* 中提道:好的产品是永恒的。例如宋
代流行的上下距离短、碗沿向外延展的斗笠碗的造型、又如贾斯珀·莫里森设计的 Rowanta 咖啡
机和热水壶(图 1-4-30)、深泽直人设计的 ±0 水壶等。

---

① 周申 . 产品设计中禅意风格的符号解析和设计应用[D]. 江南大学,设计艺术学硕士论文,2014.

图 1-4-30 Rowanta 咖啡机 / 贾斯珀·莫里森 / 英国

"唯物主义"设计强调物品的价值是它的根本,设计应关注物件的原本,而非表面的吸引力。

3. 自然原型的直接推送

为了最大可能地突出自然风物的特征,将原型形态直接生成产品形态[①]。产品所具有的全部形态均来自自然形态,似乎已经感受不到设计的存在。如"照明作家"Sachie Muramatsu 取植物形态为元素设计的吊灯(图 1-4-31)。又如"王莲"钟概念设计,以质朴的形态、素白的颜色展现时间的冥思,不仅是中国禅意美学的象征,更能够凸显繁杂世界的超脱之美、静心之美;钟的表面蕴含了自然的痕迹,如同一个整体的石灰岩洞的形成是基于难以觉察的水滴下落的不断累积,象征时间是不断重复的瞬间;时间也是一种空的容器,其素莲凹形可以放许多东西,也可以留下许多空白,每个观者可以看到许多种面貌。整体设计力图表现一种"空山无人,水流花开"的意境(图 1-4-32)。

图 1-4-31 植物形态为元素的吊灯 / Sachie Muramatsu / 日本 / 2017

---

① 周申. 产品设计中禅意风格的符号解析和设计应用[D]. 江南大学,设计艺术学硕士论文,2014.

MUJI 无印良品于 2014 年推出"亲近生活的厨房家电"系列，包括冰箱、微波炉、烤箱、烤面包机、电饭煲、榨汁机、电热水壶等七款家电（由深泽直人监制），不论外观还是功能上都保持着 MUJI 无印良品一贯的设计风格，简洁、柔和、注重细节。其抽象极简的特点不仅是日本"空""寂"禅意设计美学的象征，也引发了观者对于繁杂世界的超脱的冥思（图 1-4-33）。

图 1-4-32　"王莲"钟概念设计 / 文菁竹 / 中国

图 1-4-33　MUJI 无印良品 2014 "亲近生活的厨房家电"系列 /
无印良品（MUJI）/ 深泽直人 / 日本 / 2014

因此,产品语言的表现要丰富多变且耐人寻味,应适度地把握个性特色在具体与抽象、有形与无形间的表现。在情感与文化产品的表达中,抽象的表现不应限制人们非想到某种特定的事物不可,而是应留给观者自我发挥、诠释的余地,因而拓展了观者的想象空间:观者可借由抽象的象征,自行展开与诠释与它可能有关的意义,从而产生理解的乐趣。这时候观者不但参与了设计者的思考内容,也扮演着部分设计者的角色。但也应注意到,从大型建筑、中型设备到小型生活产品,从功能性设备工具到情感性产品,其各自的抽象程度和要求是不同的,不应一概而论。

(六) 装饰

装饰受到现代主义设计近五十年的打压后,又再度重新活跃起来。在当代多元审美观下,这种装饰并非是为了装饰而装饰,而是通过图像性符号有意识地提炼、加工、变形或重新组合等,以实现对文化性、民族风格、传统工艺和时尚性的联想和再现(图1-4-34)。

图1-4-34　Tottooed 椅系列 / 库卡波罗 / 芬兰 / 1997

例如赫尔佐格和德梅隆设计的德国埃伯斯沃德技工学院图书馆,挑选了德国艺术家托马斯·鲁夫(Thomas Ruff)收集的旧报纸上的历史照片作为题材,运用丝网印刷术连续地印制在建筑的外立面上。这时不同的材料(混凝土和玻璃)被印上相同的图案,不同的材料具有了统一性,同时也唤起人们对历史的回忆。又如马塞尔·万德斯设计的 Alessi 厨具系列 "Dressed",将装饰应用到锅具最不显眼的地方,有时甚至是最隐秘的地方,体现一种装饰的内敛,整个锅具优雅、轻盈,显现出丰富且复杂的内涵(图1-4-35)。此外,斯沃琪手表设计也富于装饰,洁白的爱心、《丁丁历险记》中的招牌式头像、007 系列电影中的著名反角、俄罗斯套娃以及东方元素 "脸谱" "青花瓷" "龙" "牡丹" 等都成为其装饰的主题,别具时尚、艺术和纪念意义,成为一段历史的回忆甚至一份情感的寄托。

　　装饰的来源较为广泛，大多来自传统文化、历史典故、神话故事、社会时尚、艺术作品等，上海"月份牌"年画、香港老报纸、方言标记等本土文化符号近年来更成为关注的热点，被用来表达各种情感、历史、文化与社会的丰富意义（图1-4-36）。而且装饰的手法并非只停留于表面，其往往可以通过装饰构件、装饰图案、雕刻、数字化（图1-4-37）等多种途径来实现。可见，在"重视觉图像"和"重情感消费"的今天，简洁风格的消费电子产品设计应积极思考与装饰结合的可能性。

图1-4-35　阿莱西厨具系列"Dressed" / Marcel Wanders / 意大利

图1-4-36　美心月饼 / 陈幼坚 / 中国香港 / 2018

图1-4-37　白瓷圆盘餐具 / YOnoBI / 长谷川武雄 / 日本

（七）拼接和置换——新奇与幽默

拼接与置换，是把两个事物的各种属性，包括形态、使用、结构、动态使用情境等，进行组合或替换，如果能够建立起合理联系的基础，那么就成为一种新的意义表达方式。故此，为了赋予某些日常生活中人们较为熟悉的物品以新的意义，往往会借助相对陌生的事物（相对设计物而言）来说明相对熟悉的事物，以激起新的理解兴趣，创造出既熟悉又陌生、新颖独特的效果。

通过拼接和置换形成的语意设计，有多种建立意义联系的方式：有的是意义共享的，例如PHILIPS 的书式音箱，就是基于"书和音乐都是人类进步和文明的阶梯"、个体（音响单元）之间也

日本设计纪录片《啊！设计》

都是要素的组合；有的是意义的借用，主要是操作层面的隐喻，也包括结构和质感上的隐喻，设计往往追求以感性直觉经验为基础，希望产生心理的连接效应，深泽直人设计的壁挂式 CD 播放器就是一个示范案例（图 1-4-38）；有的是要素置换，对功能的结果（或对象）、使用者、使用环境、空间的邻近因素等进行替换处理，达到设计意义的新诠释，例如硬的支撑是否可以变成软的甚至是融化的、被点的香烟是否可以做成点烟的打火机；还包括意义的拼接，类似蒙太奇式的片段组合，将似乎毫不相干的片段构成实际上意义有关联的统一体（图 1-4-39 至图 1-4-42）。

这需要设计者具备敏锐、深入地观察日常生活细节的能力，以及很好的联想和组合能力、设计的转换和控制能力。通过意义的新颖联结创造出幽默和恍然大悟、意外惊喜的效果。这种拼接和置换必须是建立在相关性和联系性的基础之上的，要求它在带来"陌生化"与"新奇感"的同时，并不破坏产品原有的本意，贴切、自然、生动是设计中的三个逐步递进的原则，即到位不越位。

图 1-4-38　书式音箱 / Philips / 荷兰 / 1992（左图）
MUJI 壁挂式 CD 播放器 / 深泽直人 / 日本 / 1999（右图）
各种符号的拼贴应用产生多元的意象。

图 1-4-39 要素或属性的置换设计,达到产品意义的新的诠释

图 1-4-40 果汁皮肤 /
深泽直人 / 日本

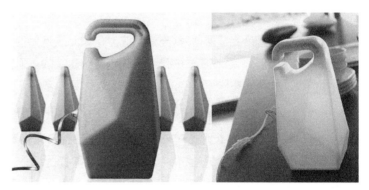

图 1-4-41 JERRY 多感官灯 / uca Nichetto & Carlo Tinti / 2007

当然,此类设计不能为了片面追求新奇的效果而盲目组合,造成理解上的混乱。要把握好借用的度,使有联系、有记忆的设计不至于走向反面——成为产品的异化或流于形式的视觉效果卖弄,而达不到意义传达的应有效果。

(八) 想象——多价和多元

艺术应该是多价(具有多种价值)与多元的,一方面,在内涵意义层面上可以包容多种解释与不同理解;另一方面,在隐喻中意义和抽象的形象并不完全吻合,加之人的经验与文化背景的不同,也使得对于隐喻的理解趋于模糊和多价(包容多种价值)(图 1-4-43)。产品和建筑一样,在不同时代和不同背景下有着不同的意义和解释。多价(兼容多种价值)和多元的设计,往往以其设计语言的创造性而

图 1-4-42 意义的拼接设计
将人们对已存在物体的记忆体验融入新的物体,构成有意义的设计。

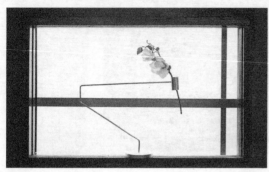

图 1-4-43　Matilda flower stand 玛蒂尔达花架 / Keonhyung Kim
提炼简约的元素,将花朵的自然形态毫无保留地展示。

吸引人,引人深思,产生层层新意,充满趣味。例如北京近郊的香山饭店,建筑师贝聿铭除了运用中国庭园的布局以外,还在墙面的设计上加入传统建筑的菱形窗型以及来自西藏的宗教图样,都是希望能在这栋具有现代建筑空间的旅馆中,表达更丰富多元的中国意象。

同样,国家体育场(鸟巢)也给不同的人带来不同的想象,有的人认为其形态如同孕育生命的"巢",像一个摇篮,寄托着人类对未来的希望,象征着飞翔的奥林匹克精神,栖身于都市的家园感;有的人则认为是中国传统文化中镂空的手法、陶瓷的纹路(或者冰花窗、冰裂纹等)与现代钢结构设计的完美融合。又例如斯塔克的柠檬榨汁机也是一个有着外星人、蜘蛛等多种想象元素的经典产品(图 1-4-44)。

因此,一个产品意义的表达,除了设计师的"突发奇想"以外,能够激发人们对产品的想象力也是设计成功的条件之一。而激发想象力的设计并非只是通过单一的形体符号,还必须通过触觉、听觉、嗅觉等在内的多种途径,借助色彩、结构、光影、细节及使用情境多种形式来加以创造(图 1-4-45)。就朗香教堂而言,在柯布西耶(Le Corbusier)的设计中,综合运用了抽象的形体、光线和戏剧化的室内空间等效果,使室内产生了一种特殊的气氛。另外,教堂主殿的彩色玻璃墙面,一方面唤起观者对中世纪哥特教堂彩色玻璃窗和厚墙开口形式的记忆,另一方面由外面散射进来的光线所产生的光眩效果,也唤起观者对爱琴海希腊诸岛的记忆。产品语意的想象力也是如此,其更注重在动态使用和体验过程中产生的多种情境想象。

以上所谈语意符号设计创作的具体方法,并非只是孤立使用,在具体的创作中经常是多种方法综合使用,例如朗香教堂、国家体育场(鸟巢)等设计即是引用、抽象和隐喻的结合。同时,设计的方法不应只是教条化的应用,而应针对具体背景或目标做有针对性的选择,体现因人而异、因地而异、因时而异与因事而异。例如慕尼黑体育馆和"鸟巢"同样都由赫尔佐格和德梅隆设计,但因事、因地不同而风格各异;同样是运用东方"塔"的符号,上海金茂大厦、吉隆坡双子塔、台北101 大厦也是因地、因人(设计师)而不同(图 1-4-46)。

图 1-4-44　"鸟巢" / 中国 / 2008
体育馆的多种意象。

　　此外,还要注意设计中的"陌生化"和"熟悉化"。对于文化符号的设计应用,本土设计师由于对本土文化具有"熟悉化"的背景,因此要以"陌生化"的设计视角,用现代的语言对传统文化作出全新的诠释——"创造性地损坏"习以为常的东西。陌生化是对约定俗成的突破或超越,但陌生化有一个程度适当的问题,百分之百的陌生化,全然摆脱人们熟知的形象,会使作品完全变成另外一种东西,也就达不到预期的效果。另一方面,对外来建筑师的创作而言,他们本身具备了"陌生化"的文化背景,所以关注的应是对地方文化的"熟悉化"学习(图 1-4-47、图 1-4-48)。

　　因此,建筑师崔恺认为中国特色的建筑不应只是对大屋顶、四合院等传统建筑语汇的简单借用,而应站在更高的位置或是稍微拉开一些距离来审视,用观念性的东西来表达文化思考,用现代的手法对传统的题材进行再创造。而在这一方面,中国设计师反而没有国外设计师设计得轻松,像汉斯·瓦格纳的"中国椅"、库卡波罗(YrjoKukkapuro)的"东西方系列椅"、葛切奇(Konstantin Grcic)为台湾 yii 计划设计的 43 竹椅等(图 1-4-49),就很好地体现了现代感和地

图 1-4-45   飞利浦空气净化器 /
飞利浦（Philips）/ 荷兰

图 1-4-46   云南大理白塔 / 中国 / 2008（上图）、
上海金茂大厦 / 中国 / 1999（中左图）、
台北 101 大厦 / 中国台湾 / 1997（中右图）、
吉隆坡双子塔 / 马来西亚 / 1997（下图）

图 1-4-47　Artemide "in-ei" 灯具 / Artemide / 三宅一生 / 日本 / 2012
用折纸的艺术诠释光与影的微妙变化。在日语中 "in-ei" 是 "阴影" "遮蔽" 和 "细微变化" 的意思。

图 1-4-48　苏州博物馆 / 贝聿铭 / 中国 / 2006
苏州博物馆的设计借助形态、色彩、结构、材料、光影、细节、使用情境等多种途径，创造出让人想象的中国文化意象。

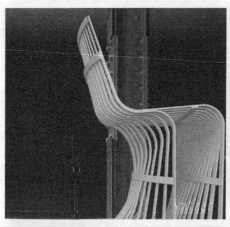
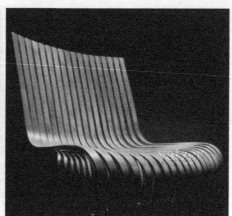

图1-4-49　yii 43竹椅 / 葛切奇(Konstantin Grcic) / 德国 / 2008

域性,创造出熟悉而陌生的感觉。

　　总之,与建筑类似,产品语意设计应注重对以上这些方法的学习、体验和理解,进而灵活应用,才能新水长流、才思不断,这也是许多当代设计师所一直追求的目标。

▶▶ 二、三个设计原则

　　在决定产品的类别时,通常是以该类产品(某个时期)典型造型为中心,愈接近典型产品造型,使用者愈能确定它是哪类产品;反之,离典型造型越远,则越不容易识别与分类。这说明新造型的意义之所以可以被认知,而且又有创新,是因为它与典型造型间具有合适的距离和关联。此外,必须注意到,典型造型会因新的产品造型的大量出现而被取代,这一转变是渐进的。因此,在产品语意设计中,创新的设计应在典型产品与所模仿符号原型之间找到一个适当的平衡点,即好的设计应该是产品典型特征与所借用的特定符号原型之间的适度融合,以产生新的设计及意义(图1-4-50)。

图 1-4-50 产品语意及其在设计上的应用／黄室苗
符号模仿产生新设计。越偏左,则产品越像被模仿的对象,为差异性大的产品；
越偏右,则产品越像典型对象,为差异性小的产品。

同时,通过语意设计,应将传统的情感与现代的技术、观念连接起来,并非是文化符号单纯、静态的重复,而应是动态的,具有可重新组合、可改变、再创造的弹性。传统文化符号的设计更新要达到好的效果,要把握好其中转换的方法与创新的度,同时还必须注意合理性、艺术性、创造性三个原则在语意设计中的使用(图 1-4-51 至图 1-4-54)。这三个原则同时也是产品语意设计可以达到的三个不同境界。

1. 合理性

合理性原则即根据产品的功能特征、设计目标要求以及符号的特点,正确地选用合适的符号。

2. 艺术性

艺术性原则指追求符号之间在形态、色彩、肌理、界面等方面设计处理的和谐与对比,借助于特定的符号手法以突出产品设计的艺术美感。

图 1-4-51 Bamboo cell 座椅设计／台湾实践大学／孟繁名／中国台湾
竹废料与塑料的结合。

图 1-4-52 Clair K 空气净化器 / BOUD /
韩国 / 2020

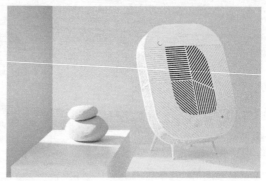

图 1-4-53 Löv 叶子空气净化器 / KOMMA /
韩国 / 2021

图 1-4-54 XBOOM 360 蓝牙扬声器 / LG / 韩国 / 2021
其优雅的灯笼式造型让音乐与灯光巧妙地结合在一起。

　　具有美学倾向的建筑,却不一定同时具有美学价值[①]。矶崎新的筑波中心大厦采用"断裂"的
方式,将现代建筑与传统建筑"折中"地组合并置在一起,一反造型美学的传统做法,把毫无关联
的、失去尺度感的积木式构件无秩序地组合起来,在这种情况下,人们很难从中感受到文脉的延
续,也感受不到人情味。基于传统文化的产品符号创新无疑继承了传统文化的哲学理念、美学意
识、形制及工艺。关于形体搭配、比例尺度的和谐美感应是其转换追求的基本要求。

① 李雄飞 . 建筑文化七题[A]. 顾孟潮等 . 当代建筑文化与美学[C]. 天津科技出版社,1989:17.

3. 创造性

创造性原则要求设计师能够突破陈规,将传统的符号赋予新的运用形式,同时大胆使用新材料和新工艺等,创造出新的效果。创新对于文化符号的再设计而言是必须的,只有在延续基础上的创新,文化才会有新的发展,消费者才会产生新的感动。这就需要我们不再停留于外部的符号或风格表象,从内心真正理解文化的内涵和精神,理解潜藏于传统中的审美情趣与深层思想本质,创造出真正崭新的作品。例如安藤忠雄在建筑与环境的处理中沿袭对自然的尊重之情。

此外,在处理民族性和世界性的关系上,一方面要求符号学方法能够让设计师抽取最具代表性和象征性的符号样式来进行设计表达;另一方面,符号的形式也必须具有足够的开放度和被认知性[1],并将其与时代的特征相结合。

经济的全球化,必然带来不同文化的冲击与磨合。不管是西学东鉴,还是东学西鉴,有一点是可以肯定的,不同文化在寻求相互认同的同时,仍然会保留各自的特色。因此,中国当代设计要对中国传统文化有着深刻的感受和理解,并且将其作为一种优势融入设计之中。

故此,传统不只是特定的形状或符号,而是一种文化或精神的传承。这提醒我们要重新审视我们的文化遗产,将其与我们现代的设计语意结合。我们设计时要注重文化的亲身体验,从现象学的角度看,要尝试直接和整体地理解丰富的、可触知的文化世界,并将日常生活及其环境也考虑在内。只有尽可能地实地感受,深入地研究文化世界,才有可能掌握常被忽视的日常物品的文化意义,进而引起新的审视和思考。也只有这样,才能建立地域传统文化与现代设计的新融合,创造出新的"中国风格"(图 1-4-55)。

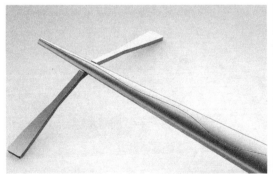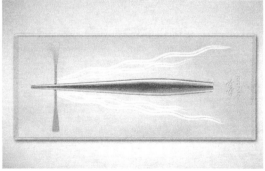

图 1-4-55 炉缘阁 筷乘波涛跃龙门 "Luyuan Pavilion chopstick" / 繁华姑苏 / 中国
从船艇抽象而出的流线造型,中间以水纹线分割,以桨为筷托。由苏州传统铜艺老号炉缘阁制作,七寸六分中国筷标准长度。两只筷子合在一起即为船艇,分开背对背持握时,手指恰好与筷子弧度贴合。透明亚克力包装,激光雕刻水波纹,融中国文化底蕴与国际设计语言于一体,寓意"乘风破浪,鱼跃龙门"。

① 海军. 视觉的诗学——平面设计的符号学向度[M]. 重庆大学出版社,2007:335.

第二章

产品语意的设计与训练

第一节　产品意义驱动的设计

第二节　文化意义驱动的设计

第三节　情境意义驱动的设计

本章摘要

本章节从产品、文化及情境出发,探讨产品语意的意义创新方法。在产品意义驱动方面整合了符号语意、指示语意、情境语意三种语意学设计方法;在文化意义驱动方面从文化主题入手,探讨产品语意设计的基本架构和意涵;在情境意义驱动方面,强调综合情境构建、文化情境中的意义符号及情境愿景,形成兼有文化敏感性和反思性特征的设计实践。

第一节　产品意义驱动的设计

▶ 一、课程概况

(一) 课程内容

本课程重点在于讲述三种语意学设计(符号语意、指示语意、情境语意),通过理论与典型产品案例展开不同语意类型、互动方式和语意内涵关联的讲解。然后,探讨作为设计关键的语意原型的选择,其不同的类型结合语境需要可以带来的积极的效果,并进一步以经典国货为载体,对其所蕴含的特殊情感与象征意义进行分析,对语意更新设计方法、文化记忆的当代再生途径进行探索与应用。同时,本节还介绍了一般的语意设计程序,其中包括预期情境的关键要点。通过以上知识点的学习,可以进一步掌握从操作语意、品牌语意(社会)到国货记忆的研究、提取、概念化、转译的设计过程。

本节将会结合三个专项性的实践训练有序展开,具体包括操作界面语意的训练、品牌产品语意的延续设计、经典国货的当代设计。以上这些理论知识点、程序及相关训练,将有效强化学习者对不同类型的特征符号的恰当提取、对新设计语意的定义与原型寻找、对转译方法的综合应用及评估,从而展开以产品语意驱动的创新设计及基础训练。

(二) 训练目的

(1) 进一步提升学习者对产品外延与内涵层面各种意义的理解,掌握符号语意、指示语意、情境语意三种语意设计的分类(或派别),对语意原型的选择及相关知识点,不断强化练习、反思与理解。

(2) 通过不同的设计训练,学习掌握一般的设计程序及关键点,并针对不同的课题要求灵活应用,实现研究性设计的训练。

(3) 通过课题训练,熟练运用概念语意转译的各种方法及处理技巧,并根据课题需要进行整合性的应用及展示、沟通。

(三) 重点和难点

(1) 对产品语意特征符号的研究,不仅要关注特色的造型或形式,还要关注其与此相关的心理、文化及社会的各种意义联系,关注各种直接特别是间接的意义、象征或线索。

(2) 在概念的定义与设计转译中,要学会选择、简化与突出意义的重点。设计的效果要注意语意表达的自明性、相关性与高质量的美学表现的平衡。

(3) 要在训练过程中,尝试富于创造性地探索语意元素的各种表达方式,通过草图、演示、文本、草模或者视频等各种原型进行意义表达。

(四) 作业要求

(1) 收集相关资料,进行分析,并明确新的概念及意义特征;

(2) 通过若干设计草图或简易原型(或摄影记录),反映创造性思考与概念转化的过程;

(3) 设计作品充分体现意义的需求(概念、特色)、界面功能操作(自明性)、美学质量(表达技巧),实现意义的创新且有特色的表达。

(五) 产出结果

(1) 设计调研及定义的报告一份;

(2) 设计草图若干,反映设计过程;

(3) 原型,通过简易材质的制作与迭代,评估意义的表达或与人互动的效果;

(4) 展示版面及视频,可以结合以上材料,做一个综合性展示的小型作品展。

▶ 二、设计案例

通过经典案例的解析,区分不同语意派别下语意符号的表现和传达。研究著名品牌和知名设计师如何因设计需要而有针对性地选取语意原型,以及通过特征元素形成差异化识别,能够促进对语意符号适当性提取、多样化的转译方法、处理技巧和创作手段的理解和应用。

主要案例有:第一,斯蒂法·乔瓦诺尼为阿莱西(Alessi)设计的相关情感化的产品,运用"表情"符号与特征造型相结合的方法,通过营造幽默感、趣味性、情趣性实现新组合结构的意义传达;第二,以功能主义为设计哲学的德国博朗(Braun)系列产品,凸显复杂操作界面的秩序化处理,强调对操作语意的自明性和相关性的呈现;第三,对深入渗透至消费者日常生活的设计师柴田文江的作品予以解读,从用户所处社会语境、生活习惯、操作模式等进行深入研究,关注除特色造型和形式外的情感性语意表达,激发对协调外延与内涵意义的深度思考;第四,雅马哈(YAMAHA)品牌的电子大提琴基于人的认知记忆,将传统大提琴的视觉特征抽象化,通过共同记忆符号转换实现意义的延续与创新。

在进行经典案例研习时要注意以下几点:首先,要注重多元意义的传达和消费者认知接受度之间的平衡;其次,强调归纳针对品牌内涵的特有处理方法,并形成特定的设计原则,延续和创新符合品牌综合属性的特征识别符号;最后,强调根植文化传统,在结合现今人们的生活方式、审美潮流、新兴技术下,形成历史(文化)符号富有特色的当代表达。

(一) 阿莱西(Alessi)

在注重情感需求的当今时代,设计符号中的情感意义已然超越了功能,情感性的语意使用也极具表现力。这一转变促使设计语言从关注"物品辨认的需要"发展为"表情的需求"。消费者期望产品符号能够拥有更为丰富的表情和意象,并通过赋予产品趣味感、幽默感和情感色彩,激发人们更为深层的情感体验。阿莱西(Alessi)公司受到符号语意设计发展的影响,强调通过造型符号化实现产品表情塑造,以特征元素组成的新单元传达象征意义。例如,由斯蒂法·乔瓦诺尼为阿莱西设计的 Magic Bunny 牙签盒、Cico 蛋杯、Lilliput 盐和胡椒套装等系列产品,以鲜艳的色彩、有趣俏皮的表情化造型,探索了产品符号语意的情感结构,为日常使用提供了有吸引力的解决方案,并逐步成为新世纪设计的时尚引领者(图 2-1-1 至图 2-1-3)。

创新设计师
加迪·阿米特
谈设计与人
类情感的关
联性

图 2-1-1　Magic Bunny 牙签盒 / 斯蒂法·乔瓦诺尼
(Stefano Giovannoni) / 意大利 / 1998(左图)
Cico 蛋杯 / 斯蒂法·乔瓦诺尼(Stefano Giovannoni) / 意大利 / 2000(右图)

图 2-1-2　Alessandro m 开瓶器 /
亚历山德罗·门迪尼(Alessandro
Mendini) / 意大利 / 2003

图 2-1-3　Kastor 卷笔刀 / 托雷斯·
罗德里戈(Torres Rodrigo) /
哥伦比亚 / 2013

（二）博朗（Braun）

德国博朗公司（Braun）秉承自身发展出的功能主义设计哲学，通过操作的视觉化凸显、复杂性与秩序性的有效协调，促进使用者集中注意力，力求用户无须说明书便能实现产品的基本操作。例如，该公司于 20 世纪 70 年代推出的 KF20 咖啡机、HLD5 出风机、Braun Audio 308 等便清晰体现了产品的功能指示，是产品自明性表达的典型代表。其中，Braun Audio 308 系列打破了 20 世纪 60 年代朴素功能主义方法，以富有未来感的造型、塑料预制结构、标志性色彩按钮，以及操作单元向用户倾斜等元素和设计手法，明确了功能分区和操作指示，进一步提升了产品操作界面中控制元素的易读性、引导性和使用舒适性（图 2-1-4、图 2-1-5）。

迪特-拉姆斯
与德国设计

《Rams》2018
纪录片

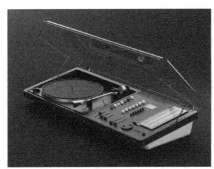

图 2-1-4　Braun Audio 308 / 迪特·拉姆斯（Dieter Rams）/ 德国 / 1973

图 2-1-5　ABR21 信号收音机 / SK4 唱机 / TP1 收音机 / 迪特·拉姆斯（Dieter Rams）/
德国 / 引领博朗（Braun）公司发展了功能主义设计哲学

(三) 柴田文江

设计师在进行产品符号设计时不仅要考虑当下语境及其未来变化，更需要深入了解消费者群体及设计师自身所处的社会环境、文化背景、知识体系和生活经验。柴田文江作为女性设计师，其作品从理念到形态到色彩，无不流露着温暖和细腻的温柔之风。例如，体重秤、OMRON 电子温度计、身体脂肪测量器等产品，往往通过柔美的曲线缓冲科学仪器给人带来的距离感；而为日本 Combi 子品牌设计的 Teteo 奶嘴壶，以及 Potty-chair 婴儿马桶，更体现了培养婴儿自主学习使用产品的巧思。这些产品无不渗透出一种独特的细致入微、温柔的女性气息和力量，流露出"母爱"般的关怀，充分体现了对产品外显性和内涵性间"度"的协调和把握（图 2-1-6 至图 2-1-9）。

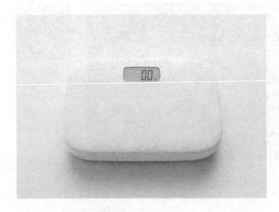

图 2-1-6 电子体重秤 / 柴田文江 /
日本 / 2017

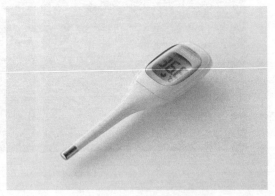

图 2-1-7 OMRON 电子温度计 / 柴田文江 /
日本 / 2013

图 2-1-8 Teteo 奶嘴壶 / 柴田文江 /
日本 / 2009

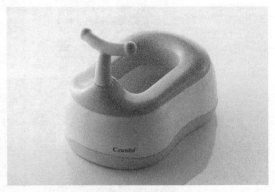

图 2-1-9 Potty-chair 婴儿马桶 / 柴田文江 /
日本 / 2003

（四）雅马哈（YAMAHA）

旧有物品往往具有鲜明的形象识别特征,承载着人们共同的记忆符号,体现着历史生活的意义。对传统产品的相似功能或特征元素的引用、抽象或重组,有利于提高用户对全新产品的熟悉度和亲切感,唤醒用户特殊情感和文化情境体验。例如,雅马哈（YAMAHA）电子大提琴 SVC110、3D 打印的 Mycello 电子大提琴、YDS-150 数字萨克斯风均结合传统乐器的相关设计和先进的数字技术,选取传统乐器的外形赋予新电子产品以识别的记忆,体现了高性能和艺术性的融合。其中,YDS-150 数字萨克斯风通过复刻传统萨克斯风的形状、按键布局、笛头、拇指托以及演奏风格,契合了演奏者的使用习惯,自然的乐器和身体共振更还原了原始吹奏体验,轻量化的处理以及超15 个级别的音量比率控制,为演奏者提供全新的可能性和体验感（图 2-1-10 至图 2-1-11）。

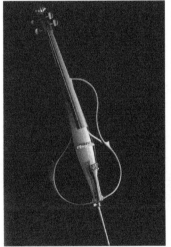

图 2-1-10　SVC110 电子大提琴 / 雅马哈（YAMAHA）/ 日本 / 1998

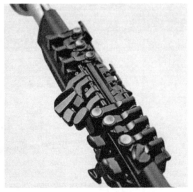

图 2-1-11　YDS-150 数字萨克斯风 / 雅马哈（YAMAHA）/ 日本 / 2020

（五）其他知名设计师

此外,立足当下国内外的审美观和市场需求,国内众多知名品牌和设计师坚持以用户为中心,充分考虑产品的多种情境语意,探讨了产品软硬件界面的功能性和交互性。例如,小米的智能微波炉、米家踢脚线电暖气等产品,采用物理与数字按键相结合的方式,以精简操作界面,提升交互体验(图 2-1-12、图 2-1-13)。又如由江南大学设计学院曹鸣设计、丽磁(Line Magnetic)制造的"AnalogMusic 蓝草 BG-2 真空管蓝牙一体音响",以古典音乐欣赏为主的精致消费者为目标对象,将产品外观定位于新复古主义风格。注重比例协调的功能分区,精准应用的基本几何元素,展示了对产品界面的理性思考。暖黄色的电流表灯光烘托、藏匿于观察口后的真空管的"隐"式设计,以及经典的金属拨杆式电源开关、指针式电流表等符号元素的应用,不仅从多通道给予用户丰富统一的感官感受,更为用户提供了一种怀旧式的操作体验,实现了文化记忆的再度唤醒(图 2-1-14)。

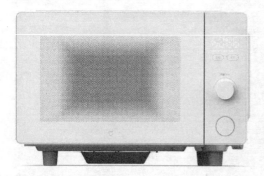

图 2-1-12　米家智能微波炉 / 李宁宁 /
中国 / 2020

图 2-1-13　米家踢脚线电暖气 / 李宁宁等 /
中国 / 2020

图 2-1-14　AnalogMusic 蓝草 BG-2 真空管蓝牙一体音箱 / 曹鸣 / 中国 / 2020

▶▶ 三、知识点

(一) 知识点 1：三种语意学设计

产品语意学对当今的产品设计产生了较大的影响与推动。今天许多设计师都已认识到，产品仅仅反映或表现功能是不全面的，情感、时尚、文化甚至是地域文化精神等方面都应该受到同样的重视，以回应我们所处的美学经济时代。因此，追求意义的创新赋予——即环境中的象征特性，成为产品语意学要研究的重要内容。产品的象征意象并非凭空创造，而是设计师在对产品目标及语境的充分认识下经由特定的意义赋予过程而形成的。因此，不同地区与不同背景下形成不同的方法特色，对今天的设计极具启发。

1. 符号语意派

符号语意派是传统设计领域最为主要的应用派别。北欧、意大利、荷兰等是主要的影响地区，特别是北欧的很多设计院校，例如哥本哈根设计学院，对此关注与研究较多。这个派别主要集中于大众化的家居用品及相关的商品领域，受设计符号学的发展，设计师特别重视"物"的表情开发，即把造型符号化，或把组成单元的意义通过象征手法加以凸显。他们有的从建筑形象中得到启发，有的从人或自然物中寻找原型，有的则对生活符号进行模拟，还有的从历史文化片段（如装饰）甚至从小说中得到灵感。这个派别深受后现代设计，特别是建筑设计的影响，通常表达较为简单（如简单的性别暗示），设计往往追求一种"玩具感"——幽默与风趣的风格，或者生活的情趣，或者美好的愿望，甚至是只能感悟的情感性意义。

这已成为很多后现代建筑师背景出身的设计师最喜欢运用的风格，例如格雷夫斯的鸣叫壶、斯塔克的榨汁机（图 2-1-15）、斯蒂凡诺•乔凡诺尼的 King-Kong 姜饼人形系列、Mandarin 榨汁机、Fruit Mama 水果盒、卡姆帕纳兄弟 Blow Up 系列、Studio 65 事务所设计的 Bocca Sofa 沙发（图 2-1-16），都使相关品牌获得极大的商业成功，成为艺术与商业结合的典范。

此外，通过产品原有部件符号的突出或重构组合来表达亦新亦旧的意象，在符号语意派的设计中也出现较多，这对于希望展现品牌特征或延续某种记忆的产品尤为重要。例如阿尔托花瓶，其独特之处在于自由且有机的曲线轮廓，曲折的花瓶轮廓从空中俯瞰就像是湖泊形状，虽然花瓶的形式几乎没有规则，但从视觉整体上仍然维持着人们对于花瓶的认知（图 2-1-17）。非对称设计更打破了传统玻璃器皿对称和均匀的设计标准。产品轻盈剔透的材质运用，简洁洗练和超时代的风格呈现，展现了设计师自由、流畅和顺其自然的设计理念。

2. 指示语意派

在当今以界面为重点的信息科技时代，指示语意派越来越受到设计师与用户的关注。其最早起源于德国乌尔姆设计学院，后经日本、美国等企业设计及研究的推动和发展，成为现在产品设计遵循的重要法则。界面语意与产品实际功能的提示有关，它使得产品的技术功能在视觉上

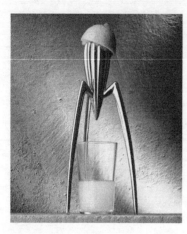

图 2-1-15　外星人榨汁机 /
菲利浦·斯塔克 (Philippe Starck) /
法国 / 1990

图 2-1-16　Bocca Sofa / Studio 65 国际建筑设计事务所 /
20 世纪 70 年代

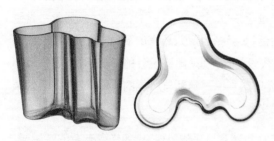

图 2-1-17　阿尔托花瓶 (Aalto Vase) /
阿尔托 (Aalto) / 芬兰 / 1936

得到正确且恰当的表现,解释其如何进行处理和操作,并告诉用户如何去使用产品。也就是说将产品技术方面的功能视觉化,或者强调产品的使用及操控方式,具体包括硬件界面与软件界面。

(1) 硬件界面

德国乌尔姆设计学院在课程中重视将美学、造型开发、符号学等知识应用于设计,在造型开发上(原以格式塔心理学为唯一依据)进一步融合了其他心理学、符号学、文化研究等理论知识,强调秩序(条理性)与系统,进而形成了独特的设计语意体系。乌尔姆设计学院相当重视界面指示(标识)功能的研究,并指出,在设计新产品时,对产品语言的沟通指示功能始终应该是第一步。其所形成的形式美学观点大致包括区隔(操控区通过下陷与周围区隔开来)、对比(通过对比造成提示,如按键)、表面的质地(将表面的一部分粗糙处理,让人看出是产品握持的地方)、族群(建立两个群组,简化操作并提高丰富性)等。

在此影响下,德国博朗公司发展出了功能主义的设计哲学,包括突出操作的视觉化、协调复杂性与秩序之间的关系等,其硬件界面设计至今仍是典范。20 世纪 60 至 80 年代,意大利奥利维蒂、日本索尼等在微电子技术支持发展下,结合感性美学,进一步发展出更具人性化的界面语意表达,例如索尼的 TC-55 微型盒式录音机、便携式磁带录像机 SL-F1E 和 Betamax 等。

20 世纪 80 年代微电子技术的发展,在改变产品世界的面貌的同时,也进一步推动了界面设计的表现形式:源自机械时代的显而易见的实体性指示逐渐消失,取而代之的是更多的电子界面,甚至是现在的触摸式"数字虚拟界面"。此阶段界面语意设计的发展,很大程度上受日本企业界和设计学界的影响,他们在解析设计脉络时常与人—机—环境的架构所联系,认为目前高度电子化的产品设计,设计重点应放在人—产品的操作认知界面以及产品—环境的协调界面上。因此,这其中具体包含了产品操作的提示性、产品操作的暗示性以及产品在环境中的象征意义等(图 2-1-18、图 2-1-19)。

指示语意派认为,好的作品通过我们的直觉,而不是靠说明获得功能信息和意义。这种直觉往往是靠形象即具指示性的形式来实现,而不是通过单纯形式的简化;另一方面也要从使用者的认知行为需要(习惯性反应)出发,即不一定要通过内部的结构来确定产品的形式。因此,这也是设计中允许个体解释和个人叙述自由度最小的区域。就总的设计原则而言,诺曼清楚地提出在为科技产品造型时要考虑的几点:

第一,可见性:只要一看,使用者便能发现这个产品是在何种状况下,呈现出哪些可能的行为方式。

第二,好的概念模式:在描述操作过程及其结果时,指出它们之间的关联,也要清楚这个系统关联性的样貌。

第三,好的互动呈现:行动与结果之间、操作装置与其作用之间以及系统状况与可见状况之间的关系,是可以确立的。

第四,回馈:使用者得到关于他行为结果的完整及持续的回馈。

图 2-1-18　WM-2 立体声磁带播放器 /
索尼(SONY) / 日本 / 1981

图 2-1-19　HDV-1000 高清录像机 / 索尼(SONY) /
日本 / 1984

需要强调的是,对全部指示功能做清晰的界定和划分,是不可能的,同样也是不重要的。在每一件产品的设计发展中,更重要的是合理权衡应该特别强调哪一种符号。同时特别要注意,不要在装有微处理器的电子产品上出现"功能信息超载"的问题,即能够执行的功能越来越多,以至于消费者无法完全理解功能甚至根本不用。

(2) 软件界面

更值得关注的是,今天的信息产品在智能硬件技术和操作系统的推动下,实体操作界面大部分被精简,软件界面超越真实的硬件,成为设计的核心。不同于二维或三维空间的硬件界面,虚拟水平的界面符号包含了时间因素,其指示、尺度、构架、互动、反馈、体验等需要新的认识,不过,好的指示设计同样必须唤醒用户并使其产生独特而熟悉的体验,即可用性与体验性的平衡。

就表现内容而言,主要包括封面、图标、菜单、工具栏、状态栏、导航栏、按钮等元素,这些元素有的是对操作方式的可视化,有的是为了显示产品的运行状态,还有的是为了增加使用的乐趣。表达功能操作是其意义的重点,在界面信息高度集中的有限空间中要做到一目了然,其界面的意义表达要坚持以用户体验为中心:

从易用性看,图标、按钮等要准确直观表达出功能,要根据重要性与使用频率进行排列。

从时间性看,要符合用户的行为来定义操作流程,前后保持一致性,而且层级不宜复杂。

从认知来看,要符合用户的认知习惯,能在有效范围内吸引用户的注意力,例如屏幕对角线相交的位置是用户直视的地方,正上方四分之一处为易吸引用户注意力的位置;又如有的深色背景风格的按钮适合应用在浅色背景上。

从体验性看,界面应该适合美学观点,使人感觉协调舒适,同时要具有自己独特风格,以传播自己的个性与理念。

交互体验性是当今的智能产品的界面最重要的特征。一方面,信息图标更富动态和视觉效果,其点击操作、转场或者文件展开,结合声音、动画以及生活中熟悉的事物动作创造出新且熟悉的体验,例如苹果 iPhone 14 Pro 的"灵动岛"功能、苹果手表的 Breath 功能等(图 2-1-20、图 2-1-21);另一方面,其界面与动作的交互性更具特色,例如 iPhone 5s 中的专辑视图,会因为用户横竖持握方式的改变呈现不同的内容布局,以匹配用户的观看习惯。与此同时,语音控制、隔空手势等新型交互方式,为智能产品界面的交互带来了全新的可能性。目前,特斯拉、蔚来、比亚迪等电动车型均配备有语音操控功能。特斯拉更将车内众多功能按键集成于触控屏上,通过更简明和更智能的交互设计,促使用户能以简易的操作实现对车辆的集中控制,进而提升人性化的用车体验(图 2-1-22)。

软件界面风格是另一个重要的特征,苹果 iOS7 从拟物到极简的发展对当今产品界面设计影响广泛。为了信息图形意义表现的可见性,有必要充分发挥用户图式与日常经验的重要联系,即使是在二维虚拟空间中将真实世界压缩与简化,始终是用户在最初阶段自然、直觉地理解符号意

图 2-1-20　iPhone 14 Pro 的灵动岛功能 /
苹果公司(Apple)/ 美国 / 2022

图 2-1-21　苹果手表 OS3 Breath 功能 /
苹果公司(Apple)/ 美国 / 2016

图 2-1-22　Model 3 的 15 英寸触控屏 Model s 的 17 英寸触控屏 / 特斯拉(Tesla)/ 美国

义的最佳方式。这种拟物设计(Skeuomorphism),是通过模仿现实物体来帮助用户获得自然的心理感觉,例如在 Passbook 中,如果你删除了一张票,便会有一个虚拟的碎纸机来剪掉这张票。iOS 最初的拟物界面使本来模棱两可的东西变得一清二楚,拟造出一个亲和熟悉的操作场景,这些帮助用户在触摸屏移动设备刚开始的阶段,简单地理解符号的意义与学会如何使用。

　　事实上,某些设计师套用拟物的名义,做出了夸大的、不自然的、甚至是过度的设计,在不必要的场合滥用拟物。随着越来越丰富的内容加入与需要适应多个屏幕尺寸和分辨率(包括以后的 iWatch、iTV、iCar 等设备),苹果系统的用户界面逐渐变得纷乱复杂。为此,受德国已故传奇设计师奥托·艾舍(Otl Aicher)的启发,iOS7 移除了拟物因素的装饰效果,进而转向扁平化与间接的设计,强调信息本身。在此基础上,系统实现多次迭代与优化,以期为用户提供更为实用和个人化的体验。例如 iOS14 对 iPhone 使用体验中具有代表性的部分进行重新构想,以更少的线条数量的图标设计增强了扁平化程度,用户能够随心所欲调整组件顺序,并控制其大小。其新推出

的 App 资源库能够自动整理用户所有 App,并按照类别进行排布,辅助用户以更高效、更便捷的
方式实现浏览和操控(图 2-1-23)。

图 2-1-23　苹果 iOS14 界面设计 / 苹果公司(Apple)/ 美国 / 2020

　　事实上,无论是拟物化还是扁平化设计,是否可以经得起时间的考验,其实就像现代主义设
计与后现代主义设计一样,都取决于具体的情境。拟物,是默认将显示设备,包括使用环境视为
白纸,让显示内容的感知与使用成为设计的中心。而扁平风格,是将整体环境的复杂性考虑进来
的设计,使用环境、显示设备甚至加载速度都日趋复杂,而这一切复杂需要信息的本质、简单的界
面风格来加以应对。拟物风格如同在充满文艺气息的咖啡厅、静谧祥和的后花园、简洁素雅的工
作室等具体场景中,给你以赏心悦目的体验;而扁平风格则如同你步履匆忙地行走在人群中、站
在拥挤的公共交通里等,所需要的是直接的信息、简单的风格。但以上也非绝对,拟物化界面过
分的滥用会造成繁杂多余,加载速度变慢,而扁平化风格的过度简化,会使图标与壁纸背景的搭
配增加难度,识别性变差,甚至不易理解。因此,将拟物化设计与平面设计相结合的拟态化设计
成为新的趋势,重点关注画面呈现出的灯光与阴影。

　　可以想象,不久的明天,软件层面的虚拟界面设计,会进一步超越真实的硬件造型与界面,成
为未来科技产品意义表达最为重要的载体。

　　3. 情境语意派

　　情境的概念与符号、界面等单一概念相比,具有一种扩展性与综合性,使语意设计从静态更
多地走向动态。因此,情境比一般的概念具有更好的整合能力,也使设计师更容易把握。产品的
情境是指在一系列活动场景中人、物的行为活动状况以及人们的心灵动作及行为,通过明确预期
的使用情境,能够帮助设计师更为清晰地探讨使用者的特性、事件、产品与环境间的相互关系,进
而发散思维描述未来产品的使用过程和情境细节,明确人与产品符号的互动关系。因此,从情境
出发探讨符号来源的组合和构思想象的生成,能更为生动、有效地将不同符号结合。

　　情境语意设计重视产品的使用情境及生产(即组装)情境,还重视从人的心理情境与文化符码系统带来的文化情境,来引发与决定产品语意设计的方向。简言之,即关注人—物—环境意义互动与体验过程中的语意感受。美国克兰布鲁克艺术学院的麦科伊教授是情境语意派别主要的推动者。情境语意派更重视语用的效果和感受,强调动态使用过程中的体验,特别是在刚开始使用过程中产品所呈现的意象,以营造出身临其境的感觉。例如 BALMUDA The Pure 空气净化器,以独特的结构实现可以到达天花板的大风量,可快速清洁和循环全屋内的大量空气。极简的用户界面设计和较小的占地面积,使产品能够融入各种家装风格。同时,通过使用气流路径上的光晕,以可视化的方式向外界传递净化过程,在赋予产品生命感的同时为用户提供别致的使用体验(图 2-1-24)。

图 2-1-24　BALMUDA The Pure 空气净化器 / BALMUDA / 日本

　　麦科伊教授在探讨语意学对产品造型的影响时,主张从以下几方面的情境语意来思考设计的方向,以便进行叙述性的设计表达:

　　(1) 人的使用习惯(ritual of use)

　　主要考虑产品造型在日常生活的意义或所扮演的角色是什么,产品的使用是否也是一种例行仪式?特定造型在日常生活中或传统观念中有其特定的角色意义,例如日本的茶道器具即有仪式化的意义。生活中某些特定"仪式性"的场合需要产品以特定的意义形象或使用过程来加以表现,从而使用户在情境体验中实现与产品之间的意义互动。例如克兰布鲁克艺术学院设计的烤面包机,即注重烤面包时热气腾腾的情境语意。

　　(2) 人对产品的操作(operation)

　　控制、显示、外形、色彩及材质等方面语意表达是否明确,各项控制键的关系是否清晰,操作是否易于理解,是否引导正确操作行为,这些都使操作成为一种情境性的使用过程。对于数字产品的虚拟界面来说,其操作更能产生互动式的感受。

(3) 人的记忆(memory)

产品造型是否让人感到熟悉、亲切?一个新产品未必要以一种全新的造型语言出现,而是可以从一些旧有形象上寻找共同的记忆符号,来创造产品语言的历史连续性与熟悉性。对于新的科技产品,设计师可用早期具有相似功能或相关联系的物品来唤起它的定位,借助历史产品的印象或特征细节来赋予新产品以意义。新的产品造型形式与人的记忆的互动,能让使用者产生心理或文化情境的体验和触动。例如 ZEEN 电子筝,将古筝的旧有形象结合现代元素,赋予新电子产品以可识别的造型,激发产品与当代年轻人间的情感共鸣,实现了传统符号元素的延续与创新(图 2-1-25)。

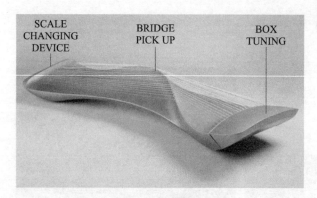

图 2-1-25　ZEEN 电子筝 / 许奕、田野、刘霄永、王佳琪 / 中国 / 2016

(4) 产品存在的环境背景(environmental context)

产品存在的环境背景主要指产品符号周围的物质环境氛围,包括共时性存在的相关产品与环境空间。产品的形态、大小、色彩、材质等要素,与其周围的环境的适应与协调也会产生情境的意义感受。

(5) 产品的生产过程(process)

主要考虑产品如何生产或如何组装搭配。这个过程,无论使用者是间接了解,还是亲自动手参与,哪怕只是部分参与,都会给人一种过程式的整体情境感受。例如瑞士 Freitag 环保包,消费者通过网上亲自动手参与包料的选择、裁剪与设计,获得过程式的情境感受。

此外,产品的文化背景(cultural context)、使用者对该产品的可能的需求及期望也都是产品语意发展的思考因素。在此基础上,需要应用各种符号学的设计方法建立科技产品与生活情境之间的视觉关联,最终在造型及动态上表现出来。

　　总之,情境语意较之指示语意,更注重整体情境的特性,其语意符号的使用更丰富,也更具整体性。而且,情境语意派更深入地考虑产品动态使用过程可能散发出来的语意,而不只是产品静态的语意。可见,情境语意派对于高度电子化的产品而言,结合其科技特性与支持手段,有助于为其极简的造型或抽象的操作增加更多说故事的品质,即营造一定的叙述性,而这正是目前信息科技产品较为缺乏的。

日本设计师佐藤大谈趣味功能性设计与极简主义设计

(二) 知识点 2:语意的原型

　　产品设计语言往往能够制造丰富的视觉联想。克里彭多夫(Krippendorf)和巴特(Butter)首次提出"产品语意学",这种方法也可以被确切地称为"关联性设计"方法,设计师确定消费者希望给产品附加的情感价值,然后他们就去寻找设计某些特征形态,激发消费者的联想。[1]产品形态的意象表达,总是选择能引起某种联想的具体物象来抒发内心,选择与主观情感、思想能一致的表达。因此,设计关联是否符合消费者的真切需求成为关键问题,而特定的形态能否与相关情感效应相吻合变得至关重要。在语意设计的过程中,寻找"语意原型"的符号意象来传递产品概念信息和属性特征,也是设计成功的一个关键。荷兰学者穆勒(Muller)和帕斯曼(Pasman)在探索形式和关联特征的分类时,将产品设计划分为三个类别:"原型"意指使用需求(确切是指功能上的,与需要或活动有关的);"解决方案",指取决于生产和材料的可行的和可能的形式特征;"典型行为特征",深度考虑消费者的经验和偏好,最接近消费品语意学的思考。最后一个类别中的子类包括了"社会文化风格"如"职业的或娱乐的","历史的风格"如哥特式或古典主义,以及使用两极形容词如"克制而冲动"的"风格表述"。[2]

　　事实上,本书所探讨的原型概念更偏向"典型行为特征"的类别,即经过归纳、概括和抽象化的处理的典型性特征的综合,是一种有意义的形式。原型在文学、心理学与建筑学中是一个很重要的概念。同样,产品的视觉信息是以"原型"符号作为载体,将产品功能、操作、美感等传达给人。通过原型物的隐喻与象征,既在设计师与使用者之间双向地反馈与传递,同时重新诠释人与物的互动关系,使人与物之间产生"对话"。

　　林铭煌在参考荣格(C.G.Jung)、弗莱(Northrop Frye)、费希尔(Volker Fisher)等人的概念的基础上指出,原型的概念是一种心理现象,在人类学中的指称即是人对特定事物的形式或类别具有一定的认知印象,某些概念印象正根深蒂固地烙印在人们心目中。因此,在设计艺术中最为重要的是形象记忆(表征)。当人们被要求回忆(再现)某个熟悉的形象时,他不会记忆起这个形象的所有细节,而只是原型。更重要的是,在此交流的过程中,它能唤起观众或读者潜意识中的原始经验(集体无意识),使其产生深刻、强烈、非理性的情绪反应。所以,原型的存在源于交流与理

① [英]盖伊·朱利耶著. 设计的文化[M]. 钱凤根,译. 译林出版社,2015:113.
② [英]盖伊·朱利耶著. 设计的文化[M]. 钱凤根,译. 译林出版社,2015:114.

解的需要,以"原型"为符号是传达设计信息的较佳媒介。更值得注意的是,原型理论有助于理解隐喻、换喻及母题重复等概念。

由这些思考所获得的第一批成果,被称为"感官表现主义"的或隐喻的产品造型设计。同样,德国斯图加特艺术学院产品设计系主任克劳斯·雷曼(Klaus Lehmann)于 1991 年提出产品或物品语意上的意义,有丰富的符号隐喻和意象,其语意原型的来源大概分为五类:

第一,从可解读的机械原理取得意义;

第二,从人或动物姿势的象征符号取得意义;

第三,从熟悉的抽象造型符号取得意义;

第四,从科技符号或当时的杰出模式取得意义;

第五,利用风格上或历史上的隐喻来回忆文化传统的意义,这种手法在后现代建筑师和设计师中较多被使用。

原型在产品语意象征中的分类大致有四种:

1. 自然物

自然物的有机形态及其组合,常是艺术家或科学家创造力的源泉。大自然中一些造型、质感甚至是不经意的细节曲线,是从传统的数理系统或工程原理而来的结果所不能比拟的,其效果常为设计师和艺术家所学习模拟,即仿生。这种自然物具体包括人或者动物、植物的形态或姿势,其整体或局部的造型中隐喻着自然的信息,让人产生亲近的自然感觉,常常能激发新的设计创意灵感。例如斯蒂法诺·乔瓦诺尼设计的兔子椅,运用抽象的方法,以最简约的设计符号传递动人心弦的力量(图 2-1-26)。

事实上,原型的模拟,不管是具象还是抽象的设计转化,都能使人产生丰富的联想,建立起自然意义的联系,这不只是现代或后现代设计中常用的形式,其实在西方的设计史中也经常出现。因此,将这些承载特定信息的自然原型在设计中加以抽象、应用和转化,有技巧地整合成艺术的形态,有助于轻松达到特定的语意效果。例如由丹麦 Louis Poulsen 生产制造,保尔·汉宁森(Poul Henningsen)设计的 PH Artichkoe 吊灯,便从自然界的洋蓟中取得意义,结合精密的数学程序运算,以交错堆叠的排列方式构建出了一个光的"雕塑"(图 2-1-27)。

2. 人工物

对于人类创造的物品,我们在长久使用某种产品造型、功能或结构之后,其造型与功能性总是会自然存储于大脑之中,因而每当我们见到此造型时,便会引发一连串的相关的想象和使用的愿望,例如哥特式教堂、巴洛克柱式、德国博朗 20 世纪 60 年代的收音机等。这种人工物原型,大多是熟悉的技术造型符号或日常生活物品符号,意象所隐喻的或是一种感觉、或是一种记忆的片

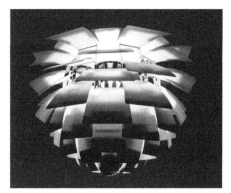

图 2-1-26　兔子椅（Rabbit Chair）/
斯蒂法诺·乔瓦诺尼（Stefano Giovannoni）/
意大利 / 2016

图 2-1-27　PH Artichkoe 吊灯 / 保尔·
汉宁森（Poul Henningsen）/ 丹麦 / 1958

段、或是一种熟悉的使用方式及习惯、或是一种久违的情境。该类原型可以让人们通过视觉上的隐喻了解产品的特性或用途，让使用者知道如何去操作，或者理解设计所要传达的象征意义并产生联想与使用的乐趣。总之，借助对人造物既定意象的精心选择，将有助于使产品被象征原型的意象所自然感染。例如詹克斯、罗西为阿莱西设计的微建筑风格的咖啡具（图 2-1-28）；索尼的"潜水艇"便携式 CD 音响；宋宰汉（Jae-Han Song）设计的"窗"（Window）空气净化器，即借用了打开的窗户来表达流通空气的功能。又如 VLND 工作室设计的结合空气净化功能的 ROOT 湿度调节器，产品从韩国传统火盆中汲取灵感，沿用火盆三足的特征元素，顶部细孔中散发的灯光给人一种炽热的感觉，该设计重新诠释了韩国传统符号，并将其应用于现代生活（图 2-1-29）。

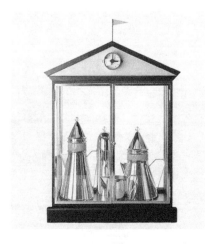

图 2-1-28　阿莱西（Alessi）的银制
咖啡具 / 阿尔多·罗西（Aldo Rossi）/
意大利 / 1981

图 2-1-29　ROOT 湿度调节器 /
VLND 工作室 / 韩国 / 2013

3. 历史(文化)物

历史(文化)物,即历史上或文化上的隐喻,多被用来回忆文化传统的意义或某段记忆,与具体物品的历史或文化背景建立联系。在历史和文化中,很多物品或部件的具体形式都蕴涵着我们的经验和传统,表达着丰富的文化意义。对它们的使用,是后现代设计师所热衷的,通过对历史(文化)物的引用、嫁接或重构,很容易使产品建立起历史文化的时空联系,从而让使用者想起更早的东西与文化脉络。例如李赞文设计的 HENG 灯,取中国古典"团扇"和"窗棂"的符号元素,结合全新的人与灯光的交互方式,寓意平衡与和谐,设计赋予产品人情味,为单调生活带来趣味。又如 DUSK 吊灯设计,借鉴日本传统米纸灯笼的特征符号,在沿用历史物功能的同时,以新的产品造型与材质感受与人的记忆形成互动,赋予新产品的意义(图 2-1-30、图 2-1-31)。

图 2-1-30　HENG 灯 / 李赞文 / 中国 / 2016

图 2-1-31　DUSK 吊灯与日本传统米纸灯笼(历史物) / Sylvain Willenz / 比利时 / 2018

4. 动态情境(动态或交互)的原型

除以上三点外,动态情境的原型也是设计师需要关注的重点。使用环境(或情境)中的象征特性不仅是静态的符号,还可以是与使用环境或预设的情境相联系的氛围、变化或互动(即人的动作和行为图式)。这种动态情境与设计师、使用者的多感官通道有关,多来自原来生活或使用情境中的动态特性,例如过程中随时间进展或环境(感知)变化而相应变化的产品交互状态或效果变化,使用过程中某种特征性、体验性的使用操作,使用情境中特定环节具有仪式感的整体性情境氛围等。简言之,动态情境的原型是产品在与用户、环境互动过程中的特征性、仪式性、体验性的变化。

综上所述,设计中的"语意原型"的选择与意象的表现是产品语意中最为本质、也最关键的内容,具有表达物质和精神世界的典型而又特别的文化特征。一个符合设计的要求又充满想象力的原型可以表现出丰富的意义,成为表现情绪、活力、使用方式等各种意涵的隐喻符号,有助于设计师和使用者在对人类生活和环境有积极意义的产品符号载体上进行交流与"对话"。

(三) 知识点 3:经典国货的语意更新设计

蝴蝶牌缝纫机、三五牌座钟等 1949 年以来制造的民生百货产品,占据了当时人们生活的各个方面,作为中国制造和民族品牌的代名词,维系着国人关于一个时代的记忆。改革开放后,因国企改制及自身管理、技术、营销等的相对落后,以及城市生活的更新与消费需求的变化,一些经典国货逐渐淡出人们的视线,但其中所蕴含的文化记忆及我国设计的发展历程,随着近年来"国货回潮"及"中国设计"的兴起而引起学术界的思考。

重新认识经典民生百货的文化记忆,再度思考其在当代的传承发展,在设计全球化发展的当代语境下具有重要的现实意义(图 2-1-32)。

图 2-1-32　蝴蝶牌缝纫机 / 郭君 / 中国 / 2014

1. 经典国货的概念及其文化记忆

"国货"一般多指 20 世纪以来国内自主创建的民族品牌,它涵盖了人们日常生活的方方面面[①],其中民生百货是其重要品类。经典民生百货指 1949 年至 20 世纪 80 年代之间国内设计与生产制造的,满足人们日常生活必需的轻工、日用优良制品,大多是具有较好声誉的民族品牌(有

---

① 陈旻瑾,张凌浩.解读经典国货设计的"正能量"[J].艺术百家,2014(04).

时也涉及 1949 年以前的部分经典产品)。

新中国成立以后,轻工业发展突飞猛进,并出现严格的行业划分,[1]包括餐饮、箱包、家具、钟表、文具、玩具、缝纫机、照相机、自行车、收音机、日用杂品等众多行业分类。它们部分从"仿造"的发展模式开始,普遍关注当时民众的实际使用需求和文化需求,不断融入本民族的美学意识与文化特色;同时在生产技术方面,不断研发新技术,提高技术水平,其产品物美价廉、经久耐用,满足了人民的生活需求。所以也常以"经典国货"的概念,来泛指这些最具代表性的、最能体现 20 世纪中国设计制造特色、最能触动国人特定时代文化记忆和情感的国货精品。

目前,经典国货虽已大多淡出日常生活的视野,但其记录了 20 世纪特定历史条件下人们设计实践中的智慧思考,反映了当时普通设计者对民众生活的关注与审美意识的研究,因此具有较好的艺术价值、文化价值、技术价值和产业价值。更值得注意的是,介于其特有的使用功能与民生联系、特定符号与时代文化、特色品牌与社会形态之间的各种联系,促使其成为蕴含特殊情感与象征意义的文化符号,并以集体记忆的形式传承下来。这段文化记忆俨然已经成为一种独特的、与时代片段联系的、部分更凝聚了"正能量"的精神文化沉淀,其饱含传承创新的再生价值,得以在如今的设计中被再次激活。

文化记忆是"一种集体使用的,主要(但不仅仅)涉及过去的知识,一个群体的认同性和独特性的意识就依靠这种知识"。[2]每个国家都有自己认同的文化价值,也有属于自己的文化记忆,经典民生百货的设计作为中国特定历史时期民众生活方式的设计,无疑承载了几代人的集体文化记忆。以百姓耳熟能详的鹿牌热水瓶为例,玻璃瓶胆构造便于更换,壶嘴附加水松塞以密封,整体简洁的瓶身与传统纹样线条的把手搭配和谐,铁皮瓶身色彩丰富,常绘牡丹花、丹顶鹤、红双喜、1949 年以来标志性建筑等图案。其外在和内在浓缩了多方面的文化记忆内容:对日用功能需求的强调,朴素的设计美学,具有时代特色的图案与装饰以及工业生产,大众生活理想等,这些都参与构成了深具民族认同性与时代独特性的文化景观(图 2-1-33)。因此,海鸥牌照相机、搪瓷杯、上海牌 7120 手表等虽已不属于当代,但均是集体记忆的载体,每一个物件都是贮存特定时期人们的审美态度、生活形态、工艺文化、生产经验及社会文化的"特殊容器",与特定的本土品牌、商品消费、民

图 2-1-33　北京鹿牌热水瓶 / 鹿牌 /
中国 / 1962

① 轻工业部政策研究室 . 新中国轻工业三十年(1949—1979)(上册)[M]. 轻工业出版社,1981:1-4.

② [德]扬·阿斯曼 . 集体记忆与文化认同[M]. 季斌等译 . 北京大学出版社,2007:5-6.

族情感相融汇交织。

近几年，永久牌自行车、百雀羚、回力鞋等国货品牌回潮，甚至一些国际知名品牌也运用国货元素进行设计，例如 Prada 的"解放鞋"、Bagigia 的热水袋、LV 的蛇皮袋等，无不因其特定的记忆元素与当代的演绎在得到国人认同的同时，也被国外设计师推崇。哈布瓦赫认为"过去不是被保留下来的，而是在现在的基础上被重新建构的"[1]，人们往往基于现在的状况、未来的目的对过去的历史事件进行记忆的。重新审视当今"国货回潮"及"老品牌复兴"现象，不仅要在复古怀旧的风尚、追求个性消费的表象下深入挖掘经典国货的核心设计价值，更要在充分认识其特有而丰富的文化记忆和情感共鸣的基础上，进一步思考如何在基于当代背景进行的多方面融合和创新[2]中延续与再生这种文化记忆，使中国设计与民族品牌再次焕发新的魅力。

2. 经典国货文化记忆的再生途径

(1) 注重日用设计理念的延续和美学发展

以高效服务于百姓生活需求为目的，在外国现代主义设计影响下，同时受限于当时技术工艺，多数经典百货产品均紧密围绕日常使用需求，凸显了易用性和耐久性的设计理念，积极探索基本的解决方法与匹配的形式，部分甚至源自产品"元造型"或基本类型。此外，简约大方的造型和注重功能表达，用色质朴，材料工艺简单，自然而然形成了质朴且实用的美学风格。例如上海 555 牌铝水壶，整体造型简洁，没有任何多余的装饰，壶体上部做收口设计，最大限度增加了容量；提手呈非对称弧线，整体曲线走向与倒水、提水动作相协调，提手前端设有一块小的突起以契合大拇指的位置，倒水时可增加握持的稳固度。可见，日用设计及实用美学毋庸置疑成为经典民生百货文化记忆的首要特点。因此，立足从当代的生活背景，实现这种日用设计记忆的再生，可从以下三方面进行尝试：

首先，新日用产品设计强调基于现代生活需求的挖掘，并将产品功能使用价值视为设计的关键出发点。从现代主义日用品、经典国货设计发展至今，虽然民众的基本生活需求未发生巨大变化，但是其对新的生活方式和情感性要求愈加重视，也愈发关注日常生活中的点滴细节，即通过对传统百货产品的优化、改良和丰富，使其在紧密围绕主体之时，将人性化的要素加入至平常至极的功能形式之中，更好地体现易用、细节与质量的融合，使产品近乎完美。因此，需要对文具、餐饮器具、其他工具等传统百货产品进行优化、改良和丰富，使其进一步成熟，围绕使用主体更好地体现易用，细节与质量的结合，令产品近乎完美。以经典的热水袋为例，德国 Fashy 针对当代的生活需求和使用问题，在橡胶内袋外增加了防烫的绒布或毛线编织的外袋，进一步增大注水口，将塞子旋把加大并结合标志使手部更好握持，并增加了便于悬挂的小钩，其细节的改进提升了使用的亲

① ［法］哈布瓦赫 . 论集体记忆［M］. 毕然，郭金华译 . 上海人民出版社，2002：71.
② 张知依 . 国货之美［N］. 北京青年报，2015.01.23，B01 版 .

图 2-1-34　Fashy 热水袋 / Fashy / 德国

切感和人情味（图 2-1-34）。

其次，要将经典特征符号与朴素美学在当代进一步发展。经典特征符号不仅包含双铃机械闹钟、小暖瓶、上海牌 58-I 照相机等的整体造型，还包括解放鞋的鞋帮与条纹、张小泉剪刀握把等局部细节，更囊括部分产品部件组合的典型分割秩序。在当代极简主义"Super Normal"美学风潮影响下，需将这些特征符号与风格进一步简化和精练，同时加强与其他要素的整体配合，以便在加强记忆归属感的同时，发展出中国式的新朴素美学。意大利 Prada 对经典"解放鞋"进行重新演绎，保留鞋帮元素，在继承足前橡胶条纹的同时进行适度夸张，并减小鞋帮前面的橡胶面积，布面从卡其色进一步扩展到其他棕红、褐色，以似曾相识的新风格成为 2014 年春夏米兰男装周上向中国记忆致敬的设计典范（图 2-1-35）。

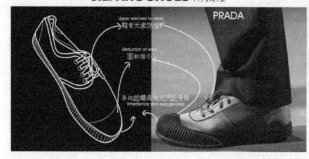
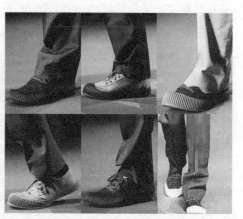

图 2-1-35　Prada 对经典单品"解放鞋"的重新设计 / Prada / 意大利 / 2014

最后，积极运用新结构和新工艺提升传统日用百货的内在品质。包括对原有产品基础结构的适当性改造，将原有内部技术向微电子技术、信息技术及互联网技术的转型，也可以将传统材料加入新的成分或改良传统涂装工艺增加其触感和耐用性，还可以根据需要进一步扩展新的功能，进而使其优良设计得到更好的体现。例如永久 C 北山牌复古自行车，保留了老永久 28 车的经典极简造型，去掉多余的部分，搭配复古的车座、车把手和车灯的同时，部件改换为磨电花鼓、复古摩电灯、全铝合金刹车系统、铝合金泥板支架、货架安装位置等，颜色改为 15 款非行业标准的颜色，从而形成新的设计品质（图 2-1-36）。总之，以上这些日用记忆的再生，无论对当今的日用产品开发还是对经久耐用的可持续理念的倡导，都具有特定意义。

图 2-1-36　永久 C 北山 - 零壹复古自行车 / 永久 / 中国

(2) 强调品牌记忆的唤起和全方位设计

经典百货产品在诞生和发展过程中产生了诸多极具影响力的民族品牌,诸如蝴蝶牌缝纫机、回力牌球鞋、北极星钟表等,即使在当时传播渠道相对单一、传播速度相对缓慢的情况下,仍然凭借其优良品质加上使用口碑,受到民众推崇,成为当时的名牌。事实上,在品牌记忆中,除产品优良的品质、怀旧的颜色、质朴的包装、熟悉的标记外,部分品牌还蕴含了超乎寻常的自主创新的精神力量,将那个时代的民族感情烘托得淋漓尽致。因此,其特定的品牌记忆深植于国人内心与时代记录之中。例如 20 世纪 70 年代的上海牌 7120 手表,整体简约中见细节变化,刻度粗实清晰易读,白色表盘面与上方毛体的"上海"商标相得益彰,成为当时国人重要的"三大件"之一,同时反映了作为国内第一只细马手表 A581 诞生的"自力更生"的实践探索。因此,这种品牌感知的断裂到修复,势必再次唤醒消费者的共同记忆,有机会创造新的商业价值。

要推动品牌记忆的唤起,首先,要利用 SWOT、SET 等模型工具对传统品牌进行分析,在重新定位的指导下,结合品牌记忆资源进行系统更新。其次,在具体设计过程中,需要实地了解国货的历史沿革,并对其原有的造型、包装、海报,以及当时的流行元素进行梳理和体验,甚至包括建筑、街道、人文风俗在内的当地历史文化轨迹。只有在真切体会 20 世纪以来相关本土品牌美学及其经典设计的基础上,才能够更为深入地建立认知,才能在结合品牌新定位、融入新时代理念的基础上,将原有品牌记忆延续好,构建其亦新亦旧的情感和认知联系。最后,这种品牌记忆的唤起和再度复兴,是立足产品创新基础上的全方位设计及传播,即从各个品牌接触点上实现独一无二且持续的设计,具体包括品牌标志、产品、包装容器、商业空间、媒体广告、网站以及移动 App 页面等。以德国 LAMY 钢笔为例,1930 年在欧瑟斯墨水笔制造厂诞生,如今围绕设计时尚、品质卓越、德国制造的新品牌价值,从其钢笔、圆珠笔等细分系列、附件、墨水及包装、网页等多方面传播其纯粹的功能设计和高精密的手工艺的传统,在文具领域中成为国际领先的品牌,这对与其类似的上海英雄钢笔具有一定的启示(图 2-1-37)。总之,这些可认知的方式,将给经典国货品牌赋予更多的意义和价值。

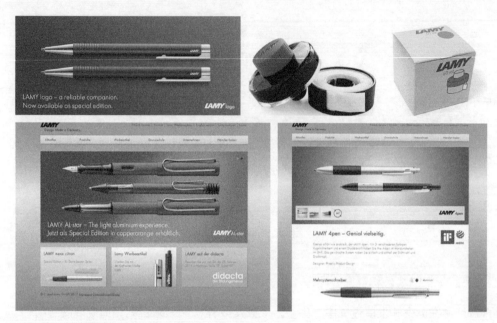

图 2-1-37 LAMY 钢笔全方位设计 / LAMY / 德国

(3) 强化本土社会记忆的挖掘和创意重构

除日常使用、品牌消费记忆外,经典民生百货的产生和发展记载了当时大众生活、工业生产等文化情景及社会审美,蕴含着集体和个人生活的记忆与情感。无论是搪瓷杯,还是印有城市风景、儿童画面的时钟,印有工人农民图像的饼干盒,无不与普通家庭的生活及环境发生众多记忆的关联,且融入日常使用、婚嫁喜庆、旅游团聚、生活梦想等各种生活故事中。有的百货制品还与老厂房、旧工业机器、热火朝天的工作场景及工人故事交织成工业遗产式的人文记忆,这些无疑不是富有特色的本土大众记忆的重要组成部分。这种记忆符号,除一部分经典产品的特征性造型外,大部分都是写实的图像、装饰的图案、朴素而经典的标志、服饰箱包上的条纹,以及标语口号等,且多以零散片段留存于社会记忆之中。因此,在设计时,应该有针对性地重新审视和认知这些大众流行文化的价值,构成新的组合与变化,进而创造出新的文创产品。

这种大众记忆的创意重构,应重点考虑对装饰图案及图像的再利用,以图像化、符号化甚至波普化的方式融入文化产品之中。由于其元素具有复制性与易组合性的特点,设计师选取"囍"字、"中国"、红白蓝条纹、雷锋画像等经典文字及图像符号,结合当代的审美和消费要求进行简化或重组,并通过丝网印与其他产品表面相结合。这些画面无论是照相写实风格还是版画装饰表现,无不使普通产品具有极大的感性力量。还可以进一步尝试文化符号的置换,将新的时代内容以历史图像的风格进行表现,或者将经典造型以新的材料实现;甚至可通过波普艺术式的解构、拼贴或重复，以颠覆传统的方式重新诠释原本严肃的社会符号，使其成为文化图腾或时尚素材的角色。例如由物舍设计的"伍零陆零"系列双喜瓶，该设计将原暖水瓶造型中具有代表性的造型符号提取出来，通过比例上的变换，将代表性的壶嘴部位放大，同时将壶身部分变瘦，使整个水壶变得可爱而优雅；保留能够唤起行为情感记忆的特殊使用方式，也就是壶口部位仍然采用木塞的设计；同时，其外壳简化替换为耐热玻璃，通过人工吹制而成，中国传统民族文化中最富代表性与识别性的"囍"被夸张放大，将字的颜色改为时下流行的金色，成为该水瓶的点睛之笔（图 2-1-38）。

图 2-1-38 "伍零陆零"系列双喜瓶 / 物舍 MESH / 中国

此外，考虑到旧百货产品原有功能的弱化甚至消失，可利用其原有造型，结合新的功能与内部结构，使其产生记忆的延续。当然，还可以化整为零进行创造性的打破，或提取主要部件以某种时代性的审美观与其他产品进行重新组合，形成多元文化价值的新产品。

经典民生百货作为集体文化记忆无疑具有多重的设计价值，涵盖了从日用功能、品牌到社会文化的丰富记忆内容。经典民生百货的文化和人文精神要继承，更要思考如何通过设计思维激活原有的文化记忆。当代设计师有责任在重新认识的基础上进行思考和实践，即通过日用设计理念的延续与美学发展、品牌记忆的唤起与全方位设计、本土社会记忆的挖掘与创意重构三种途径，使经典民生百货在当代的生活及技术背景中得以再生，形成新的国货设计与品牌魅力，这对全球化语境下民众国货意识的提升与推动中国设计的良性发展无疑具有积极的意义。

四、实践程序

产品语意学的理论和方法拓展了产品设计的创意思维和创作途径。虽然语意设计在某些方面常被视作是一个诗意的创造过程，但实际上产品符号的创造毕竟不同于文学语言，更强调以目标为基础，包括具体目的指向的逻辑组织行为，并通过一系列创新流程的辅助促使语意表达的实现。因此,大多数语意设计都是在较为清晰的商业目标指引下,整合不同维度的要素的形式概念;通过将整合的概念置入具体情境实现弹性创造(包括感官和视觉创造),并最终将概念转换为视觉为主的语言呈现,体现出整体性的创造过程。同时,鉴于创新过程中的要素整合和情境考虑,设计结果并非只是外延的表达,更兼具了丰富的内涵性意义,具备可用性和经济性等多元化属性,体现了创造过程的系统性。

美国俄亥俄州立大学工业设计系的莱因哈特·巴特教授在为 Dailmer Benzag Freightliner 运输公司所做的设计项目"卡车驾驶舱内装与界面设计"中,提出了产品语意设计的相关步骤,使企业(或商业)的目标要求与语意设计有较好的结合,既不局限于美学品质,同时也兼顾企业的市场目标、使用需求与制造的可行性。以下提出的产品语意设计步骤参照了巴特教授提出的程序,并在其基础上有所发展。大致分为观察研究、框架(模型)建立、应用转换三个阶段。三个阶段分别由具体的细化步骤展开。观察研究阶段步骤为:研究观察与内容材料获取;框架(模型)建立阶段步骤为:构建与显化概念情境、提取与甄选代表性关键词、寻找语意的特征原型;应用转换阶段步骤为:意义的表现与整合、设计的评估与优化。

(一) 研究观察与内容材料获取

研究观察是设计师明确设计目标之后需要进行的第一步,具体是将抽象的概念文字与真实世界联系起来,了解设计目标与"人""物""环境""社会""文化"等要素之间的大致关系。该步骤目的是明晰各因素的关联,明确建立产品设计的目标和特性,以及相关限制。因此,语意设计观察研究不同于传统创新过程中的"共情"或"发现"研究,不需要"发现问题或是一些功能性的痛点",而是需要注重现有要素之间的潜在联系,通过潜在联系寻求与产品意义建构、产品特征表达相关的内容材料。这些材料内容一般来源于情感、环境(联系)、仪式、象征、文化等方面。其中,部分材料能够有效塑造产品的差异性,另一部分则是提升产品在社会文化层面相关的美学与象征的体现。值得注意的是,这些材料内容表达既可是近期基于现实的期望,也可以是对于未来愿景的想象。无论何种材料内容,均有助于形成产品符号认知与概念,而甄选发现内容的过程即划定范围、发现设计机会和产品创新方向的过程。

观察研究的展开是一项立体的工作,因此需要从多维度的视角进行全面分析,包括宏观、中观、微观三个维度的观察研究。

1. 宏观观察研究

宏观观察研究将设计目标放入大环境中,进而了解"社会""环境""文化(产品外围文化)"等要素对产品的具体影响,属于语意设计的语境研究。常见的宏观研究方法包括桌面研究、趋势背景研究以及文化语境研究等。宏观观察能帮助产品与外围环境达成协调性关系,一方面有助于帮助产品顺应社会文化趋势、商业市场趋势,另一方面能通过宏观语境分析发现社会文化脉络与生活价值诉求的线索,有助于发现产品语意创新机会。

其中文化语境研究是语意设计中宏观研究中的重点。其作用与原因如下：

其一，研究文化语境能帮助设计师从社会文化脉络中提炼相关产品的设计语言。不同的社会文化脉络使同一产品在不同的市场地区中有着不同的理解与解读。例如：有调查发现，德国豪华车品牌奥迪（Audi）汽车在德国一般是由保守的中年用户购买；在美国奥迪（Audi）则是雅痞青年时尚生活方式的选择；而在墨西哥奥迪（Audi）则被认为具有显著的科技属性，是当地进步企业家在购车时的首选。根据产品创新的文化语境提炼产品设计语言，不仅能规避由于社会文化不同造成的语意歧义风险；同时能使产品设计与创新环境以及目标受众更为契合，使产品在市场中具有较高的识别度和接受性。

其二，研究文化语境能帮助设计师从环境因素中提炼用户价值诉求，发现语意创新线索。与产品相关的社会环境中承载有产品价值与使用方式的创新线索。例如：凌美（Lamy）钢笔的狩猎（Safari）系列，其人群定位为 10~15 岁的学生，在学生的生活语境中，"户外"是除学校之外最具有吸引力的世界，因此，产品将户外生活作为产品创新的动机与线索，通过分析户外生活内容以及户外休闲符号，将产品特质以用户认可的文化符号进行传达。深入现有的社会环境，有助于发现产品与用户认可的价值关联。一方面，能为产品的语意设计寻找到适宜的创新方向；另一方面，有助于将用户当下的生活方式与产品语意创新结合。

进行文化语境研究可借用环境线索板，帮助梳理语境内容，寻找创新线索。环境线索板是设计师将相关的社会文化符号通过拼贴的方式整理的视觉化板面。研究分析时，环境线索图能帮助呈现与语意创新相关的社会文化符号，呈现符号与符号、符号与创新之间的关系，为设计师提供与社会文化切实相关的联想语境。

2. 中观观察研究

中观观察研究是从设计目标的具体面向、受众来进行研究，是针对"人"的要素进行深度挖掘和分析。中观观察是产品语意中的重点研究维度，具体方法包括用户观点研究、用户行为研究以及生活方式研究。

（1）用户观点研究：语意设计中的用户观点研究一般是通过一般性访谈和意向调研来达成的，该环节主要目的是了解消费者对不同意向的产品符号的主观评价、特征识别和关联认知。通过进一步辨析不同消费者在具体意向上的认知差异与偏好，帮助设计师更好地掌握普遍受众对具体意向的大致观点与审美倾向。

（2）用户行为研究：语意设计中的用户行为研究与常见的行为研究方式相同，均是通过实地观察与影像记录等方式进行。但两者在具体的观察内容方面却有所差异。语意设计中行为观察的内容主要涉及用户对意义内容的认知反应，包括在意义线索和相关图示引导下用户的行为特征、用户与产品的使用过程和交互过程。该环节的观察研究有助于提升产品语意设计中的用户体验感知,给予用户"差异化"体验特色或是丰富用户在实际情境下的操作体验。

(3) 生活方式研究:语意设计中的生活方式研究主要通过文化扫描和人类学观察方法等进行。其研究是对目标用户的日常生活、情感、文化、风俗、时尚等多个方面展开相应的定性分析。生活方式研究能为语意设计带来丰富的素材内容,包括用户的生活情境、文化意识、产品与生活关联和意义,这些素材内容能有效补充产品符号意义的形成,促使设计更具有人文魅力。

3. 微观观察研究

微观观察研究是围绕具体产品和设计的研究(包括产品实体以及产品界面),是针对"物"和"文化(物的文化)"要素的探讨。常见的微观研究主要通过材料分析以及产品解构的方法进行,具体的研究内容包括产品的属性解析、产品符号和功能意义的联系挖掘、产品的起源发展梳理以及产品的品牌文化研究。该环节一方面能帮助产品继承既有的意义与功能联系,另一方面又能延续已有设计的文脉,助力形成品牌系统。

物的研究包括对原型物本身的拆解研究、同品牌系列产品的历史归纳研究以及市场同定位产品的对比评估研究。

(1) 拆解研究:主要是将产品经典原型进行解构分析。能帮助设计师梳理产品特征属性与符号的关联,一方面有助于继承经典设计语言,另一方面有助于适应用户已有的产品认知。

(2) 历史归纳研究:主要是将同品牌系列产品进行对比分析,能帮助设计师继承产品系列定位相关的特征符号,一方面能契合产品定位,另一方面能延续品牌系列特征。

(3) 对比评估研究:主要是将当下市场中同属性的产品进行对比分析。能帮助设计师提炼出差异化的语意设计符号,突出产品属性与价值特征。

(二) 构建与显化概念情境

概念情境的设定有助于语意产品原型形象以及产品模糊意义概念的确立。构建概念情境的过程实质上是语意设计的"概念化"过程。语意设计中的概念情境包括"用户预期的生活"和"使用产品的情境",具体情境的内容中去除了产品功能的需求内容,更多展示的是产品带来的感知、期望与意义相关的内容。

概念情境的构建主要分两步:第一步,需要基于"建立情境"进行目标整合和材料梳理。由研究观察得到的材料来源广泛且纷杂无序,具体材料内容包括社会的趋势、背景,用户的需求(情感、认知、审美、文化),产品的文化和趋势等。将这些材料纳入"用户预期的生活"和"使用产品的情境"等框架,并在情境中进行比较和整合,能够形成丰富且具体的情境"概念"。第二步,需要运用故事板、情境图板和氛围图板等洞察工具将抽象的"概念"进行显化表达并具体描绘。一方面,形象的概念情境有助于明确产品目标、用户在使用产品和从事具体活动时的状况、产品在人—物—环境间,以及社会文化情境中的具体意义与相关互动;另一方面,在概念情境中部分差异点、机会点的形象化显现,能完善丰富情境内容并使其得以进一步地深化。

(三) 提取与甄选代表性关键词

代表性关键词是对概念情境的描述与特征提炼,有助于特色、创意的明确,形成设计的辅助参照。得到代表性关键词同样分为两个步骤。第一步,"提取关键词",关键词来源于概念情境,是概念情景表达中显化出来的具体需求、机会和差异。使用关键词描述能更好地抽象显化的内容,并将其转换为可感知的价值描述,是对概念情境中的意义提炼。第二步,"甄选代表性关键词",该过程涉及对提取到的关键词进行内部整合和评估,是符号和意义表达逐步明确的过程。具体过程内容包括:群化整合一些描绘相似的关键词;根据关键词表达的意义和价值重要度,挑选出部分进行突出和强调;简化部分传达复杂意义内涵的关键词;去除一些表达含混或是与概念、文化相冲突的关键词。

(四) 寻找语意的特征原型

语意设计的特征原型可能是自然物、人工物、文化物,是对代表性关键词的特征性视觉转换结果,能给予语意设计表达大致的方向性指导。特征原型中的"原型"并不是像"功能原型"中的"原型"是设计的承载物,语意设计中的"特征原型"更像是设计的启发物,是视觉化的、可感知的特征形象表达。

拼贴图、意象板工具能形象地描绘关键词,帮助设计师在众多显化表达中找到最适宜的"特征原型"。实际上寻找特征原型的过程也是进一步地对关键词的处理和整合,可以整合多个代表关键词的具体意向,寻找能综合表达的特征原型;也可着重关注最能代表关键词的特征原型。特征原型最终的选择考量包括原型的语意传达识别效率、创意表达空间以及美学和文化因素等。尽管特征原型能展示一定的概念与视觉特征,但这种原型仍然是模糊的、大致的,需要进一步转换。

(五) 意义的表现与整合

意义的表现与整合是语意设计的创造性阶段,是对意义进行整体表现与转译的过程。这个阶段主要是在特征原型的指导下,完成从内容到形式的转换,并将通过转换得到的若干形式表达进行整合组织,使之成为整体的产品符号系统表达。意义的表现与整合是整个设计过程中的关键,需要兼有感性表达与理性方法处理。

首先需要围绕特征原型,进一步地寻找支持和演绎发挥有关原型属性特征的造型表现。这些造型表现作用于产品,可以是产品的特色部件,也可以是产品片段式的设计符码。"自由联想"和"头脑风暴法"能帮助发散和寻找各种产生语意的感官符号要素来演绎抽象的属性特征,包括形态、色彩、材料、结构或者动态的操作过程等各种语意表达的媒介,并通过图像、指示和象征等多种途径来尝试表达不同的语意重点。此外,将寻找到的具体表达纳入前期设立的概念情境中,观察该表达在概念情境中的具体作用影响,可以进一步丰富具体意义的表达,使其更具有表现力。

在得到具体的语意表现后,需要进一步地进行系统性的设计整合。整合组织即对各种语意上可行的要素符码进行评价、选择和整合,使之成为表现性的符号系统。在设计要求和属性模型的参照下,对各种语意表现的视觉符号要素进行比较与评价。然后,选择符合预期的部分要素符号进行组织,合理搭配并突出重点,使其成为由内外秩序所构成的有机整体和意义整合的象征系统。

(六)设计的评估与优化

设计的评估与优化,是了解产品设计效果的有效手段,能在产品投入市场前对产品进行修正迭代,提高产品在商业上的成功率。语意设计的产品评估主要包括两个部分:一方面,是对产品的具象语意造型或是产品界面进行评估,整体评估需要有目标消费者的参与。评估按照预期目标与概念情境展开,针对设计方案进行用户测试或举行座谈来了解用户对设计的主观态度(喜好度、接受度、购买意向)、评价以及优化建议。另一方面,也需要评估技术实现的可行性和制造诸方面的配合度,包括成本、技术、制造、市场等多个方面。这部分内容可引入相关领域的专家或是相关利益者进行评估参与。最后将两部分的观点意见综合,对产品设计方案进行修改和深化,产出迭代优化后的语意产品设计。

例如独居场景下的空气净化系统整合设计,遵循从宏观、中观至微观研究的逻辑,针对独居人群空气改善问题,从国内外趋势背景、用户生活方式、产品使用行为和操作习惯等方面进行访谈、洞察和分析。最终集合空气净化、温度改善、灯光制造功能、桌面等多场景应用,细化考虑软件界面及硬件界面的语意表达,系统设计开发了轻量化、便携移动化的新产品,为用户带来独特体验(图 2-1-39 至图 2-1-42)。

图 2-1-39   宏观观察研究 / 杜金洋 / 中国

图 2-1-40　用户观点、行为和生活方式研究 / 杜金洋 / 中国

图 2-1-41　概念探讨与产品定义 / 杜金洋 / 中国

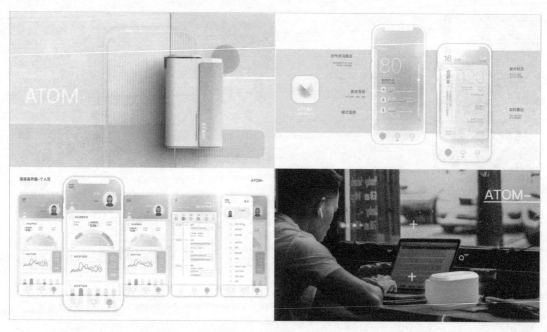

图 2-1-42 产品效果和使用情境展示 / 杜金洋 / 中国

五、实践训练

(一)实践训练 1:产品界面操作模式及控制方式

1. 课题来源

在日常生活中,产品的单个或多个控制元素共同组成了用户与产品间的互动界面,而用户不可避免会与这些元素发生"按""转""拉"等交互。事实上,无论是实体界面还是软件界面,其形态语意表达和产品功能提示密切相关。倘若这些元素的指示语意在视觉上难以被解读,则会导致用户的困惑,进而形成不良的交互体验。因此,这些界面控制元素能否传达使用及操作的解释性,以及同等功能模块能否呈现出秩序性和系统性变得至关重要。

针对产品操作模式及控制方式的设计训练,不仅能够强化学生对操作界面符号的可感知性、易理解性、交互性、艺术性等内容的学习,还能加强学生对产品功能按键有秩序的布局、用户操作行为和使用习惯,以及认知记忆等方面的深度思考,进而提升学生对产品自明性和创意性表达的设计能力。

2. 设计目标及内容

(1) 目标

研究产品界面中的控制元素,归纳交互过程中用户的具体操作方式、使用习惯和行为特征,视觉化产品指示语意,设计富有自明性的产品操作界面符号。

(2) 内容

①通过形态、色彩、结构、肌理、材质等表征元素传达预期的界面操作指示,充分体现产品的功能指示意义;②在视觉识别层面系列化不同控制按钮的语意表征,充分展示产品的统一性、相关性,以及美学质量;③组合不同形态、色彩、材料等,塑造差异化识别效果,展现特殊符号意义,深度思考产品操作指示、用户操作行为和情感体验的关联。

3. 工作步骤及输出

(1) 观察日常生活中人与产品交互过程中的操作行为及控制方式,选择需要设计的"按""转""拉""推"等任意三种控制方式。

(2) 凝练和搜集适当的关键词和意象图片,明确和选择合适的形态、结构、色彩、材料、肌理等表征元素,使操作模式变得更为显著。

(3) 绘制若干草图,从二维转向三维进行聚酯泡沫模型初步制作。针对初步原型的功能性意义传达,与老师进行讨论和评估,并进一步修改、优化和完成最终原型(过程进行摄影记录)。

(4) 结合文字、意象图片、草图和泡沫模型,演示产品操作模式及控制方式,综合性展示课程作品(图 2-1-43、图 2-1-44)。

4. 相关工具及方法

情绪板:用作概念范畴的探讨,展现了产品所处的意义语境。使用情绪板,即是在白纸上编排和展示相关产品形象、标识、环境或其他设计材料,为设计对象构建一个包含人工制品和关联的联想语境,并从语言和视觉上对产品的意义进行深刻的交流。有时甚至是搭建三维的人工制品"情绪环境"或人工制品集,进而缩小设计与终端用户切实需求、产品使用环境之间的差距。

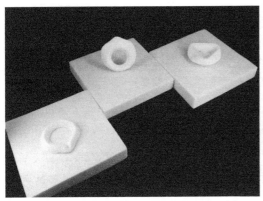

图 2-1-43 产品操作模式及控制方式 / 郑琳 / 中国

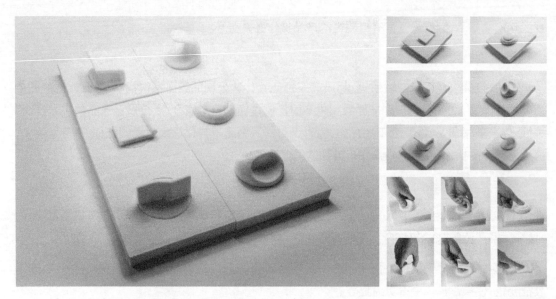

图 2-1-44 产品操作模式及控制方式／梁隆浩／中国

(二) 实践训练 2：品牌化产品

1. 课题来源

在与产品相关的要素中，消费者对产品物质功能的关注正在发生变化，商业品牌对于产品设计的意义备受关注。品牌化的产品逐步成为个人或群体，说明和阐释自身个性、展现圈层文化等的符号。作为商业性竞争的虚拟的意义识别，品牌试图赋予产品以生活的意义，给予产品独特的个性，进而塑造差异化。这种趋势促使设计师将视点从以往的形式与功能的意义联结，向品牌的概念和识别转移，更加深入地研究商业性和社会性因素对设计的影响。

TED 演讲：符号与品牌如何塑造人类文化

品牌作为产品开发的重要因素影响着产品外在视觉符号的表达，并与产品的各要素发生着不同程度的关联，其内涵性层面的语意更依附于形态、功能、材料、灯光、动效等有形要素，其具备的特定意义也充分体现在产品周围的附属性设计之中，并系统化地形成整体的意义氛围。同时，在发展过程中沉淀下来的产品风格更成为品牌的特定进化，并在有形和无形层面深刻影响着产品的设计走向。

因此，针对品牌语意的延续和创新训练，能够培养综合性地思考品牌化的产品语意设计能力，提升在特定方向下产品语言的控制能力。通过对如何延续和发展品牌语意风格的研究，加深对内涵性意义的理解，熟练掌握旧有形象的特征记忆符号借用、与品牌语意特征类似的"语言"借鉴移植等设计手法，开发能够实现品牌内涵及意义传达的新产品。

2. 设计目标及内容

(1) 目标

针对某一具有历史的特定知名品牌进行系统性研究,重新思考产品中蕴含的品牌语意,在传承原有品牌语意的基础上,结合当下市场、语境和审美趋势,实现该品牌产品语言的延续与更新,创造出新需求和市场新焦点。

(2) 内容

①关注和研究品牌文化的特定魅力及影响,选择特定品牌(挑选一种),深入感受与品牌相关联的人、物、环境及事件。在调研分析中,关注一切与品牌相关的内容及体验方式,归纳及明确其视觉特征和关键词语;②深度了解代表性消费群,或有该品牌情结的消费者,关注与收集他们生活中与此品牌意义相关的物品或概念文化,并将上述内容凝练成综合性的品牌语意情境。

3. 工作步骤及输出

(1) 产品品牌语言研究

系统性研究选择品牌的产生、沿革、路线、产品风格变化与代表性消费群,通过特征细节对品牌特征进行定义,确定设计概念和所拓展的方向重点。可以运用和结合信息图表和比较图示,归纳和萃取鲜明的视觉特征和关键词,并进行精要文字分析。可采取小组合作的形式。

(2) 在继承所选品牌语意的基础上,实现品牌衍生产品或新产品的开发,完成最终设计文本,包括品牌风格研究、特征归纳、设计定义、效果展示、设计细节、使用场景及推广海报等。

4. 参考案例

案例一:韦士柏(Vespa)品牌语言研究

音响设计选取 Vespa 机车具有特征识别的尾部,延续原有产品大气且注重细节的特点。界面设计富有新意,机车的小细节在操作界面和扬声器处都有巧妙体现,整个色调如浓浓的意大利咖啡,给人浪漫与柔情之感。

面包机的造型符号借用 Vespa 的尾部,延续其经典、优雅的风格。散热孔和"Vespa"金属标记,直观地唤起人们对两轮摩托生活的记忆(图 2-1-45)。

案例二:法拉利(Ferrari)品牌语言研究

红色、流线型、宽大的跑车轮胎和散热口等,构成了法拉利品牌风格的视觉特征。该音响设计以其富有想象力的符号及重构式的处理表达,配以红色汽车烤漆,成为一个具有激情的出色设计。

图 2-1-45   Vespa 风格小型音响、烤面包机、旅行箱冰箱设计 / 沈宇睿、杜翀、王莉 / 中国

　　红色法拉利向来是速度、激情与美学的象征。其标志性的红色、流线型及侧面的进风槽等，是激发观者激动心情的特征元素。滑板和手机的设计，都较好地反映了这种风格 (图 2-1-46)。

图 2-1-46   法拉利风格滑板、手机、音响设计 / 寇丹、史永佳、马屹巍 / 中国

（三）实践训练 3：国货记忆的传承

1. 课题来源

一些经典国货因为受到各种综合性因素的影响，逐渐淡出人们的视线。但这些代表性的产品所展现的具有时代特色的功能、审美、装饰与材料工艺，所承载的特定时代的集体"文化记忆"、生活情感与历史痕迹，再次受到学界和业界的积极关注。

因此，开展国货语意的再设计，有利于培养对具有历史文化意义的特征符号的挖掘和提取能力，加强对引用、重构、抽象、装饰等语意学设计方法熟练运用，进而实现对文化性、民族风格和精神的再现。

2. 设计目标及内容

（1）目标

从双铃闹钟、熊猫收音机、缝纫机或其他经典国货产品中任选一种，了解其历史文化价值、情感美学价值，同时结合当代国际流行风尚，尝试开发属于当代的"新国货"设计。

（2）内容

通过研究分析国货产品与现代社会的关联，深入挖掘国货产品与人们生活之间的联系，从背景故事中探寻设计灵感，注重对时代文化特征意义的挖掘，以及明确经典国货产品在当代的认知程度，并进一步开展时代特征符号的适度转化，最终实现文化特征意义的现代性融入。

3. 工作步骤及输出

（1）全面了解所选择的经典国货的型号在形态、色彩、材质、结构等方面的特征性表现，情感（生活）记忆和文化价值，进行关键词语的提炼和相应的设计解析（视觉化分析）。

（2）分析当今该类产品（或相关产品）的发展，结合当今艺术设计潮流（如波普艺术、后现代主义风格等），审美标准，产品发展趋势和流行风尚。

（3）解读 2~3 个经典产品当代再设计的成功案例，例如永久 C、富士相机等，总结其设计方法。

（4）思考该类产品在现代社会、生活语境中的角色（功能或文化的），提出新时代的"新国货"的产品定义（图片、图表或关键词），具体包括设计目标（包括用户、功能需求、设计特色）、概念图板（产品与界面的趋势语言，开发、情境故事）。

4. 参考案例

案例一：蝴蝶牌缝纫机复兴系统设计

以蝴蝶牌缝纫机研究为例，通过 SWOT 工具明确蝴蝶牌缝纫机的优势、劣势、机会与威胁的状况。从内部分析,明确产品经典造型在大众认知度,知名的品牌形象、人文色彩、文化记忆和产品质量等方面的优势,以及品牌认知陈旧、产品自身需求度不高、产品及品牌推广不足等方面的劣势。通过外部分析,明晰产品经典造型能够迎合复古流行契机、产品多功能化、智能化发展及品牌的形象深入人心的机会,但了解国内小型家用品牌竞争激烈,经典国货正被年轻人所遗忘,成衣消费导致缝纫机市场减少等背景。在此基础上,根据品牌特点重新定义新品牌价值和个性,尝试针对不同细分人群构建子品牌战略。例如经典系列"蝴蝶系"、入门者"乐活系"、年长者"姆妈系"、发烧友"拼客系",并针对其中最具购买力和接受度的年轻人将产品定义从"制衣工具"向"创意工具"转变,进而为蝴蝶牌缝纫机打开新市场(图 2-1-47)。

图 2-1-47　蝴蝶牌缝纫机复兴系统设计探索 / 郭君绘 / 中国

案例二:熊猫网络收音机设计

熊猫收音机作为经典国货,珍藏着无数国人美好的收听记忆。本案例以熊猫牌收音机为基础,通过对收音机产品的发展趋势和当今用户需求的研究、定义与体验重构,设计出适应当代生活的网络收音机。作为经典的收音机产品,该设计具有一系列成为集体记忆的特征,包括两种造型的"猫眼"(调谐指示器)、编织布艺的面板以及突出的旋钮。随着新技术的发展,传统产品类型日趋没落。而网络收音机功能多样、造型多变,可以结合经典产品的特征符号与工业精神,设计出符合用户习惯、顺应时代潮流,符合大众审美,且兼具熊猫品牌风格的收音机产品。设计作品案例基于网络收音、音乐播放、闹钟等功能需求,以熊猫 601-6 型号收音机为原型,提炼代表性文化符号元素,在机体造型、喇叭、旋钮等部分保留经典造型,并通过透明外壳、金属支架、去除装饰的旋钮等设计,塑造出现代简洁的整体风格,激发用户良好的美学体验和情感体验。

通过挖掘国货产品的特征意义,探究其与当代消费者生活之间的联系,并借助现代技术,使经典传奇的熊猫牌收音机实现了新的设计转化。该案例尝试在唤醒共同文化记忆的同时,赋予用户全新的收听体验。

图 2-1-48　熊猫网络收音机背景调研、产品定义及氛围板 / 董倩雯、叶子雯 / 中国

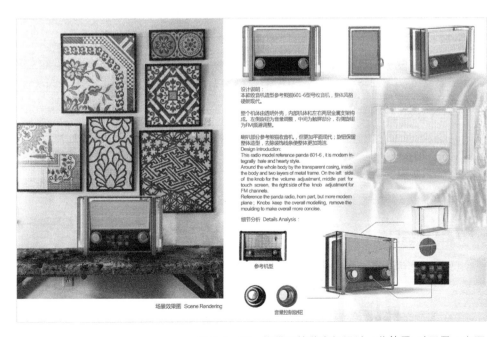

图 2-1-49　熊猫网络收音机设计 / 董倩雯、叶子雯 / 中国

第二节　文化意义驱动的设计

▶▶ 一、课程概况

（一）课程内容

　　本课程重点在于从文化的主题入手,探讨文化产品语意设计的意涵与基本架构。通过了解中国历史中传统文化符号的演绎,可知文化的延续才是人类社会最有价值的东西,而文化的创新设计是当代创新的主要方向。从中国传统文化符号的研究中,我们可以找到风格迁移的可能性,探索新技术与人文价值的新互动,同时避免在数字技术主导的时代陷入新的技术"国际风格"。通过典型产品案例,分析文化与产品造物之间的关系,以及产品文化的特征表现,并进一步梳理中国传统文化符号及意识,从而在文化符号设计方法中思考文化符号的"显"与"隐"的设计表达。实现当代年轻人与中国文化的共情,在于通过文化符号的互动、重组、融合、延续与更新实现传统文化对人的吸引,以及通过参数化设计等探索新的表现可能性。通过以上知识点的学习,可以进一步掌握对文化元素与符号的理解、提炼与转译,进行当代视野下文化主题与意义驱动的设计。

　　本节结合三种专项训练有序展开历史文化的再设计、文化的体验设计、参数化创新设计三个部分的内容。历史文化的再设计是从历史文化主题出发,感受特征符号与特定文化风格之间的关联性,结合当代生活需求进行文化元素发散和扩展,进行文化产品的创新设计。文化的体验设计是结合民间工艺考察活动,研究传统文化符号在新的生活情境中如何通过工艺的结合、动作的触发、时间性和过程性的体验变化,以及五感的途径,来表达丰富的意义、意境或者文化记忆。此外,在当下或未来,对设计师真正挑战的是在数字技术提供的可能性、体验性与人文价值、情感之间的新平衡。数字化技术或参数化技术大大扩展了文化符号组合、变化与重构的空间,可以是二维表皮或装饰的多种数理变化,也可以是三维符号形态突破常规的新变化,这些体现了新技术驱动的时代性变化。

　　总之,通过文化内涵的解读,提炼文化语意符号及秩序意境,同时针对现有市场或生活进行相关调研,挖掘可以联系结合的机会点,将"最具有代表性的文化符号"经由恰当的表现手法与体验途径,设计具有"新风格"的中国文化产品,实现中华优秀传统文化遗产及符号的创造性转化和创新性发展。

（二）训练目的

　　(1) 认识与理解现有文化创意产品的语意设计,同时建立中华及东方优秀传统文化的价值观。

　　(2) 通过学习文化符号设计策略和设计流程,熟练运用文化符号语意转化过程中的各种方法和处理技巧,提升文化语意设计转化的能力。

(3) 通过一定的实践训练,重点锻炼对于文化符号的提取、动态语意的体验以及数字化参数化的再设计,进而提高整合性设计的应用、展示和沟通的能力。

(三) 重点和难点

(1) 从现有文化创意产品的解读中分析文化符号与传统文化观念的联系,感悟基于特定语境要求的文化符号表现的程度、意境与用户的感受。

(2) 在概念的确立与设计转译中,如何对文化意象原型进行选择与新风格的定义,以及如何对传统文化符号演绎实现一定的创新。

(3) 在文化创意产品的整体语意呈现中,根据特定的语境(或情境)激发更加丰富与整体的意义联系,从光影、动态等时间性变化以及五感等塑造全新的体验,为文化符号带来综合性的感受。

(四) 作业要求

(1) 围绕特定的文化主题要求,收集相关资料,通过相关工具进行分析、理解与文化符号提炼,认知与理解文化内涵。同时,确定特定的背景与用户需求,进而确定新的概念(或故事)、意义及原型意象。

(2) 通过若干设计草图或简易原型(或视频剪辑),反映创造性思考与概念转化的过程。

(3) 最终的设计作品应充分体现符号的表达、界面功能的操作(自明性)、叙事的特色以及美学的质量(表达技巧),特别强调文化符号的恰当表现及时代性的美学意识。

(五) 产出结果

(1) 设计调研及概念定义的报告一份。

(2) 设计草图若干,反映设计过程。

(3) 原型,通过简易材质的制作与迭代,评估意义的表达或者与用户互动的效果。

(4) 展示版面,可以结合以上材料,做一个综合性的小型作品展。

▶▶ 二、设计案例

文化的概念是形而上的,不易把握,但文化元素与符号是可感知的。这些文化元素进入设计,是经由设计的创新过程进行重新解构、组合与叙事,即由一般的文化元素转化为构成设计作品新象征内涵的重要设计元素和符号。这本身就是一个由审视到选择、由提炼到组合、由对比到整体化的创造性转化过程。"文化设计"作为一种可视化文化意义的设计过程,其直观、优雅、象征的特点对文化的当代传播具有不可估量的潜力。一件具有文化语意的作品不仅能够提升作品本身的价值和意义,也会刺激观众的艺术审美,催化观众的文化悦纳,从而在整体上对讲好中国文化故事,推动中华文化更好地走向世界、形成中国美学起到积极推动作用。

本节选取了来自"上下""曲美家具""石大宇""黑川雅之""永丰源""马塞尔·万德斯""B&O"等多个品牌和设计师案例。

(一) 上下(SHANG XIA)

文化意义驱动的设计或注重自然的简朴,或注重传统文化的延续,都表现了对于中国文化风格在当代语境或跨文化背景下的特定思考——在传统、本土文化与现代技术、当代美学观念的交汇中平衡发展。"上下"作为首批登上国际奢侈品舞台的中国品牌之一,由中国著名设计师蒋琼耳与法国爱马仕集团携手创立于 2010 年。品牌介绍中称:"上下"的名字简单而意义深远,代表着中国古往今来所追求的东方哲学。涵盖了传统与现代、东方与西方、人与自然等,在看似对立的两极诠释均衡之美。"上下"期望通过努力,将中国传统手工艺的精湛技艺传承、传播,并从中汲取灵感,将之置于当下生活语境中重新审视。木作家具、竹丝扣瓷、羊绒毡、薄胎瓷……经由当代设计的创造力,转化为富于时代精神的"美"与"用",已成为具有代表性的上下工艺。如"上下"以碳纤维材料重新演绎"大天地"系列家具,在保留传统榫卯结构的同时,大胆地将传统明式家具的符号特征进行简化,最大限度地变薄、变轻、变细,创作出这款概念家具,巧妙地演绎了传统与现代、轻盈与坚固、创新与未来的结合且又平衡的美(图 2-2-1)。还有清影系列竹刻铜台灯、笔盒、果盘等,都是优秀的案例(图 2-2-2)。

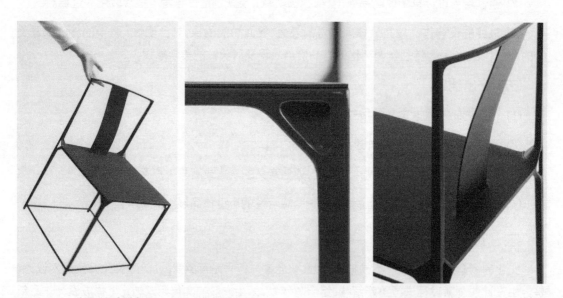

图 2-2-1　大天地系列家具 / 上下 / 中国 / 2019

(二) 曲美家居

曲美家居瞄准时代和市场的需求设计,想象大胆、潮流感强而富有时尚性。例如曲美初代弯曲木家具 DL 系列中最具代表性的 C3 椅(图 2-2-3),由丹麦设计师汉斯设计。从服装的"燕尾服"

图 2-2-2 清影系列竹刻铜台灯、笔盒、果盘 / 上下 / 中国 / 2018

中汲取设计灵感并运用到家具中,将背板和后腿合二为一。前腿与座面采用严谨的三碰肩结构连接,突破了直角结合的传统形式,利落之中不失秀美,优雅中彰显了使用者高贵、个性的审美品位。曲美 DL 系列产品,其灵感来源于丹麦古典家具,并将繁复的美演化成简洁的线条符号,与东方文化融合,使家具更具国际性。同时,设计风格拥有自然、简洁、纯朴,营造和谐的气氛,使人感受到宁静与轻松。此外乐山居沙发把中国传统的山水画意境融入现代的生活趣味之中,智者乐水,仁者乐山,融合了中国古典的美学符号与现代简洁明快的设计风格(图 2-2-4 至图 2-2-6)。

图 2-2-3　C3 椅 / 曲美家居 / 中国 / 2009

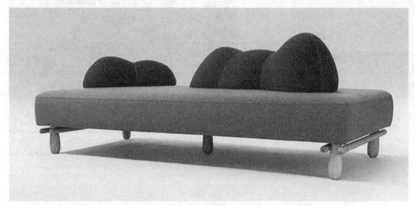

图 2-2-4　乐山居沙发 / 曲美家居 / 中国 / 2013

图 2-2-5　云朵 cloud 沙发 / 曲美家居 / 中国 / 2021

图 2-2-6 雅典娜沙发 / 曲美家居 / 中国 / 2021

（三）石大宇

石大宇致力于根植于中华文化的设计实践,从对应环保的传统工艺中汲取灵感,探索和解决现代人生活中的疑问和环保议题。由台湾地区的工艺研究机构发起的"Yii 易计划"是一个致力于促进手工业者与设计师合作的项目,Yii 以濒临失传的台湾工艺在当下的复兴为己任,研究人与自然之间的和谐关系。

"竹"在中国传统里有着鲜明的文化与美学象征,而石大宇的"竹"设计却基于深切的时代与现实忧虑。他最初的两件竹制设计品"椅君子""椅琴剑",是为了保护中国台湾地区濒临衰落的竹产业和制竹工艺。椅君子的设计是一种积极的文化性行为,通过语意设计来重寻产品"失去的文化意义",赋予产品功能性以外的人文价值,从材料角度重新建立产品与中式君子文化的关联(图 2-2-7)。石大宇设计师积极考虑中国传统文化在当今世界舞台发挥的作用和可持续设计发展的本源价值,重新审视了其在当代产品符号非物质设计中的价值,使文化可持续设计成为当代连接人与技术的真正桥梁。

利用竹材制成的"柜茗器"茶柜(图 2-2-8),是从中国南方的菜橱得到启发,以简易物理手法达到保鲜储藏效果并延伸到中国茶文化对于生活方式的一种追求,并改良了传统弯管竹家具易碎裂的缺点,采用创新的技艺将竹管剖开,并用包实心竹的方式,延续了原生竹青的美感,亦增加了材料的强度。

图 2-2-7 椅君子 / 石大宇 / 2010

图 2-2-8　"柜茗器"茶柜 / 石大宇 / 2013

(四) 黑川雅之(Kurokawa Masayuki)

　　黑川雅之是世界著名的建筑与工业设计师,被誉为开创日本建筑和工业设计新时代的代表性人物。他成功地将东西方审美理念融为一体,形成优雅的艺术风格。在黑川雅之的设计中可以看到他对时空的思考和对于日本传统文化的理解和传承,"生命与性"的哲学理念是他设计的永恒主题(图 2-2-9、图 2-2-10)。其中 IRONY 铸铁壶是黑川雅之最为著名的设计之一,在茶道里,铸铁壶占据重要位置,过去茶道用的加热器主要由铸铁制造。虽然现代的工业技艺已有所改进,但人们很少用到铸铁壶。黑川雅之发现了大量库存的茶壶盖和把手,于是产生了利用它们去制作现代的铁壶的想法。IRONY 铸铁壶可用作茶壶或酒壶,内部附带的过滤器,可根据用途的不同随意安装或取下,并搭配底座。日本非常推崇黑色,并将现代与古典相结合的侘寂美的造型和颜色相结合,使整体看起来有一种内涵的神秘感,这也完美契合了黑川雅之提出的"微""并""气""间""秘""素""假""破"八个审美意识。日本所理解的人或物,并不仅仅是指人自身或物体自身,而是包含了壶的材质与使用环境中的人或物。IRONY 铸铁壶也可以用于现代生活,本身的把手和壶盖设计就是一个艺术品,借此优势进行设计,可以说这是一种编辑组合意义上的设计。

(五) 永丰源

　　国瓷永丰源创办于潮州饶平九村三中,传承于刘氏家族,至今已有两百多年的制瓷历史,拥有深厚的文化底蕴。

　　其中"石榴家园"系列餐具,为 2017 年"金砖"国家领导人厦门会晤的指定产品,由国瓷永丰源设计总监黄春茂匠心设计。石榴家园极具东方色彩,以经典黑白为主色调,还原了中国传统的

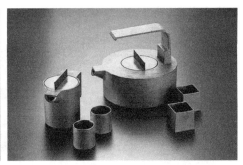

图 2-2-9　IRONY 铸铁壶 / 黑川雅之 / 日本 / 2013

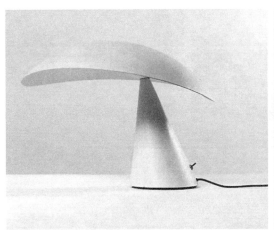

图 2-2-10　Lavinia table lamp / 黑川雅之 / 日本 / 1988

文化符号——"白墙黑瓦"的生活场景。顶盖提揪是吉祥的石榴造型,外观主画面用了大量石榴花,从色调到器形上都是在中国传统文化经典的黑白符号的基调之间,传达一种中国式的生机盎然、细腻雅致、温馨和美的理想家园的内涵,既带有国宴瓷庄重的审美,又展示了中国人生活的细腻、丰富和优雅。石榴花园以透亮黑釉为底,寓意"金砖国家的文化精神"。其采用高端的色釉分离技术,结合釉中彩、釉中金的精湛技艺,餐具无铅无铬健康环保,为当代国瓷中的经典之作(图 2-2-11、图 2-2-12)。

(六) 马塞尔·万德斯(Marcel Wanders)

符号演绎可以是抽象化后的重构排列,也可以是突破设想的新的演绎。马塞尔·万德斯享有"荷兰设计标签"之美誉,是当今国际设计界一位多产并且深具影响力的人物。他的设计一直都忠于自我,在作品中完整地传达他对美学、世界、未来期望等的理解(图 2-2-13、图 2-2-14)。

马塞尔·万德斯在 1996 年设计的绳结椅作品风靡全球。作品使用了新型的超轻碳纤维材料

图 2-2-11 石榴家园 / 永丰源 / 黄春茂 / 中国 / 2017

图 2-2-12 夫人瓷 / 永丰源 / 黄春茂 / 中国 / 2016

与古老手工编织方式相融合的制作工艺,座椅以内藏碳纤维的绳索编织而成,外部以环氧树脂包覆,既轻盈又坚韧,其形态的语意设计上让人产生对过去美好回忆的联想,并且把高科技材料与传统手工艺很好地结合在一起(图 2-2-15)。此外,怪物椅的设计作品则从造型上就能直接地传达出设计师的设计理念,这款怪物椅外观简单、柔软,其形态符号表面上像"萌宠",但细看也露出象征着黑暗力量的怪兽面孔,体现了马塞尔·万德斯忠于自我的设计观点(图 2-2-16)。

图 2-2-13 Lladró Table Lamp / 马塞尔·万德斯 / 2019

图 2-2-14 Perseus Suspension Lamp / 马塞尔·万德斯 / 2015

图 2-2-15 绳结椅 / 马塞尔·万德斯 / 1996

图 2-2-16 怪物椅 / 马塞尔·万德斯 / 2010

（七）B&O（Bang & Olufsen）

设计师汤姆·
迪克森谈他
的设计过去、
现在和未来

现代设计过分追求简约主义,减少设计的变化性与丰富性,注重意义的单一功能,忽视了人类文化的构成差异,以至于处在"国际风格"包围中的人们开始面对内心深处对丰富文化的渴望,重新思考设计应有的文化价值。B&O 积极探求产品的发展与人类使用产品的历史,在建立产品与文化的关联中设计出高品质的音响产品。

BeoPlay A9 是由丹麦设计师 øivind Alexander Slaatto 设计的一款无线音箱(图 2-2-17),直径长达 70.1 厘米的圆形轮廓,加上三条实木腿,从形态符号上望去像是一面镜子或一个沙发。A9 的设计灵感源于声波符号的传送形态,声波是以圆圈的形式传播的,正如石头激起的水波。为了体现这一点,设计师大量采用圆形设计,尽量避免直线。

B&O 新推出的系列,无论是与纯橡木或丹麦 Kvadrat 面料邂逅的 BEOSOUND LEVEL(图 2-2-18),还是采用纤薄的书本式设计风格 Beosound Emerge,都巧妙运用材料中和科技的冰冷感,以其北欧式极简主义与室内家居环境风格与场景细节相融合,同时结合轻触式用户界面,摆放在显眼位置还是隐藏在书架、木质柜面上都一样优雅而实用,只有纯粹的声景体验。

图 2-2-17　BeoPlay A9 / B&O / øivind Alexander Slaatto / 丹麦 / 2012

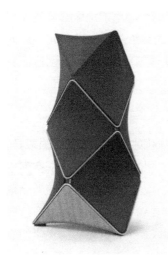

图 2-2-18　Beosound Level 便携式 Wifi 扬声器 / B&O / 丹麦 / 2021

▶▶ 三、知识点

(一) 知识点 1：创造"新风格"

20 世纪七八十年代以来，随着社会、经济、科技的发展，全球各国逐渐从工业化社会进入以计算机、网络为特征的信息社会。数字化技术、互联网观念使产品的更新换代加速的同时，设计的导向真正转至以用户为中心，希望以设计的多样性更加凸显消费者的精神需求，即设计符号中所包含的社会和文化的价值功能。这些变化广泛地渗透和影响了产品设计的形式和内涵的各个层面：从有形的设计向无形的设计转变；从物的设计向非物的设计转变，从一个讲究良好的形式和功能的文化转向一个非物质的和多元再现的文化。在这些设计价值的变迁中，对于文化与意义的需求与思考无疑成为其中最重要的部分。

全球化竞争与发展已成为一种普遍的趋势和特征，特别对于信息技术产品更是这样。设计作为经济的产物和工具，必然性地参与到全球化的进程之中，作为一种文化的、艺术的乃至生活方式层面的工具，在全球化的进程中发挥作用，也接受考验。不可忽视的是，由于以科技为中心的现代设计是在人类共性（需求与愿望）的基础之上开发相关的产品和服务，加上设计组织和活动的全球化、产品部件的通用化与全球流动，文化的特征和地域的特色正在"世界性"的产品上日渐消失。因此，包括韩国三星、LG、荷兰飞利浦等很多消费电子企业的设计师，都在思考文化特色或风格的问题。

这并非要反对全球化的未来，而是不希望在全球化过程中迷失自己固有的地域文化特色，而再次陷入另一种形式的"国际风格"（即技术的组合）。和技术相比，文化的延续同样是人类社会最有价值的东西，而且文化的力量往往比经济的力量更为强大。今天的世界似乎变得更小、更加多样、更加相互依赖,也更加强调持续保持地方特色,甚至一个小小的地区都应注意仔细记录历史。因此,当代设计需要积极关注本土文化和人文精神的继承、发扬、运用和创新问题,要求本土的设计师立足于本土文化,在国际设计观念与当代美学意识的比照下,创造出具有民族个性和文化象征的设计。

1. 文化风格的平衡与创新

众所周知,设计在现代化的进程中呈现两种不同的态势,即全球化的趋同和多元化的求异。在设计领域,全球化的一个典型与集中的表现就是当今设计技术、文化的国际化和建筑、空间或产品美学风格的趋同现象。世界各地区的固有地域文化也在逐渐消失。随着全球化在世界范围的进一步展开,民族文化得以觉醒、民族自信心逐步增强。面对世界文化与地域文化(民族文化、传统文化)这两个既相互联系又相互矛盾的文化的交织与冲突,特别是面对众多文化遗产中的设计文化景观也变得日益错综复杂时,许多设计师感到前所未有的迷茫。所以,无论是设计中融合符号学、语言学,还是文化人类学在设计中的广泛探索,其实都是在反省、探讨与重建新的设计文化观。

文化创新
产品设计
(张明)

产品不仅仅是实用的物的符号,更是文化的符号。产品的设计不仅揭示了设计的工具性,也揭示了设计的文化性,其内核是文化的传承与发展,因此它承担着连接传统文化与现代文化、构建全球化与地域化的责任和作用。也就是说,具有文化创新意义的产品设计,可能强化、支持甚至参与推动社会文化的发展与转变,重塑我们新的时代文化。因此,当代产品设计也应与建筑一样,重视"之间"——即关注文化的传统性与现代性、地域性与全球性,及其空间性和时间性上的折中、融合和创新演进,推动多样性的产生。

例如皮亚诺(Piano)的吉巴欧文化中心的设计(图2-2-19),在功能上已超越了遮风避雨的作用,在表达了其对当地历史和建筑文化遗产崇拜的同时,也表达了希望融入自然、融入宇宙,并且与根深蒂固的传统文化和谐相处的意向。又如,贝聿铭设计的苏州博物馆,在体现传统文化与历史文脉的同时,也不忘给大众传达当代的语境。他在设计中最担心的是堕入对地方民俗的简单模仿和媚俗奉承,而苏州博物馆的设计不仅创造了传统文化的现代化新风格,又在全球性和地方性文化之间找到了平衡(图2-2-20)。

产品设计虽不及建筑的影响深远,但也在发挥着同样的文化作用。近年来,来自芬兰、日本、韩国等的优秀产品,或注重自然的简朴,或注重传统文化性格的延续,都表现了对于文化意味或风格的特定思考——在传统、本土文化与现代技术、文明的交汇中平衡发展。如Lier Sun竹灯的设计,利用材料的自然特性和纹样符号的工艺特点,再加上现代化的设计风格进行塑形,使得灯具既有传统的文化韵味,又有现代化的风格体现(图2-2-21)。

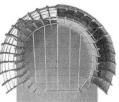

图 2-2-19 吉巴欧文化中心 / 皮亚诺（Piano）/ 古巴 / 1998

图 2-2-20 苏州博物馆 / 贝聿铭 / 中国 / 2006

图 2-2-21 Lier Sun 灯具设计 / 科诺嫩子工作室

2. 数字风格的重组与延续

符号学及语意学视野下的设计创新,作为不断动态创造新文化的行为,在"全球化"语境中体现为各种文化符号的互动、重组、融合、延续与更新,为社会文化等方面的发展,提供了新的思维方式和设计解决的可能性。特别是数字技术与文化上的交叉与融合,除了尊重大众对文化的情感,地域文化特征与对国际性社会文化"新主题"的共同关注之外,其发展也必然走向一个由现代化技术支撑的,具有创新性的数字产品语言与风格的设计之路,例如日本数字产品与用户界面设计中的新极简主义趋势。

数字化技术、互联网观念使产品的更新换代加速的同时,设计与消费真正转向以用户为中心的导向,希望更加凸显设计符号中所包含的社会和文化特性。在这种背景下,我们要重新审视设计的发展,使设计成为人与技术的真正桥梁,在(数字)电子技术的"文化同化"中发挥有效的作用。这是一种"文化的解决"或"诗意情感的表达",即重新在各文化中寻找新的设计素材与美学意识,以此结合形成该地域的设计风格特征;通过造型、界面及体验设计中的文化性语意特点,以及用隐喻、象征等方式、方法来满足大众的感情需要;通过探究(数字)电子技术与人文价值的互动来再次创造"新风格"的特色产品,以体现出一个国家、民族、地域与另一国家、民族、地域在整体语意风格、形态及表达意义上的区别。这无疑又是一次新的设计上的"文艺复兴",涉及产品文化系统内的民族性、时代性与地方性的"共生"。

如利用数字参数化的家具设计。自从参数化设计在工业设计、建筑领域成功应用以来,推动了整个设计思维的更新和产品制作模式的转变。参数化设计软件、3D 打印和 CNC 数控加工技术等智能设计与制作技术的发展让设计创意与实现有了更多的可能性,使整个设计流程转变为一个相互关联的整体。参数化设计可以通过数学算法对产品造型、实用性、经济性等因素产生更多元的结果,并对产品结构进行拓扑,得到家具设计的最优方案,并优化了复杂和不可控参数,为生产提供便利。

家具产品参数化设计的过程主要包括:确定设计目标、设置形状参数和位置参数、得到产品的几何模型。其中设计目标是从功能、结构、制造的角度来确定的,而形状参数和位置参数的选定可以通过程序参数、图形参数、在线交互参数来设置,结合图形和交互可以将信息可视化,使家具产品设计更加具体。家具产品的几何模型通过特征参数建模,由参数驱动结果,只要修改某一特征参数,几何模型就会因此而改变,这种产品模型能更好地体现设计意图、更容易被理解和贯穿整个组织生产的后续环节,如工艺准备、加工检验等。参数化设计可以使传统文化符号的转化应用带来更大的变化空间,有的甚至突破传统设计思维的想象,可以实现传统家具难以塑造的新形态,形成传统与当代相融合的新风格(图 2-2-22)。

3. 禅意风格的形态与传达

设计本身是一个开放的系统,虽然在新的技术与观念的冲击下不断更新拓展,但其隐含意义

图 2-2-22 参数化的家具设计"白蚁树"

与精神却是民族历史长期积淀的结果。因此,要使传统符号在当代设计中延伸发展,打造新的民族风格,我们需要在理解传统符号意义的基础上,取其"形",延其"意",从而传其"神"。

(1) 产品形态的自然化和有机化

① 曲率特征美感

禅意风格的产品形态多模拟自然特征,譬如柔美的线条、曲率特征和有机特征。自然化、有机化的形态富于美感,在人的心理上容易与自然事物联系在一起。如流线型可以使人联想到漂浮的云和潺流的水,使人产生"回归"之感,达到内心的平静。曲率美感符合东方式的自然相生的审美观念,同时具有丰富的意象情境。例如日本品牌 Yonobi 结合传统工艺与曲率特征的产品(图 2-2-23)。

图 2-2-23 结合传统工艺与曲率特征的产品 / Yonobi / 日本

② 原型特征

利用原型单纯的语言去组织形式特征,能给人以纯净、原汁原味、简洁大方的感受。基本形态的组合、重构或结构,不仅使形式上的审美回归本质,更强化了禅的"意境"感。产品成为人与环境、社会的结合点,因此原型特征在产品中颇具典型意义。原研哉在《设计中的设计》谈到"形式是产生吸引力的根本",原型形式的简约可以有效地凸显产品的本质,使人在体验过程中内心平静,安静淡泊。例如原研哉设计的"白金"(Hakkin)清酒酒瓶和"原动力"(KENZO POWER)男香水瓶(图2-2-24、图2-2-25)。

 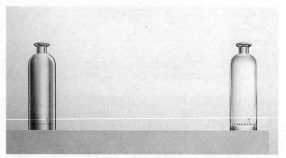

图2-2-24 "白金"(Hakkin)清酒酒瓶/
原研哉/日本

图2-2-25 "原动力"(KENZO POWER)男香水瓶/
原研哉/日本

(2) 产品中的装饰要义

装饰可以分为"显性装饰"和"隐性装饰"。显性装饰指的是存在于表象中的、为"装饰"而装饰的部分,如花纹、图案等,是具有明显装饰意义的部分,其目的是追求单纯美感,属于附加装饰。而隐性装饰则是存在于本体之中,其目的是塑造美感氛围。禅意风格着重关注隐性装饰的意义,实为将显性装饰由素色本体(或原型)、结构或材质来承担。例如黑田泰藏(Taizo Kuroda)的陶艺设计(图2-2-26)。

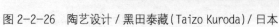

图2-2-26 陶艺设计/黑田泰藏(Taizo Kuroda)/日本

这种以"隐藏式"的"不显露"的方式来完成装饰的表现,达到一种静谧的装饰效果,以简约的、柔性的造型特征展现出来。

(3) 禅意风格中的元素运用

自然形态及其他元素是风格形成的基础,是禅意风格追求质朴、体现原汁原味素材的方法。产品中所运用的自然形态、仿生类设计都属于自然元素的使用范畴,一方面,产品似乎以自然意象形态代替了过多设计成分,使产品体现出返璞归真的美感;另一方面,自然元素具有普遍接受性的美感,延展了产品的接纳度。

(4) 手工工艺特色

为了使产品具有一定的文化遗迹,除了文字、图案和语言,传统手工艺是最好的体现。手工艺制品经过长时间的沉淀和积累,加工工艺精良,用料讲究,拥有更好的质量,更具有禅意风格的"经久耐用"式的恒久意义与生活价值。如日本经典老字号 Kaikado 制作的茶叶罐,需要130道工序才能制作完成,足以体现出产品的细腻与考究(图 2-2-27)。

图 2-2-27 茶叶罐 / Kaikado / 日本

(5) 禅意风格中的尺度

① 大小尺度

在日常产品设计中,产品的大小尺度是设计关键点,大小尺度合适使用的产品,表现出更为人文的关怀。在禅意设计风格中,产品更趋于小巧、贴合的体征。一方面,小巧体现文化传承和积累,尤其在日本,产品具有小巧的外形而功能却强大;另一方面,小巧的产品显得更精致,更具有禅意的味道,贴近内心。

② 重量感受

轻重是手感体验的重要部分,在传统观念中重量也与财产观相关联,越沉重的东西越具有观念上的价值。譬如传统硬木家具一般都很重,即是代表了财产观。禅意风格的设计追求产品的视感、手感和质感的三位一体。在一些小产品的设计上,加强重量手感,寻求体验的微妙变化(图2-2-28)。

图 2-2-28   "独钓"茶具 / 中国

③ 节奏尺度

单一的节奏意味着简约而恒久,如基于大量基本性的构筑,尽可能控制变化幅度;而反复变化的节奏感则会打破禅的"单一性"和宁静心理。如黑川雅之的"铸铁飞虫"(Ingot Batta)扶手椅(被永久收藏于丹佛博物馆),形体的节奏简单明朗、变化适度,平和柔美,禅韵浓厚。可见,禅意风格的产品一般都是在"做减法",尽可能地简单洗练,使其具有沉淀的美感和状态。

(二)知识点 2:产品与物质文化

1. 产品与文化

在人类的发展历史中,所有为生存而进行的活动,都可以称为文化。文化是后天的历史所形成的,是生活中外显和内隐的生活样式的设计。所谓外显是指一种人造物品、行为或动作,而内隐是指行为规范、价值观、思想、观念、超自然观等。广义的文化包括三个层次的内容:一是物质文化,如建筑物、服饰、食品、工具、器具等;二是制度习俗文化,包括制度、法规,以及相应的设施和风俗习惯等;三是精神文化,包括价值观念、思维方式、宗教信仰等,也包括哲学、科学、文学艺术方面的成就与产品。其中物品及其反映出的价值观念、思维方式等是设计文化研究的重点。

人们为了生存,设计和制造了各种物品和产品,这些物品的设计与制作,作为对人类生存意义的物化诠释,受到人类文化的支配和影响。这些物品承袭了文化内在和外在的相关意义,并反映了当时人们生活的要求、某种理想愿望、技术和文化的互动水平、生活的观念等,因此体现了人们对物质和精神的双重要求。所以乔治·尼尔森(George Neison)曾经说器物是文化遗留在它专属时空中的痕迹。例如传统的家具、器物、图案、剪纸等都是这样的例子。

倒流壶始于宋代,又称为倒灌壶、倒装壶,在设计上有诸多独到之处(图 2-2-29)。在使用时,需从壶底中心的小孔注酒,壶底小孔与壶内的隔水管相通,隔水管上孔高于酒面。当酒壶正置时小孔不漏酒。壶嘴下有隔水的管壁,倒酒时酒不会溢出。倒流壶是中国古代设计中的杰作,独具匠心。

彩绘雁鱼青铜釭灯(图 2-2-30)是由雁首颈(连鱼)、雁体、灯盘、灯罩 4 部分套合而成,灯罩设计为两片弧形板,可左右转动开合,既能挡风,又可调节灯光亮度。鱼和大雁的身体都是空心的,点燃灯油或白蜡后产生的油烟被灯罩挡住,不能乱飞,只能向上进入雁和鱼的体内。此外,雁鱼灯的 4 个部分均可自由拆装,以便揩拭和清理烟尘。

图 2-2-29 景德镇窑青白釉　　　　图 2-2-30 彩绘雁鱼青铜釭灯 /
　　　　倒流壶 / 中国　　　　　　　　　　　　　中国

西施壶的名字源于壶的形状(图 2-2-31)。自西施壶产生以来,很多文人就喜欢把西施壶的韵味比作美人肩,柔若无骨;又把壶身喻为西施那优美动人的曲线,丰姿绰约,俊俏天成。细看西施壶,其壶钮似乳头,流短而扁圆。壶底自然向内收敛,壶身上下一凸一凹,遥相呼应。壶把为倒耳之形,似美女倒垂的发髻,与壶嘴贯通相融。"高瓜形壶"为老艺人王寅春 20 世纪 60 年代所创佳作,以"瓜"为造型,体形硕大,长弯流、耳状把,筋纹壶钮、壶盖与壶身相呼应(图 2-2-32)。

可见,传统器物的产生、发展和演化,乃至转换成现代的"产品",都与文化、观念相互依存,储存与传承了人类以往的知识、经验、理想和价值。这种关联在各个地域人类的发展历史中都极其紧密。因此,人们的文化背景自然影响着设计的行为和结果。

不过,在现代主义的设计浪潮中,为提高科技的沟通效率、打破各地民族文化之间的阻隔,理性简洁的产品外观成为国际化的风格,试图让全世界的用户都能理解与接受。不过,后来其发展成为过分追求简约主义,减少设计的变化性,注重意义的单一功能,忽视了人类文化的构成差异,以至于处在"国际风格"包围中的人们激发起内心深处对文化的渴望,重新思考设计应有的文化价值。

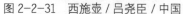

图 2-2-31　西施壶 / 吕尧臣 / 中国　　　　图 2-2-32　高瓜形壶 / 王寅春 / 中国

　　因此,后来出现了后现代主义、设计符号学、设计文化学等设计潮流和观念,重新探求产品的发展与人类使用产品的历史,建立产品与文化的关联,赋予产品功能性以外的人文价值。产品及界面与其被使用的文化背景如何联系,又如何在设计上表达出来,一直是产品语意学要研究的重点之一。

　　2. 产品文化的显与隐

　　文化是生活中外显和内隐的生活样式的反映。所谓外显是指一种人造物品、行为或动作,而内隐是指行为规范、价值观、思想、观念、超自然观等。

张夫也:设计欣赏——中国古典园林

　　中国古代哲学认为宇宙万物及一切审美活动都是虚和实的统一,把虚实结合定为艺术创作和审美观点的基本原则之一。"实与虚"这对矛盾体是园林空间设计丰富性的来源。园林中的"空白"不能单纯地理解为"虚无",它也是一种"藏景"的手法。"藏景"往往会激发游览者产生追根问底的兴趣。苏州博物馆中有几处明显的空间"留白"处理:第一处位于博物馆的入口处,人们在还未进入博物馆之前,视线由街道向北,穿过入口庭院、月亮门后直接抵达庭院深处的片石白墙,空间的深度近 100 米,而眼睛所能截获的信息仅仅是狭窄的月亮门中忽隐忽现的"山水画",引人入胜[①](图 2-2-33)。

　　贝聿铭巧妙地运用"留白"的手法使建筑与环境和谐共融,使庭院与建筑呈现"计白当黑"的虚实关系,从而达到层次多变的空间感受。贝聿铭对空间"留白"的深层诠释,不仅体现在物象的构景之中,更重要的是能够传达出象外之象的空间意境。

　　3. 产品文化的设计表现

　　文化的本质是多样的,但文化特点的表现包括物质文化和非物质文化两种。产品是抽象文化的物化,非物质的抽象文化总是通过具体的事物的形态、色彩、结构、材质或声音等表现出来。一方面,产品整体、某个具体的方面或者形制秩序上,都积淀了特定的文化特质,例如古代很多器

---

① 刘彦鹏. 空纳万境,虚室生白——论苏州博物馆中的"留白"意韵[J]. 装饰,2015(3).

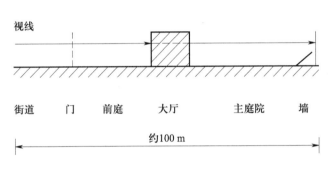

视线

街道　门　前庭　大厅　主庭院　墙

约100 m

图 2-2-33　苏州博物馆的空间"留白" / 贝聿铭 / 中国 / 2006

物都是礼制的重要物化体现,如青铜酒器、明式家具等作为中国文化精神的代表性器物,都充分反映各自时代社会礼仪、生活文化及雅集交往。这是该地域消费者所熟悉的精神文化世界,设计中要善加利用。另一方面,由于各地文化背景的不同,物化的行为和结果(即产品)自然也不同,所以即使同一功能,不同国家或地域的设计文化表现也是不同的。

所谓设计,其实就是一种将抽象的理念转换成具体产品实体的过程,并对产品的形态、色彩、结构、材料和使用状态等的认识,赋予包括美学、文化在内的各种意义价值。设计作为连接技术和人文文化的桥梁,是文化和产品之间的沟通者,这种互动沟通是否成功,要看产品能否对使用者发生意义,即产品是否让使用者产生认知操作或心理上的认同,进而唤起使用者对其文化与自然环境的记忆。设计师为了达到文化的认同,往往会在本身的传统、地域文化、集体记忆(影像、形态乃至思维习惯的总和)等方面寻找"熟悉"的文化灵感,为设计寻找更大的表现空间。

日本设计纪录片:啊! 设计——丰富的纹样

对于这种文化符号的设计与转换,设计师往往从历史或地方中汲取一部分的文化特质,可能从形态、色彩、工艺材料等具体的方面,也可能从审美意识、传统观念、社会意识等抽象方面提取。特别是要关注传统器物的日用之道,它们虽不同于形而上的官式制品,但却是富有经历感、时间痕迹和生活雅事味道的器物或建筑古迹,因为人、时间所赋予的意义的特殊性,其历史的记忆片段一旦在新的设计中被重构结合,将会构建出感动人的美感。从表现形式看,这种文化符号式的灵感,有的是具体的,反映在产品的特征性形态上或局部细节;而有的则是抽象的,整体表现为一种特定的比例秩序、美学意识与风格。

如深泽直人生活分子系列生活用品的设计。"生活分子"是日本设计师深泽直人与阿里旗下生活方式品牌"淘宝心选"合作研发的系列产品。该系列还包括日常生活中各种用途的产品,例如时钟、电热水壶、水杯、置物架、键盘等日常生活用品。深泽直人在中国美术学院发现了某块青砖,他被青砖上数个世纪留下的沧桑纹理深深吸引,将它带回收藏。正是这块青砖,为他的作品带来了新的灵感(图 2-2-34)。方与圆,是世间万物几何形态的基础。简单,却自有美妙之处,长期以来人们一直在挑战用简单的形态制作出"元物品",这种纯粹的存在蕴藏着隽永的力量,守护着人和环境的和谐相处,它们如细胞一样融入我们的日常,成为我们的"生活分子"。方形、圆形是"生活分子"系列的主要元素。人类历史上最简朴的几何图形变化出大量美好设计,深泽直人又一次将东方美学和黑色美学糅合在日常用品中,虽然貌似谦逊平凡,却又一次精准地触及了人类对自然哲学的最本质理解(图 2-2-35)。

又如故宫文化的衍生文创产品——故宫香氛灯,宫廷的威严成为塑造整个产品气质的核心。布满养心殿窗花纹理的巨大"屏风"如孔雀开屏一般向四周散发出强烈的信号,袅袅升起的香薰烟气,配合"屏风"的灯光和纹理,似乎在悠然叙述着故宫的历史。巨大的"屏风"以故宫藏品"红色缂丝海鹤寿桃图红木雕花柄团扇"为原型进行设计创作。"屏风"中的 3D 立体纹样则取自于装饰养心殿的"牯辘线"图案,形似圆形方孔钱,寓意财源滚滚(图 2-2-36)。

图 2-2-34 青砖的自然材料的元素应用 / 深泽直人 / 日本

图 2-2-35 "生活分子"系列办公用品设计 / 深泽直人 / 日本

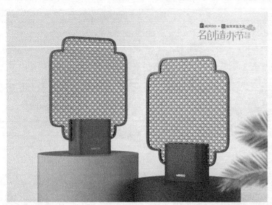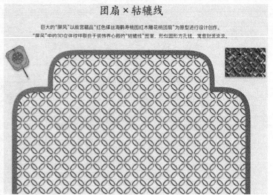

图 2-2-36　香氛灯 / 名创优品和故宫宫廷文化联名 / 中国

总之，一个好的设计能够把传统的文化、情感、记忆与现代技术生活作适度的连接；积极应用暗喻、明喻、类比、寓意、引用等转化方式来建立科技产品与文化特质之间的视觉关联，赋予造型以意义，唤起观赏者自身的文化共识。同时，这种文化的设计表现，是对中国传统美学和生活方式的继承和发扬，即以东方哲学思想的精髓，以优雅纯粹的东方式感性，模糊设计的技术性界限，从而在当代设计中将文化的某些层面自然地延续下去。

4. 案例分析

(1) Pojaki 布

韩国的设计精神往往从传统日常物品中汲取部分的文化特质，将其运用到生活日常用品中。例如韩国的 Pojaki（图 2-2-37），一种体现多功能性、多目的性的传统织布。包布，被公认为一种传统的艺术形式，并激发了现代的重新诠释。Pojaki 是一种很轻的织布，呈正方形或长方形。这种 Pojaki 方布过去一般被用来包裹、覆盖、运输日常物品，例如运输书或盒装午餐、储存衣物、保护性地覆盖食物、携带钱或药之类的小东西等。不使用时，Pojaki 布能被折叠贮藏在口袋或钱袋之中。这种小巧、收纳性好且多功能的观念形成了韩国独特的产品设计观。日本传统上也有类似多功能性的方布"风吕敷"（Furishiki），亦形成类似的设计观。

此外，这种 Pojaki 布还体现了易于制作、易于使用、易于储存、与环境相融等特点。即使是一小块被废弃的布，也被再次利用制成 Pojaki 拼布。Pojaki 布的创新还来自它的制作过程，设计 Pojaki 布没有固定的法则，每块 Pojaki 的设计都从已有的布料特点（包括材料、形状、颜色与重量）出发，自然而独特。设计师将提取的这些优秀的传统文化观念、审美意识应用到了韩国各行各业的产品设计中，并将此拼接的设计方法应用到了极致。如手提包的设计等都是成功的产品文化的设计表现（图 2-2-38）。

(2) 雀鸟缠枝美什件

百雀羚联手珠宝设计师打造了"百雀羚 × 钟华　特制宫廷风礼盒"（图 2-2-39）。借鉴传

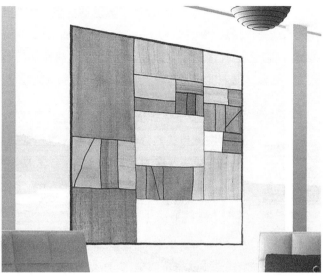

图 2-2-37　布 / Pojaki / 韩国

图 2-2-38　手提包 / Pojaki / 韩国

图 2-2-39　雀鸟缠枝美什件 / 百雀羚 / 中国

统文物——铜镜的符号元素,设计出人脸面部使用的"亮彩悦容霜"盒子的外形;同时也将中国古代宫廷里常用的"宫灯"的外形符号进行重新编码、转译,设计成了"百雀羚唇膏"的外壳形状;再借鉴"宫柱"的造型特点符号,设计成"双头极细眉笔"。这三件美物的创新设计,既保留了宫廷文化元素又融入现代工艺和人们的日常生活,体现出了一种浓浓的东方文化美。

(三) 知识点 3:中国文化符号

彭吉象:中国
传统美学

中国传统的哲学观念与今天我们常谈的现代西方设计概念有所不同,更多的是位于更高层次的宇宙、自然、社会与人生的哲学。这种哲学较深地影响着中国古代人的生活方式、审美意识及艺术创作,与西方文化形成鲜明的对照。

1. 和谐

中国文化最根本、影响最广、最稳固的观念。古代认为,建筑与器物创作中的尺度、对称、韵律、均衡等造型原则,只是表面层次的东西,设计的着眼点应在于更深层次的内容,即建筑整体上与宇宙、自然的和谐,与人类的和谐,在于体现宇宙的秩序感和和谐感。和谐的观念尽管有不同的表现,但其核心是一致的,即"有无相生",具体来说,就是两个对立力量调和后构成和谐而动态的整体,它们相互依存、相互作用、相互促进与相互转化。阴阳、动静、虚实、大小、左右、色空、刚柔都是对立和转化的力量,最终成为阴阳平衡或者中和的状态。宗白华认为中国美学是建立在矛盾结构上的,但强调对立面间的渗透与协调,不是排斥和冲突。刘长林曾提出中华民族的艺术之美在于"和"。而"和"的主要内容之一就是强调"美属于事物的结构整体"。

这些"有无"哲学充分影响了中国传统的造物、绘画和诗词艺术,展现了古人善于通过形神、象意、虚实、有无、动静的相依相生来表达和创造种种可意会而不可言传的、情趣、韵味与意境。中国传统艺术思想重视对"和""宜"之理想境界的追求,强调外观的物质形态与内涵的精神意蕴和谐统一,实用性与审美性的和谐统一,感性与理性的和谐统一,材质工艺与意匠营构的和谐统一。特别是从唐宋以来的家具和建筑中就可以看到在家具材料的选择和装配方法中的和谐观念。古代的建筑、花园也是如此,通过石、水、植物、建筑等的配合,以相对的平衡创造和谐(图2-2-40)。

2. 简朴

庄子有"朴素而天下莫能与之争美"一说,《易经》的"贲,无色也"也指出华丽归于平淡时,物质本身的特性才得以发挥,才能表现出极致的美。在陶器与瓷器之间,还存在一种过渡的形态,称作"原始瓷"。与真正成熟的瓷器相比,原始瓷的烧成温度低、造型不甚规整、瓷胎和釉层薄厚不均匀,釉色也并不稳定。战国原始瓷形态多样,既有供贵族使用的仿青铜礼乐器,也有供普通百姓使用的日用器皿等。原始瓷正是中国传统"简朴"思想的一种体现(图2-2-41、图2-2-42)。

图 2-2-40 苏州园林 / 中国

图 2-2-41 原始青瓷匜 / 战国　图 2-2-42 原始青瓷提
　　　　　　　　　　　　　　　　　　梁盉 / 战国

此外，"返璞归真""平淡之美"等都是"简朴"思想的表达，对美学上"简朴"的追求在宋明时期被提升到了"某种透彻了悟的哲理高度"。在此影响下，古代工匠也逐渐学会充分利用已经存在的材料，例如制作椅子时，看材料的特性和木头的类型决定它的设计和用途，也会考虑怎样利用弯曲的树干设计出独特的东西，而不是砍平它。"简朴"特别体现在明代"文人"家具上，形而下的设计、技术与形而上的理学思辨、美学上"简朴"意味的结合，使宋明家具成为东方简朴形式的代表。这种"明式美学"在今天仍然发挥着积极的作用。

可见，这与现代主义的"少即是多"、极简主义有某种契合，这种简朴不是一种简单化，而是一种精致的、高雅的朴素，在传统设计的形态、色彩、材料和比例上呈现出极致的专注——设计外表简单的事物实际是一个复杂的过程。

3. 虚实

中国画的"留白"、中国书法的"布白"、传统家具中的虚实，都是这种审美取向的反映，"虚实相生""虚实互用"（董其昌）的关系问题一直是中国美学思想的重要内容（图 2-2-43）。受此影响的器物、家具、雕刻、空间、园林等均从此角度演绎出东方的美学，创造出更多"境生象外"（刘禹锡）的艺术意境，即"无画处皆成妙境"（笪重光）。建筑（实）与空间（虚）的关系常用"阴阳"来诠释。阴与阳分别代表消极和积极的力量，阴阳的概念暗示着独立和变化，它们的结合象征着自然和生活的无穷变化、所有指向平衡的观念。平衡不是一种停滞，而是一种可控的变化。无论是屋子的形状和朝向，还是家具的安排，都与平衡的观念有关。

古代器物与家具的"虚"，一是来自部件之间产生的"虚"体，例如由扶手梳背椅中的梳背、扶手及数根笔梗围合成的空间等；二是来自器物、家具部件内部产生的"虚"体，例如镂空透雕所形成的空间，这些与部件"实"体形成秀雅空灵的美感与意境。又如苏式家具通过形体、部件的点线面的交错组织，产生类似于水墨画中的留白，使诗、画的情意融入进来，营造"空、静、素"的意境与超然象外的哲理情感（图 2-2-44）。

图 2-2-43　寒江独钓图／马远／南宋（左）

图 2-2-44　紫檀书案／明朝（右）

4. 自然

自古以来建筑就是自然的延伸，木头、石头等材料从自然中采集而来，在以建筑或寺庙的形式再生之后，又重新成为自然的一部分。所有的建筑都被当作环境的有机组成部分。这其中也反映了"天人合一"的思想，即强调人尊重自然、顺应自然，与自然协调发展。中国传统器物、家具、建筑、园林等设计历来崇尚自然、简单，充分利用已有的自然材料，显露木材或石材自然的色彩和肌理（图 2-2-45）。

图 2-2-45　紫砂壶 / 佘法君 / 中国

5. 含蓄（间接）

中国传统认为自然已经创造出了足够的东西，人们无须再创造自然已有的或利用自然的方法可以得到的东西。例如中国古代花园的墙，多用白色或红色等简单的颜色，树和植物栽种在旁边，其阴影创造出独特的环境图形；在走廊里的特殊开窗，帮助经过的人们欣赏到"加框的"真实自然画面。

刘勰在《文心雕龙》中提出通过"隐秀"塑造传统美学的"含蓄"特点。李泽厚的《虚显隐之间——艺术形象的直接性与间接性》认为成功的艺术形象总是直接性与间接性相统一的。隐与秀是相互依存、有机统一的，而根本还是在"隐"。作品有隐，才能有言外之意、韵外之致，形成艺术内容、意境扩展延伸的丰富性。重含蓄美学的特点，在宋代表现得尤为突出。含蓄美学力求在有限中尽力表现或包含无穷的意蕴，影响中国文化至深。从表现上看，含蓄、间接具有曲折性，以表现手法的变化，形成欣赏心理的变化，从而不使人产生单调的腻烦情绪；含蓄体现了一种陌生化给人的欣赏距离，一种"隔"给人的诱惑，让观者发挥想象力参与再创作，细致地体味作品，把握其内在意蕴；含蓄还在于凝练，用最少的言辞、最简洁的画面来表现最丰富的内容。含蓄是一种高品质的美，虽潜蕴而不炫耀，体现文人所推崇的高风亮节。

明式家具的含蓄之美主要表现在家具构架的辅件和线形构架留下的空白部位，还反映在其接近封闭而成的"空"或"内敛"式的图形中。装饰上往往没有繁缛复杂的雕刻，也没有画蛇添足的装饰，只是在重要部位稍加点缀，便达到了以点带面、以简代繁的效果。如明式圈椅靠背板上方的装饰，多采用小巧纹样的透雕，营造出空灵通透的美学效果。明式家具装饰手法中最具特色的便是装饰性构件，它起着支撑重量、加固家具的重要作用；同时又有着精心的设计制作，运用牙子、券口、挡板、铜饰件等装饰家具（图 2-2-46）。

图 2-2-46　明式圈椅装饰 / 明朝

什么是 wabi
sabi(侘寂)

侘寂之美

（四）知识点 4：黑川雅之的日本审美意识

黑川雅之是世界知名的建筑与工业设计师，被誉为开创日本建筑和工业设计新时代的代表性人物。他成功地将东西方审美理念融为一体，形成优雅的艺术风格。黑川雅之被称为"日本设计界的达·芬奇"，作为日本建筑和工业造型设计界的代表人物，他就像是一部活的工业文明发展史，他对于日本美学的系统性整理《日本的八个审美意识》也成为设计人不可不读的《圣经》。

日本在明治维新之后，西学东渐，许多日本审美意识的考量都被西方的思想和世界观所替代。当黑川雅之再次回到少年时代的故乡民居时，发现日本传统空间里却潜藏了延展到现代的美。他由此开始了追寻自身基因的旅程，重新整理和发现属于日本的审美意识。这八个意识分别是：微、并、气、间、秘、素、假、破。它们属于并列互补的关系。

1. 微

日本审美意识的关键词之一的"微"，即是细微中体现整体的意思。这种细节中包含了一切的理念，不仅是与时间、与人的关联，也深深地根植于建筑、庭院设计、每一个人乃至整个世界中，构成了日本思想的基石。

作品 Nextmaruni 是黑川雅之在"请根据日本的审美意识设计椅子和桌子"的命题下设计的作品，这个椅子从右向左寓意"演变"的意思，细节的增加并没有破坏整体的和谐统一（图 2-2-47）。

2. 并

日本人第二个重要的审美意识是"并"。要做到在细微的人、物、地点等个体中包含整体，也就意味着从一开始在所有细节中就已经考虑到了整体。这些细节不但是整体的一部分，也会有各自的独立性。虽然具备了独立性，但却又能考虑到与整体和社会之间的必要关联。

黑川雅之的作品 EGON 巧妙运用了铅能用手简单弯曲、快速氧化改变颜色的性质。表盘上残留的文字，利用了铅易氧化的性质，活用了氧化时间的长短之差形成的。外观虽像瓷砖，却能轻而易举地用手将其折弯。各个独立的特性在同一个产品上得以展现的同时，还没有违和感，这就是并的思想（图 2-2-48）。

3. 气

另一个重要的审美意识是"气"。日本人所理解的人或物，并不仅仅是指人自身或物体自身，而是包含了周围空气的人或物。人会从身体内部向外释放出一种类似于空间延展性的东西，这个向外延展的区域空间被称为气场，气场也属于这个人身体的一部分。物体自身向周围影响和扩张的空间，也隶属于这个物体本身。

4. 间

"间"是理解日本审美意识中的特别重要的元素之一,但确实很难解释清楚其真正的含义。恐怕这是属于审美意识和秩序感领域的一种感觉,是无法简单地用理性主义或哲学思想来衡量和诠释的概念。

黑川雅之用"混沌之表"这款产品来解释"间"。黑川雅之在解释"间"时说:曾经的整体因为偶然的因素被分开成两个,就容易产生一种彼此希望能够回到从前的能量,从而相互吸引,相互召唤。这块双重手表拥有两个表盘,但放在一起却都不突兀,彼此都有相互独立的空间却又能含蓄地衔接在一起。或许是赴海外旅行时可设两国时差,又或是想念远在海外友人而佩戴此表(图 2-2-49)。

图 2-2-47 Nextmaruni / 黑川雅之 / 日本　　图 2-2-48 EGON / 黑川雅之 / 日本　　图 2-2-49 混沌之表 / 黑川雅之 / 日本

5. 秘

"秘"是由于产品没有表现出事物的所有内容,而迫使人们发挥想象力,积极参与其中,由于不懂而有了要求参与的心理动机,这是一种大家共同参与的创造性活动。黑川雅之设计的装载爱与希望的"潘多拉盒",希望人在打开盒盖时产生预想的兴奋。这个盒子的尺寸是根据斐波那契数列而来,这个数列呈现螺旋及花种排列,具有数学之美,也满足了人们积极参与、想要打开它的好奇心(图 2-2-50)。

6. 素

"素"就是保持最朴实的本色之美,是不添加任何杂念的纯真。信赖自然,将一切依托于更大层面的事物上顺势而为,这就是存在于"素"背后的审美意识。或者说要活出本色,莫要人为地破坏宇宙既有的平衡。黑川雅之设计的 Soban 桌很好地体现了素的意识(图 2-2-51)。

7. 假

不去抗拒、顺势而为的美,这就是"假"的含义,也有"借"的意思。尽量让自身顺应自然的想

图 2-2-50　潘多拉盒 / 黑川雅之 / 日本

图 2-2-51　Soban 桌 / 黑川雅之 / 日本

法,实际上也是一种积极的生活方式。自然环境有着它最完美、也最合理的生存秩序,不需要任何人为的干涉。这是环境和理论的背景所在,我们应该意识到自然界的腐朽过程,其实也是美的组成部分。正如黑川雅之在 "ZK 福碗系列作品" 中还原了盘子最本质自然的样子,顺应对日常食物的自然衬托(图 2-2-52)。

8. 破

最具破坏力的时刻往往也是最能唤起生命活力的精彩瞬间。黑川雅之说,我认为,艺术不能仅仅说是偶然,而是经验和才能对这种偶然的引导后所带来的无限美。设计的局限则在于对这个偶然持否定为前提,所以设计的美是有限的。就像黑川雅之用 "不破不立" 的观点,最终将作品——乐吉左卫门的茶碗设计完成,使之成为众多茶碗中最具代表性和创新性的作品之一(图 2-2-53)。

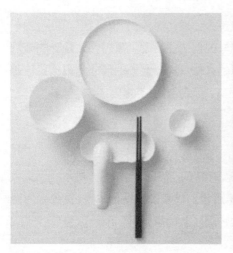

图 2-2-52　ZK 福碗系列作品 / 黑川雅之 /
日本

图 2-2-53　乐吉左卫门的茶碗 / 黑川雅之 / 日本

（五）知识点 5：文化符号设计的方法

1. 形态与线条符号的使用

形态代表当代、当地人们的审美意识，造型中有机化或几何化的形态处理、线条变化或秩序的比例，都被加上特定的含义，象征特定的地域文化特点。例如德国产品直线多于曲线，色彩沉着、稳重，偏爱细部处理，产品整体体现出理性主义特征。而日本产品大多造型简单、小巧内敛，细部精致。在中国历史上，唐代瓷器造型圆润饱满，宋代瓷器则趋向清瘦修长、质朴含蓄，显示出寂静、安宁的空灵韵味与文人气息。

中国传统上注重"适形"，适者，大小之适、高低之适、尺度之适，即要求建筑及物品尺度适宜，阴阳和谐。适形，是以有"度"为概念基础的，即建筑和造物的尺度、造型、体量、线条细节乃至施工材料工艺过程中的重要参数。因此，不同的物品有不同的"度"，注重秩序感与和谐感，讲究体量不宜过于高大；情理有度，包括形态在内的设计艺术要与功能相统一；对类似方与圆的特定形态或简单适度的线条有特殊的偏爱。就苏式家具而言，其造型特点体现了文人造物精到周详的美学尺度，明人文震亨在《长物志》中说："书桌中心取阔大，四周镶边，阔仅半寸许，足稍矮而细，则其制自古。"可见，这种美感是建立在文人工匠不断钻研推究形成的、严格的比例尺度关系中的。在细节上讲究规矩方圆的处理，体现文人造物含蓄、规矩的美感，圆与方相互调和，以达到一种浑然天成的感觉。例如四出头的官帽椅子中，椅子背部搭脑的处理方式，整体偏造型较为方正，有干净利落之感，而部件的断面处则运用了圆的形状，将柔美之感含蓄地表达出来（图 2-2-54）。

图 2-2-54　四出头官帽椅 / 中国

另一方面,造型也注重"便生"的思想,即设计为现世的人服务,应当方便人的生活。无论是造型原则还是大小尺度、形体体量、整体与局部的穿插组合上,都以创造宜人的生活为目标。此外,对浑然天成之工巧性和尽情微穷奇绝之雕镂画绩的工巧性应同样注重,有意识地在两种不同的指向上追求审美理想的境界。

线条是中国传统艺术的重要特征,线条也最能表现动、静之美,例如书法中线条的纵横曲直、笔断意连,中国绘画中线的运用与形成的动静之感,例如元代画家吴镇的《风中的竹子》。这些美学思想经由文人的参与,充分融入传统的家具与器物设计的线形中。线是明式家具造型中的精髓所在,通过线的粗细、转折的改变营造飘逸空灵的效果,使人产生丰富的联想。例如明式靠背椅、清曲线大柜、带柜架格等,常常给予观者沉静而不呆板、舒展而不张扬的视觉感受。

因此,我们如果希望语意设计可以唤起地域文化的记忆,那么我们要注重某些特征性形态、线条或比例的使用,通过特定的文化历史性符号片段或有特色的器物符号,与现代设计观念需求的适度融合来延续发展传统的文化记忆。同时,随着技术、结构和材料的更新发展,传统的构件或形态符号在提炼和简化中得到新的发展,并发挥积极的作用。

2. 色彩符号的使用

色彩在不同地域文化中有着不同的象征意义。在中国色彩的象征由来已久,在早期的文献记载中,就有五种原色代表北、南、东、西、中五个方向。

在中国历史上,颜色特别是亮色,不是室内的一个重要元素。虽然白墙、灰瓦与自然天成的取向(明末计成《园冶》)在明代得到肯定,但并不是完全缺乏色彩。中国传统建筑、器物、服饰等设计中,也不乏更复杂的色彩、更多的装饰与更丰富的主题(图 2-2-55 至图 2-2-57)。

中国传统建筑的色彩注重华丽、浓重而端庄、大度,包括金黄色的屋瓦和深红色的墙、柱等形象经常可以看到,这些都是古代"大壮"思想、儒家的礼制和秩序思想的体现。对于色彩的使用,中国传统也同样遵循"适形"的思想,即追求适度、宜人的氛围和含蓄细腻的美的表达。所以传统上色彩的象征性强调了物用的感官愉快与审美的情感满足的联系,而且同时要求这种联系符合伦理道德规范。

除传统建筑外,在很多传统器物、服饰等设计发展中也形成许多较具历史朝代特色的色彩风格,例如汉代漆器的红、黑两色相间,或用朱、青,或用朱、金彩绘;唐三彩瓷器中的黄、白、绿釉。宋代的北方窑系瓷胎以灰或浅灰色为主,南方窑系的胎质则以白或浅灰白居多,宋锦用色调和,较多采用茶褐、灰绿等色调,宋代的丝绸纹样则轻淡、自然。苏式家具所采用的木材似红非红、似紫非紫、似黄非黄的色调,显现出一种深沉、稳重、协调的美感和吴地生活态度。此外,清代瓷器用色丰富,除五彩外有浓淡相间的粉彩。这些都成为较具历史象征特性的色彩符号。

中国美术史——宋代陶瓷

图 2-2-55　故宫 / 故宫博物院 / 中国

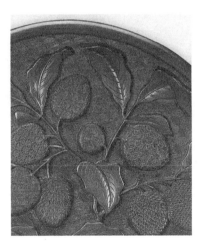

图 2-2-56　剔红荔枝纹圆盘 /
故宫博物院 / 明宣德

图 2-2-57　黄地粉彩百蝶图碗 /
故宫博物院 / 清同治

3. 材料符号的使用

不同文化背景、不同地域所生产的材料不同，由材料我们可了解产品的特殊意义。传统上我们从自然和谐的观念出发，重视材料的自然品质和特色；主张"天趣性""理材""因材施艺"，充分利用或显露材料的天生丽质，追求自然天真、恬淡优雅的趣味和情致；也主张"就地取材"，即注重当地材料的运用。

木头、竹子等自然材料，由于其自身的特点，在中国传统中被人们长期设计使用在各种器物、家具与建筑中。例如竹子弹性好，强度高，适合多种用途，因此在中国、日本等很多东方国家被制

中国设计师
吕永中谈他
的设计理念

成各种产品。其制成的产品，有着手工与材料造型上所展现的特殊美感，具有格外的感性品质，传递特定的自然关联和文化情趣，潜藏着中国文人的正直清高、清秀俊逸的人格追求。这无形中自然形成了特定的符号意识，很容易让人想起自然的本色和地域联系的元素，因而成为地方历史资源与文化符码的自然联系，并为后现代主义的地域性设计所注重（图2-2-58、图2-2-59）。

图 2-2-58　椅龙门／石大宇／中国

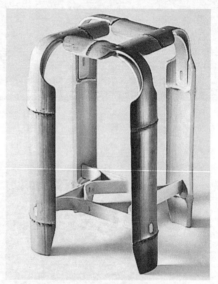

图 2-2-59　青椅 2 号／中国台湾

中国传统家具或器物常采用不同的材料，在同一种设计类型中创造出丰富的形式。正如宗白华所言，形式美没有固定的形式，同一题材可以产生多种形式的结果。而不同的形式又能够赋予题材多样的意义。

因此，在现代产品设计中使用带有特定文化色彩的材料符号，或者以现代工艺再现自然材料的质感，都会引起人们对特定文化的记忆（图2-2-60）。

4. 文化符号的使用原则

对以上文化符号的再审视可以发现，通过这些文化符号的重组或再设计，可以让设计师根据自己的视角和想象，去构建自己心中美好的文化景象，即在产品的特质、使用意义传达的基础上，表现出设计师对文化愿景的诠释。值得关注的是，如何处理文化符号与产品之间的关系，一直是设计转译是否成功的重要问题。

习惯上，我们在决定产品的类别时，是以该类产品（某个时期）典型产品造型为中心的。某造型越接近典型产品造型，我们就越能确定它是哪类产品；反之，离典型产品造型越远，则越不容易

图 2-2-60 Bali-A multi-sensory lamp / 巴厘岛

识别与分类。这说明新造型的意义之所以可以被认知,而且又有创新,是因为它与典型产品造型间具有合适的距离和关联。此外,必须注意到,典型产品造型会因新的产品造型的大量出现而被取代,这一转变是渐进的。因此,在产品语意设计中,创新的设计应是典型产品与所模仿符号原型之间的一个适当的平衡点,即好的设计应该是产品典型特征与所借用的特定符号原型之间的适度融合,以产生新的设计及意义。

同时,通过语意设计把传统的情感与现代的技术、观念连接起来,并非是文化符号单纯、静态的重复,应是动态的,具有可重新组合、可改变、再创造的弹性。传统文化符号的设计更新要达到好的效果,要把握好其中转换的方法和创新的度,同时还必须注意合理性、艺术性、创造性三项原则在语意设计中的使用。这三项原则同时也是产品语意设计可以达到的三个不同境界。

第一,合理性,即根据产品的功能特征、设计目标要求以及符号的特点,正确合理地选用合适的符号。

第二,艺术性,指追求符号之间在形态、色彩、肌理等方面设计处理的和谐与对比,借助于特定的符号手法来突出设计的艺术美感与符号意义。

第三,创造性,则要求设计师能够突破运用的陈规,对传统的符号赋予新的运用形式,同时大胆使用新材料和新工艺等,创造出新的效果。

创造性转化对于文化符号的再设计而言是必须的。只有在延续的基础上结合时代特色与社会需求的创新,文化才会有新的发展,消费者才会产生新的感动。这就需要我们不再停留于外部的符号或风格表象,而从内心真正理解文化的观念和精神,理解潜藏于传统中的审美情趣与深层思想本质,同时看到其与当代生活的联系(即当代意义),才能超越"一般性转化",创造出真正崭新的作品。

此外,在处理民族性和世界性的关系上,一方面,要求符号学方法能够让设计师抽取最具代表性和象征性的符号样式来进行设计表达,另一方面,符号的形式也必须具有足够的开放度和被认知性,并将其与时代特征、跨文化沟通相结合。

经济的全球化,必然带来不同文化的冲击与磨合。但可以肯定的是,不同文化在寻求相互认同的同时,仍然会保留各自的特色。因此,中国设计要对中国传统文化有深刻的感觉和理解,把握中国几千年的起源与自然的敏感关联,并且将其作为一种优势投入当代创新设计之中。

▶ 四、实践训练

(一) 实践训练 1:历史文化的再设计

1. 理解课题

(1) 课题来源

中国是一个团结统一的多民族国家,在中国历史发展中,各民族共同发展了经济和文化,其众多艺术风格必然在人们的思想中留下历史的印记。它们总是通过外在或内在的符号表现出来,可能是外在的形态、色彩、结构、材料、装饰或细节,也可能是内在的秩序、观念或精神,还可能是其他艺术领域可以表现在设计上的"通感"符号,它们都力图呈现一种特定的美学意境。

通过设计过程的训练,可以提升对优秀历史文化与当代联系的理解能力。同时,通过对特定历史文化内涵的解读,提炼文化语意中的特色符号,提升将其进行当代性转化的设计创作能力。在掌握文化产品语意设计方法论及流程的基础上,完成历史文化语意主题再设计的完整实践。

(2) 设计目标及内容

目标:该课题主要围绕历史视野下的文化主题进行,是对历史文化元素及精神的一种发散、延伸和现代演绎。在对传统和经典的传承中,感受多元文化符号表达意义的丰富性、与当代生活的关联性,寻找最具代表性的文化符号及其形式途径,进行文化产品语意的创新设计。

内容:在符号学及语意学的背景下,结合中国历史文化,寻找从当代视角看,仍能让人们在情感和文化层面产生共鸣的元素。历史文化的再设计不是对传统文化一般性的照搬或堆砌,而是要求设计师对传统历史文化元素有真正的认识与理解,并根据当今对不同产品的现实需求、情感特性及时代特色进行革新,来设计打造传统文化当代魅力的新物品。将传统文化藏在现代形式的背后,让传统艺术在当今社会中得到合适的体现,表达对中国传统文化中精神与境界的追求。

(3) 工作步骤及输出

选择一个朝代进行资料调研与解析。通过文化扫描的工具,寻找从当代观点看仍能够让人们在情感、文化层面产生共鸣的元素。

在特定朝代中挑选最具典型性或最具特色的 5~8 个文化符号片段进行研究,并做图示的解析。例如明式家具简、厚、精、雅的协调,传统器物的造型、材料、工艺运用上的整体和谐之美等。

选择 3~5 个意大利、日本、韩国等国家和地区的典型设计案例,分析其类似的符号应用手法,特别是如何处理历史符号、文化片段与目标产品、相关环境之间的转换关系。

确定适合作为文化产品设计的产品种类,具有情感型、适意型、文化型的特性,包括家具灯具、家居用品、消费电子产品、音响产品等。结合前期的文化符号意象,体会使用者与产品、环境、事件之间的关系,构建使用情境和文化故事,进行产品的设计主题选择以及方案构思。

2. 设计案例——汀壶

茶文化在我国有着很悠久的历史,而电水壶则是"舶来品"。这些来自西方的铁制容器的生硬轮廓,往往与东方审美的简约和典雅相冲突。而汀壶在设计之时,将东方美学融入现代制物中,专注于选材、制法、美学的刚好之度,既保留了中式的韵味,又有极简的禅意(图 2-2-61)。

图 2-2-61 汀壶 / 庄景阳 / 中国

(1) 市场调研

① 文化要素层面

汀壶的设计在表达中国传统的文化意义上,通过特定的外在符号或隐藏的秩序表现出和谐的文化思想。文化内涵中的和谐,包含了宜人、适当、均衡(动静、虚实)、适度的变化、与自然的关系等概念,无疑是中国文化中最根本、影响最深远的传统。体现大到人与自然、人与物、物与环境,小到用与美、文与质、形与神、材与艺等因素相互间的关系,简言之是一种相对平衡的关系。

回顾以往的传统设计,可以发现和谐不仅仅是表面层次的东西,汀壶的设计象征着一种剥离元素、符号过后剩下的观念和精神,一种由内而外的感染力。在传统器物、家具及建筑中所体现的潜藏的、广泛的文化精神与美学意识,需要自己去寻找、体验最触动自己的力量,并将之在新的设计中重构。文化意义里的"和",无疑是传统与现代、中国与西方、技术与文化之间最好的设计交点。相关的文化符号或意识在新的产品上以重构方式加以尝试,使设计成为联系转换的桥梁。在数字电子技术的文化同化中超越现有的限制,追求"文化的解决",而非"技术的解决",将和谐的理念及美学意识在当代产品上形成新的表现,探索"为中国消费者寻找设计的文化灵魂"的方法。

② 消费趋势层面

目前,中国电热水壶市场的诸多品牌中,美的、苏泊尔、九阳三个品牌市场集中度较高,存量市场的竞争较强。在此背景下,新品牌想要突围,仅追随功能的形式已不能成为设计的突破点。汀壶利用其极具代表性的外形,让消费者与之产生情感和文化的共鸣。汀壶的设计不仅融入了东方传统美学中的优雅与谦和特性,还加入了对现代生活方式及人文情怀的传递(图2-2-62、图2-2-63)。

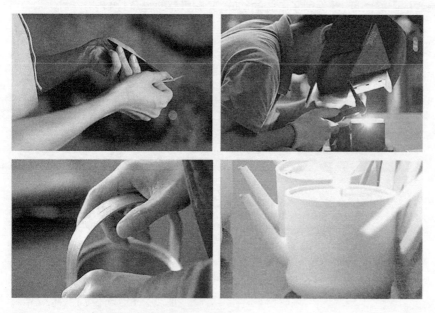

图 2-2-62   汀壶生产场景 / 庄景阳 / 中国

(2) 概念方案

中华茶文化的源远流长,博大精深,不仅体现在物质文化层面,还包含深厚的文化内涵。唐代茶圣陆羽的《茶经》提出了精行俭德的茶道精神。陆羽和皎然[1]等人非常重视茶的精神内涵和道

---

① 李新玲.从皎然的茶诗看皎然与陆羽的关系——茶诗夜读札记之一[J].农业考古,2004(4).

图 2-2-63 汀壶内部结构 / 庄景阳 / 中国

德规范,讲究饮茶用具、饮茶用水和煮茶艺术,并将其与儒、道、佛哲学思想交融提炼出源远流长的茶文化。

(3) 设计深化

① 固定式提梁

汀壶的提梁设计从东方美学角度出发,选择使用固定式的提梁,增添喝茶过程中桌面器物构成画面的起伏感。提梁圆中有方,体现了东方美学中的"中庸之道"在使用上,固定式提梁结构饱满流畅的弧线,握持舒适方便控水,同时顺手、省力,轻微的弧度增加了握持舒适度(图 2-2-64)。

② 壶身与壶垫

在中式美学中,线条不仅具有勾勒形体的作用,其组合应用还可以辅助营造意境。汀壶以圆为基础,整体是一个圆润饱满的状态。壶身与市场中的壶不同,其形态上大下收,上沿微微向内凹进去,这独特设计不仅保留了美的线条,而且可以满足在使用过程中的功能。汀壶有别于传统电水壶壶身与底座的关系,一改传统底座圆形设计,将壶垫做成方形平面,烧水线置于底部,用脚垫固定壶垫,使其金属面板悬空。在此之上还修改了壶垫配重,使其不易拖移,达到"独置也安稳",适于放在桌面。这些设计点也应和了中国古代"天圆地方"的原则。圆形的壶身搭配方形的加热底座,使其浑然一体,呈现出一种简洁、优雅又有秩序的符号美(图 2-2-65)。

③ 有质感的外观颜色

汀壶在设计颜色上做出了改变,采用了米白、炭黑两个经典颜色,加上限量版的水粉色彩,使电水壶成为提升家庭"人文质感"与幸福感的工艺品,而不只是烧水的工具(图 2-2-66)。

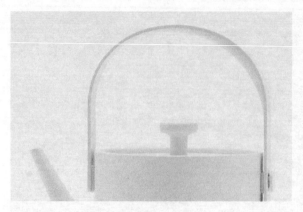

图 2-2-64　汀壶固定式提梁 / 庄景阳 / 中国

图 2-2-65　汀壶壶身壶垫 / 庄景阳 / 中国

图 2-2-66　汀壶色彩 / 庄景阳 / 中国

④ 饮水需求功能考量

汀壶不仅保留了经典按压式开关，还研发出创意专利设计"提梁开关"，这一全新触发方式，只需在放落烧水壶时轻握按压提梁，就能烧水，增加了使用的仪式感。在汀壶提梁的内、外侧难于察觉的微妙弧度使得提握汀壶时，手自然落在起伏之处，虎口与手指都能感到相应的弧度。

（4）设计完成

汀壶将现代造物技艺融入东方美学，在设计、选材、制法上遵循"刚好"之度，以干净洗练的设计语言呈现出浑然一体的安静气质。固定式的提梁有别于其他电水壶的侧把造型，其饱满的弧线既成为点睛之处，也为手的握持带来舒适的体验；哑光表面附以炭黑、米白的经典色使得汀壶整体在外观和触感上皆有品质感和温馨感；最后用方形的金属壶垫与圆形的壶身相呼应，使汀壶整体的造型凸显出对中国传统和经典文化的传承之美（图 2-2-67、图 2-2-68）。

图 2-2-67 汀壶提梁开关 / 庄景阳 / 中国

图 2-2-68 汀壶获 2019 年红点最佳设计奖 / 庄景阳 / 中国

3. 相关案例

(1) 国香车载香牌

2021 年国际红点设计奖得奖团队——为先设计,携手香道文化学者创意研发,围绕中国古香文化及新年吉利永长的愿景,共同开发古香配方加现代设计的车载香牌。此款车载香牌在创作思路上,做到了工艺和美学的高度统一。此款车载香牌外形为圆形,呈现周期循环的曲水纹。古老的曲水纹,常被古代皇室运用在服饰与宫廷建筑,寓意圆圆满满,吉利绵长。黄铜夹子蚀刻的工艺,同样为曲水纹路,凸显产品精致感。

这款产品的设计,不仅仅蕴含着古代工艺,也是现代与古韵交融的结果。无须点香、焚香,从这块香牌开始,便可感受古老而自然的东方香韵。虽然传统符号原型在形式与文化意义上有很强的映射关系,但根据时代的发展与使用的需要,通过现代设计手法将文物的独特特征再现并且完善其使用感,不仅可以保持一定的意义相关性,而且还可以在当代生活体验中传达国香之美(图 2-2-69)。

图 2-2-69   国香车载香牌 / 靖逸 / 中国 / 2021

（2）"徽州文化"系列产品

"徽州文化"系列产品由三个独立产品构成，将徽州文化符号作为系列化产品的视觉主题。以人体感官维度中视觉、听觉、嗅觉为出发点，以空间维度中远、中、近的距离关系为基本架构，结合徽州文化元素与地域特色寻找三个维度之间的交叉点，是该系列产品设计的基本元素。

这个系列的产品包含加湿器、扩音器和茶杯。加湿器表现的是徽州山水之间烟雨蒙蒙的地域色彩，扩音器是徽州戏楼的抽象表现，茶杯是对徽州茶道的意象化表达。总的来说，此系列产品使用现代设计手法再现徽州文化的独特性特征，将材料、工艺、造型、纹理等完美融合，除了有强烈的视觉符号感之外，更让人在使用的过程中感受到生活化的文化信息（图 2-2-70）。

（二）实践训练 2：文化的体验设计

1. 理解课题

（1）课题来源

产品符号是一个产品意义的外在表征或物质形式。通过产品的形态、结构、色彩、肌理、装饰、声音等要素，使用户经由刺激的视觉、触觉或听觉形象（有时嗅觉也有涉及）体验，感受与理解相关意义。这个体验过程可以是静态的，也可以是动态的，是一种存在的特征和认知的表达。体验设计恰恰涉及用户的视觉、触觉、听觉等感官以及用户的情绪等较为感性的因素。

体验，一般都是由用户对产品、界面或事件的直接观察或使用参与所造成的，不论是真实的接触，还是虚拟的情境。体验会涉及用户的感官、情感、情绪等多种感性因素，也会包括知识、智力、思考等理性因素，同时也可引起身体的一些活动。美国学者克里·史密斯（Kerry Smith）和丹·哈努福（Dan Hanover）合著的《体验式营销》中，将不同的体验形式称为战略体验模块，并将其分为五种类型：感官体验、情感体验、思考体验、行动体验和关联体验。

图 2-2-70 徽州文化系列化文创产品 / 张伟洋 / 中国

文化情感语意在体验设计中的象征性特征，一般多通过视觉语言来对产品的外形特征、自身性质、文化趣味及社会特性等加以体现。如果其能在满足使用者视觉审美的同时，能够结合不同情境通过多感官与多种符号途径形成丰富的交互体验，则能表达出更为丰富多元的意义和意境。

(2) 设计目标及内容

目标：通过静态或动态的多种途径塑造体验，使用户在与传统文化符号的观看与参与互动中，引发其视觉、触觉、听觉等感官以及用户情绪等较为感性的体验，给使用者带来情感上的交融。

内容：文化的体验设计是结合民间工艺与文化考察，研究在新的生活情境中，传统与地域文化符号如何通过工艺的结合、动作的触发或时间性的变化，表达丰富的意义与意境，或者重塑五感记忆。

(3) 工作步骤及输出

全面了解文化语意设计的体验途径与互动形式。可以对感官体验、情感体验、思考体验、行动体验和关联体验等五种体验形式有进一步的认知与理解。

对特定地区的民间工艺进行考察,选择 1~2 种特色民间工艺,提炼其传统文化符号,理解其符号意义及其与当代的联系。选择某一类文化产品(比较适合多种意义体验的发挥),思考:文化意象进行设计时如何融入体验的思维? 产品符号如何引发用户综合性、多元性的体验。结合几个特定的生活情境和场景故事,将传统文化符号通过与工艺的结合、动作的触发或时间性的变化,营造用户体验的新情境,达到用户五感的体验与记忆。输出完整设计方案,包括场景故事、体验途径定义、设计方案、综合展示及视频等。

2. 设计案例——潺潺黛瓦:一组自然元素交互式新型办公用品设计

"潺潺黛瓦"是一组自然元素交互式新型办公用品设计。产品以江南水文化为灵感,以瓦同雨水二者的互动为切入点,探讨江南的瓦与自然元素结合的交互体验方式。

(1)市场调研

在信息产业化背景下,文创产品的设计与以文化传播为内容、结合服务的创新形式构成了传统文化产品的新兴领域。当交互式数字化体验应用到文化产品的设计开发时,这既是未来科技产品发展的新方向,更是文化创意产业市场的又一增长点。

从用户方面看,伴随着我国经济的快速发展和人们收入的不断增加,人们对文化产品的需求量逐渐增加,例如休闲类家电、办公文具、旅游文创等。尤其是年轻的用户群体对产品的需求已经不仅限于产品的实际使用功能,而且更加注重产品的情感与文化体验,关注中国美学意识、哲学精神与文化意象。在强大的消费市场推动下,文化体验创新产品发展前景广阔。

文化的体验并非只是静态单一的观赏,也可积极考虑其多种互动性,融入传统文化元素与借助现代科技手段(例如语音或参与过程的互动变化),增加产品的新鲜感、趣味性和独特个性,为用户带来沉浸式的体验,增强其代入感,从而使用户在使用产品时能够有较强的参与感与互动性。

(2) 概念方案

经过前期对于文化符号的提取和筛选,选取瓦所形成的独特且经典的文化符号,结合现代简约审美进行简化,归纳出具有几何特色的符号。选取瓦的排列、与自然事物交互的状态、回归自然的质朴、江南烟雨美感、天圆地方秩序之美等意象,给人清新之感和大自然生机的体验感,精简提炼瓦的语意与江南烟雨风格调性匹配,有利于帮助消费者认识文化符号的历时性与持久性,感受光线、声音、温度的动态变化语意,增加消费者对地域文化的认知,以提升文化价值。

通过分析办公人群在办公地点的行为,以情绪舒缓为切入点,进行江南瓦的语义、语构、语用的重构和拓展,通过瓦与自然元素的交互方式,以满足用户的个性化体验。经过探索和验证,将瓦元素与办公用具结合,提出放松身心的办公用具这一概念。

瓦的符号主要从单位形态(板瓦、滴水、瓦当)、排列形态、材质、纹样、色彩五个表层意象进行分析提取。比如"眠眠瓦音"的白噪声音响是板瓦及滴水的抽象化表达,"雨跳歇歇"的桌面休闲玩具是板瓦的意象化表达,"暖暖生烟"则表现出江南水乡炊烟袅袅萦绕屋脊的地域性特征。同时结合与自然事物交互的状态、回归自然的质朴,使用户感受到江南烟雨的美感和天圆地方秩序之美,通过视听交汇给人放松清新之感,体验大自然的生机(图2-2-71)。

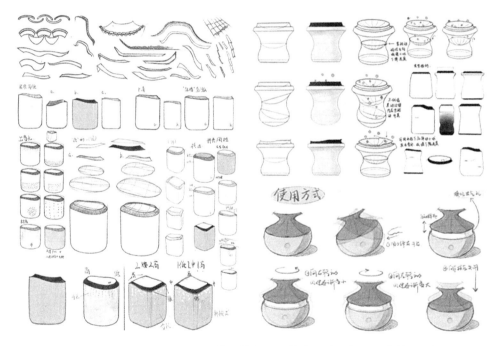

图 2-2-71 草图绘制 / 尹琪、赵灵奕、孙飞雪、安柏乐 / 中国 / 2020

(3) 设计深化

① 白噪声音响——眠眠瓦音

"眠眠瓦音"的白噪声音响是板瓦及滴水的抽象化表达,从板瓦的线面抽象得到白噪声音响的顶部形态,花边滴水延伸为顶部的控制调节结构。色彩分区模拟的是江南水乡白墙黑瓦的鲜明特征。同时音响设定初始三种模式,通过调节控制发光层板的光线效果来模拟瓦与自然元素交互的形式。由抽象瓦与自然事物的交互想象到室外真实场景的联想,比如下雨联想到雨水从瓦上滑落,风吹树叶联想到树叶在瓦上飘落,鸟音联想到鸟栖息在瓦上的场景。利用瓦和自然事物交互的视听体验打造白噪声的音质,帮助使用者快速入眠(图2-2-72)。

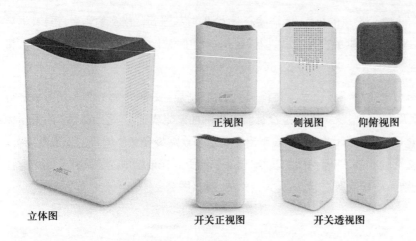

正视图   侧视图   仰俯视图

立体图

开关正视图   开关透视图

图 2-2-72   眠眠瓦音 / 尹琪、赵灵奕、孙飞雪、安柏乐 / 中国 / 2020

② 桌面休闲玩具——雨跳歌歇

"雨跳歌歇"桌面休闲玩具是板瓦的意象化表达,产品色彩分区模拟的是江南水乡白墙黑瓦的意象特征。音乐模块的形态是从板瓦的排列中抽象而来,抛落小珠撞击关卡结构对应雨珠击打瓦面的行为。洒下一把玩具珠,被小珠碰到的关卡处的"瓦片"会发出音乐,小珠在滚动下落的过程就是随机成曲的过程。由小珠与关卡结构的互动联想到雨水滴落屋面,由音乐声联想到江南烟雨声。通过动态的传统符号,带给用户视觉、听觉等多种感官体验,在游戏化的交互过程中达到缓解用户压力的目的(图 2-2-73)。

立体图   正视图   侧视图   俯视图

图 2-2-73   雨跳歌歇 / 尹琪、赵灵奕、孙飞雪、安柏乐 / 中国 / 2020

③ 桌面暖风机——暖暖生烟

"暖暖生烟"表现出江南水乡炊烟袅袅萦绕屋脊的地域性特征,暖风机形态从瓦片在屋脊的排列形态中抽象而来,产品的色彩分区模拟的也是江南水乡白墙黑瓦的典型特征。用手指弹动机身,暖风机在晃动中开启,旋转屋脊结构控制暖风的强弱。暖风排出暖气引发用户对江南氤氲美景的联想,炊烟袅袅、萦绕屋脊,唤起用户对江南水乡的记忆,引发感性的情绪体验。同时由自动弹起的开关形式产生江南建筑拔地而起的联想(图2-2-74)。

图 2-2-74 暖暖生烟 / 尹琪、赵灵奕、孙飞雪、安柏乐 / 中国 / 2020

(4) 设计完成(图 2-2-75)

图 2-2-75 设计效果图 / 尹琪、赵灵奕、孙飞雪、安柏乐 / 中国 / 2020

3. 相关案例

(1) 筷乘波涛跃龙门

筷乘波涛跃龙门由苏州传统铜艺老字号"炉缘阁"制作,获2020年"CGD当代好设计奖"。筷子古称"箸",江南水乡人改"箸"为"筷",因船家忌讳停"驻"不前,期望行船畅"快"的雅趣。两只筷子合在一起即为船艇,分开背对背持握时,手指恰好与筷子弧度贴合。从"一只艇"到"一双筷",从船艇的符号中抽象而出筷子合体时的流线造型,中间以水纹线分割,分为两只筷子,同时筷托是船桨的抽象化表达。产品是透明亚克力包装,表面激光雕刻水波纹,融中国文化底蕴与国际设计语言于一体,寓意"乘风破浪,鱼跃龙门"。通过在不同情境中的符号变化,表达出丰富的意义和美学意境(图 2-2-76)。

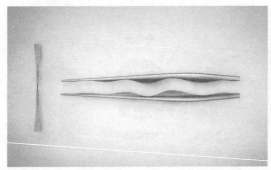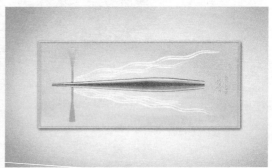

图 2-2-76　炉缘阁筷乘波涛跃龙门 / 中国 / 2020

(2)"磨盘"——卷笔刀

石磨是我国一项古老的发明,体现了劳动人民的智慧,有些地区至今依旧在使用原始的石磨制作豆浆、豆腐。"磨盘"卷笔刀的形态是对石磨的抽象化表达,主体是两个简约圆柱体的结合,铅笔的入口也和石磨顶部的豆子入口完美契合。在满足视觉语言的同时,将石磨的使用方式与卷笔刀的交互行为相结合,卷笔的旋转和旧时旋转石磨的行为产生联想,唤起使用者对于石磨这一古老器物的记忆,带给用户使用卷笔刀时与众不同的体验(图 2-2-77)。

(三) 实践训练 3:参数化创新设计

1. 理解课题

(1) 课题来源

hyouri——
"表与里"可
折叠灯罩

符号学、语意学视野下的设计创新,在"全球化"语境中体现为各种文化符号的互动、重组、融合、延续与更新相结合的过程,可以为数字时代社会、文化意义的问题提供新的思维方式和设计解决的可能性——重新探求产品的数字文化的意义,或数字产品的发展与大众使用产品时的体验。特别是利用数字技术与文化的交叉融合,在尊重大众对具有永恒价值的文化要素与形式的情感、与对国际社会文化"新主题"的共同关注的同时,其目标方向也必然朝向一个由现代化技术支撑的、

图 2-2-77　"磨盘"卷笔刀 / 中国

具有创新性发展的、数字表达特征的设计之路。

在当下或未来,对设计师真正挑战的是在新技术提供的功能性、可能性与产品符号对人所产生的情感之间的平衡。数字化技术或参数化技术提供了符号新的表现或重构的可能性,可以是抽象化后的重构排列,也可以是突破设想的新的想象力演绎。比如扎哈·哈迪德(Zaha Hadid)找到技术与艺术符号之间的平衡,认为建筑应该遵循社会与技术发展的内在逻辑,建筑应该不再局限于简单的垂直网格和体块,而应该呈现出来更加复杂与充满活力的空间构造。

(2) 设计目标及内容

目标:探究当代设计进程中的数字化与人文价值的互动性,再次创造文创产品设计"新风格",以及通过有效发挥数字化的设计方法,满足用户的情感需求,并深化挖掘和弘扬中国文化内涵价值。

内容：通过数字化技术或参数化设计方法，对产品的文化符号进行抽象化，在将传统美学意识、组合秩序与当代需求结合下，进行新的重构或更新。通过新时代新技术的辅助，文化符号产生新的体验，在新技术提供的功能性、可能性和产品符号对人所产生的情感之间达到新的平衡。

（3）工作步骤及输出

选择 3—5 种参数化设计方法进行系统化研究，归纳总结所选择的参数化技术提供了哪些新的符号表现或重构的方式，及其在赋予产品文化的传承、转化与传播方面的优 / 劣势。

选择一件采用参数化技术的文化语意产品或建筑表皮案例进行资料调研与解析，分析其数字技术如何与文化意义上的产品符号交叉与融合，并在设计对象上成功转化。

选择一个文化主题，采用一种或一种以上的参数化设计方式，通过文化符号提炼和文化符号语意新的呈现方式，创造"新风格"，进行文化创意产品设计。

2. 设计案例——B&O（Bang&Olufsen）公司的 BeoSound Shape 扬声器

B&O 与其他视听产品最大的不同在于，该公司一直重视长期可塑性的技术，但会优先发展出设计的概念，再从科技面寻求解决的途径，与一般产品先开发科技再谈设计之发展概念刚好相反。B&O 的设计师可以自由从事于各种设计领域，如此才能维持设计思维的活力与创新。

（1）市场调研

把电子产品变成家居装饰的一部分，是近些年越来越流行的一个趋势。在 B&O 之前，韩国的 LG 集团也发布过一款自带画框的平面电视——Gallery OLED。但关于隐藏音响的设计趋势，B&O 曾发布过许多极具设计感的无线音箱，比如像是花朵一样的 BeoPlay S3 音响的设计，以及新推出的小巧的圆柱体音响 B&O M5，采用参数化的符号设计将音响的外形巧妙地与家居环境相融合，隐藏在日常生活之中。

比其他产品更进一步的还有它不再局限于单个产品，而是基于模块化的重组、融合与抽象的外形构造，使它在音响的设计创新上拥有了更为丰富的可能性。同时通过音响表面的布面的材质与简洁的色彩，使 B&O 音响有别于市场上其他产品的文化情感语意与装饰效果。

（2）概念方案

B&O 推出的壁挂式蜂巢模组音响系统 Besound Shape 扬声器，灵感来自令人惊叹的自然之美、将一切联系在一起的精确科学，以及对自然的敬畏。六边形是大自然最稳定的形态之一。从雪花到蜂巢，它们都基于相同的数学规则，但每个结果都是独特的，在有限的形态中藏着无限的变化，有一种自然美。同时，六边形的对称性，在重复和扩张的结构中很有意义。但由于某种原因，之前没有人用六边形来制造音响。

　　空间属于结构设计,而音乐本身是艺术,音乐是一种情绪,是很抽象的东西,很多让我们愉悦的东西其实都是精神层面的东西,而音乐产品是个载体,是工业层面的设计。从音乐到音乐产品,是一个"具象化"的过程,B&O希望把音乐产品放到空间里,把音乐变成生活的一部分,让音乐更轻松地走进大众生活空间,伴随左右,这也是壁挂式蜂巢模组音响系统 BeoSound Shape 扬声器的设计初衷。Shape 本身的样子不会让用户联想到播放音乐,但是它的形态兼具了播放和空间装饰的功能,六边形如同蜂巢一样精致时髦的自然轮廓,结合顶级音乐配置,是个非常巧妙的设计(图2-2-78)。

图 2-2-78　BeoSound Shape / B&O / 丹麦 / 2018

(3) 设计深化

　　BeoSound Shape 扬声器是一款以六边形模块为基础的壁挂式扬声器系统,用户可自定义蜂室的数量和颜色,以达到不同的音箱效果和装饰效果。基础套装包括八个六角形"蜂室"面板组成,每个"蜂室"都是一个独立模组:4个扬声器、2个吸声减震器、1个功放和1个"BeoSound Core"(音乐中心点)DSP主讯号处理器。

　　BeoSound Core 音乐中心点将参数化设计很巧妙地融入产品个性化定制体验中,追求设计感的音乐爱好者可发挥创造力,自行调整系统的音效和外观设计。Besound Shape 扬声器是一个模块化瓷砖概念,提供在线模拟工具,允许客户根据个人喜好选择大小、形状、颜色甚至声音性能,自定义 BeoSound Shape 扬声器的模式和布局。每块瓷砖都可以作为扬声器、放大器或减震器,并可以以无穷无尽的组合和大小拼接在一起,用户还可以改变面料的颜色,也可以改变整个结构的声学性能。所以,它不仅在颜色和设计上很灵活,在声音上也很灵活(图 2-2-79、图 2-2-80)。

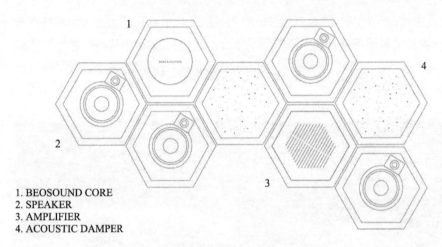

1. BEOSOUND CORE
2. SPEAKER
3. AMPLIFIER
4. ACOUSTIC DAMPER

图 2-2-79　BeoSound Shape 基础八个六角形"蜂室"面板 / B&O / 丹麦 / 2018

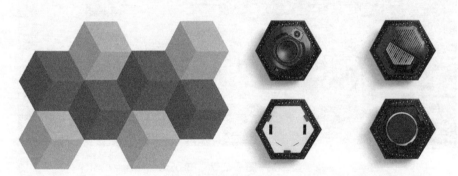

图 2-2-80　BeoSound Shape 扬声器拼接效果和内部结构 / B&O / 丹麦 / 2018

Besound Shape 扬声器整个配置的最终设计取决于用户,根据用户的自定义设置,以及看它的角度和光线进入房间的方式,它看起来会有所不同,永远不会是一样的,在有限的自然规律中展现无穷变化的自然之美(图 2-2-81)。

(4)设计完成

BeoSound Shape 扬声器在保留了音响设备功能的同时,也可以完美融入家居背景,充当"墙砖"。六边形的外饰面,选用低饱和度的配色,因此很容易和家居环境相匹配,实现产品形式与功能的完美结合。将产品数字化的设计与产品的文化语意产生互动与融合,让数字化产品也能给用户带来情感与文化的温暖体验(图 2-2-82)。

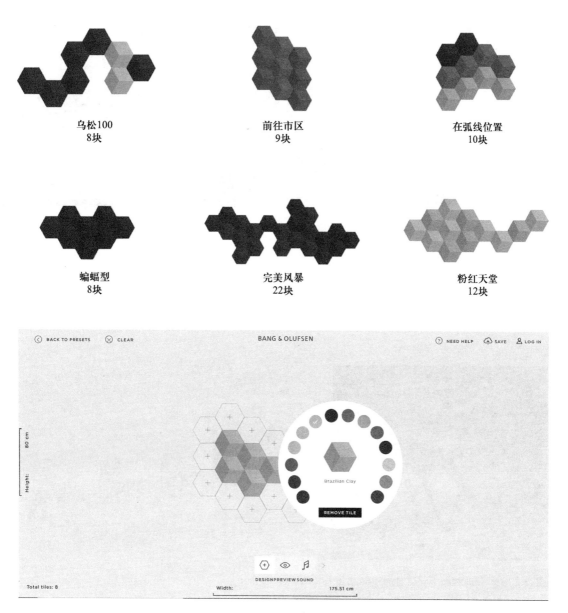

乌松100
8块

前往市区
9块

在弧线位置
10块

蝙蝠型
8块

完美风暴
22块

粉红天堂
12块

图 2-2-81　BeoSound Shape 的自定义设置 / B&O / 丹麦 / 2018

3. 相关案例

(1) Generico 椅子

Marco Hemmerling 和 Ulrich Nether 设计的 Generico 椅子是采用生成算法设计的,属于计算或参数设计领域。设计师对椅子的材料、人体工学、结构性能、生产工艺等因素进行全面分析,然后通过有限元建模(FEM)软件不断迭代出一个最优化的 3D 模型,在大大减少体积与耗材的同

图 2-2-82 BeoSound Shape 扬声器家居装饰效果 / B&O / 丹麦 / 2018

时,Generico 保留了结实度、舒适度,且有一个灵活的靠背,并且保持了一定的人体工程学设计,保留了座椅的骨骼魅力,线条流畅,给人前卫科技、质感高贵的感官体验。这是创造性设计与软件辅助形式的参数化设计方法的独特结合所带来的结果(图 2-2-83)。

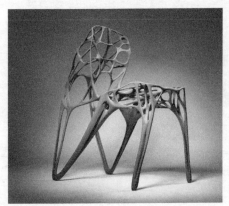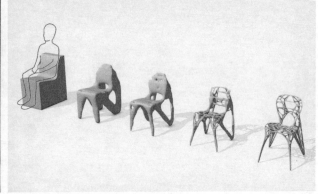

图 2-2-83 Generico 椅子 / Marco Hemmerling,Ulrich Nether

(2) 参数化陶瓷

陶瓷的传统工艺已比较成熟,在其表面的纹样、工艺、材料和器型上设计较广泛。而将陶瓷的传统工艺与现代技术,特别是与参数化设计相结合,给传统工艺注入了新的生命(图 2-2-84)。

图 2-2-84　Parametric Ceramics 参数化陶瓷 / Jimmy Jian,Jack Liu

第三节　情境意义驱动的设计

一、课程概况

(一) 课程内容

从中微观的用户体验到宏观社会问题,情境贯穿于实现产品意义的全过程。因此,本课程基于产品语意设计的基本理论知识和经典设计案例,重点讲解概念性、综合性情境的设计定义和表达方式,进一步探索在设计全球化和主流商业设计之外,基于文化敏感性和社会批判性的设计实践。通过对本课程的学习,进一步掌握多元语意符号的提取和表达方式,力求产出更具体验感和想象力的突破性设计。

此外,通过完成三项专项训练,进一步加深对基本知识的理解,提升其具体情境转化的能力。首先,基于对符号语意和情境的深入理解,聚焦主题性场所的门把手设计,在训练中重点强调符号和使用情境的关联性。其次,论述未来愿景或概念型产品的意义探索和技术顿悟对产品语意设计的影响,通过对飞利浦经典案例的理解,探讨当代家庭体验环境中的产品语意表达。最后,拓展情境的边界,基于更广泛的社会文化情境进行反思性的设计表达实践,以宏观视角赋予产品语意更加丰富的社会意义和文化内涵。

(二) 训练目的

(1) 通过知识学习、调研分析和小组讨论,增强学生对综合性情境的认识,加深学生对情境语意和情境符号及途径的理解。

(2) 通过主题设计,让学生在实际操作中掌握实践程序、实践方法以及概念型和意义型情境的创新驱动作用。重点研究如何在宏观层面与各种诠释者互动,了解意义的变化及趋势,最终达到使用恰当符号诠释或定义愿景情境内容的目的。

(3) 通过探讨如何以多元情境或未来意义为驱动形成有突破性的产品设计,来激发学生对体验情境构建的创造性,并且进一步尝试多元化的设计表达与沟通。

(三) 重点和难点

(1) 基于对综合性情境符号的意义理解和设计诠释,形成更具体验感、更有想象力的突破性产品。

(2) 在产品语意中表达高质量的情境内容,选择合适的文化原型类型进行再表达、再创作,并利用该原型的特性将意义诠释到位,以此提升产品的设计内涵。

(3) 在艺术和文化意义层面,形成具有反思性和自主性的社会意识,以升华产品的设计观和价值观。

(四) 作业要求

(1) 学会以较为宏观的视野去观察日常生活情境,包括不同人群具体的生活方式、生活内容以及当下的社会文化以及价值趋势等。通过观察构建基础创新环境。

(2) 收集不同的价值内容或者洞见观点(桌面研究或与诠释者讨论),学会使用思维导图梳理聚合观点,形成基础的设计意义概念。

(3) 学会使用情境意向板、故事板工具等相关工具,将概念愿景进行显化表达。

(4) 在概念愿景的引导下寻找合适的产品原型、文化符号或设计语言。将意义概念转化为具体的产品设计语言,完成产品设计或相关原型制作。

(5) 学会组织诠释者小组,并设计相关的评估量表或其他评价工具,了解诠释者对产品语意的识别与感知。

(6) 使用不同的文化载体方式综合性的展现产品设计与意义愿景(包括产品效果海报、概念影片方式、设计过程报告等)。

(五) 产出结果

(1) 设计调研材料与概念意义梳理报告,其中包括桌面调研或宏观观察、诠释者研讨、设计概念梳理定义等内容。

(2) 情境意向板、设计草图若干,利用视觉化表达工具呈现初步的设计与概念愿景;或者情境板或故事板若干,通过情境叙事框架具体展现的产品设计、功能、使用方式以及产品与用户与环境之间的关系。

(3)产品效果图或是产品原型模型,具体呈现产品设计效果与细节;并通过概念影片、设计报告或是设计展示版面,呈现综合性的愿景表达。综合以上材料,做小型作品展览。

▶▶ 二、设计案例

从古希腊哲学家柏拉图(Plato)提出"乌托邦(Utopia)"以来,"乌托邦"理论在其发展中逐渐具有了更加广泛的内涵,经常被用来描述任意想象的、理想的实践,承载着人类对美好生活的向往。自19世纪末开始,对未来生活的想象和愿景便驱动着一代代设计师们不断探索着设计的"乌托邦",探索着潜在情境的意义,并且在这之中思考人与物、与环境之间的关系。如今倾听和研读"设计大师"和"著名品牌"的故事,已经成为学习设计的重要内容。

本节以精选出的品牌和大师设计为主要线索,通过"情境"这一概念,搭建起一条身临其境的研究通道,让学生在欣赏和阅读中,将自身纳入案例情境,细细地体会和理解。相关案例涉及:第一,以品牌飞利浦(Philips)和戴森(Dyson)为代表的现代功能性产品,在情境氛围和使用仪式感营造方面的实践;第二,飞利浦(Philips)设计在愿景构建中所进行的一系列关于未来生活的概念性探索;第三,意大利品牌Flos和西班牙设计师亚米·海因(Jaine Hayon)分别从大众性和艺术性的角度对情境体验中的社会性议题进行设计表达。

本章节以生动的案例视角切入对情境意义驱动下产品语意设计的学习,探索超越实物产品之外的综合性情境符号意义,着重讲解探索性商业设计对情境的诗意表达,以及设计师对符号文化的个人理解。在对经典案例的学习中,感受以社会文化意义诠释为主的设计表达、反思和与大众传播的巧妙结合,进一步提升学生对关键符号的识别能力和对经典设计的鉴赏能力,以激发持久的学习热忱。

(一)飞利浦(Philips)

飞利浦设计长期注重对设计趋势的研究,通过文化扫描的方式不断寻找着能够让人们在情感和文化层面产生感动的元素,并在其设计中融入这些情境符号。2010年,飞利浦推出了"Wake-Up Light"系列唤醒灯,将自然界的视觉与听觉符号结合,利用光线和声音营造了舒适的使用氛围,让起床这样一件日常小事充满仪式感。清晨,唤醒灯会发出朝阳般由弱转强的光,伴随舒缓的声音,让用户在大自然的召唤中醒来。这系列唤醒灯以多感官的互动构建了丰富、整体的体验情境,至今仍是同类产品市场上的畅销款。与之同品牌的"书架"音箱将音箱的功能与使用环境进行了整合,选用方正的造型,给人以恰当、平静的感觉。这样的形态在符合常规书架摆放要求的同时,也与日常家庭生活充满了契合感,让用户在使用过程中回味产品的设计意图,并且对品牌中文化价值观产生进一步的认同(图2-3-1、图2-3-2)。

1995年起,飞利浦设计汇集了专业的跨学科设计团队,开启了"未来愿景"计划,提出了基

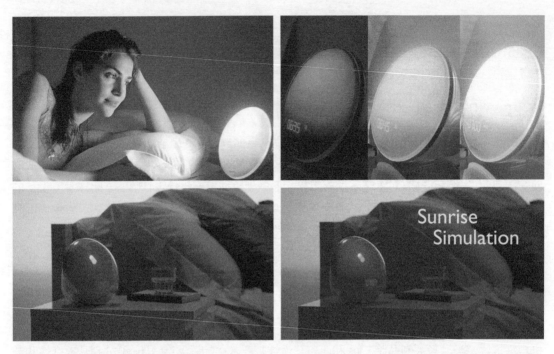

图 2-3-1   "Wake-Up Light" 系列唤醒灯 / 飞利浦 / 荷兰 / 2010

图 2-3-2   "书架" 音箱 / 飞利浦 / 荷兰 / 2015（左）、1972（右）

于未来情境的设计方向,探索了新技术会对个人和社会生活产生什么影响,并且将为情境体验提供哪些机会。1999 年的"近期之家"项目代表着创造未来家庭愿景的第一步,针对日常生活展开了探索,其中部分关于未来生活的想象,比如儿童机器人鲁迪奇(Ludic Robots)、模拟世界(Mimic World)虚拟投影等已经成为现今生活中的常见产品。2001 年推出的"Nebula(星云)"交互式投影系统,立足于千禧时代的互联网探索,前瞻性地连接了虚拟数据库和居家卧室场景,通过在天花板上投射梦幻般的氛围图片和便签信息,使卧室成为家中最具互动性的体验场所,以此激发亲密、乐趣、欢笑、兴奋和想象力(图 2-3-3 至图 2-3-5)。

图 2-3-3　鲁迪奇机器人(Ludic Robots)/
飞利浦 / 荷兰 / 1999

图 2-3-4　模拟世界(Mimic World)虚拟投影 /
飞利浦 / 荷兰 / 1999

图 2-3-5　"Nebula(星云)"交互式投影系统 / 飞利浦 / 荷兰 / 2001

(二) Flos 灯具

Flos 的产品往往在极简主义的外观下，流露出对人性、社会和实用的探讨，表达精致又不失温度的现代风格，这一特点也让 Flos 能一直保持其在灯具界的优势地位。例如菲利普·斯塔克为 Flos 设计的"Collection guns"灯具，看似冷酷的造型下却有着丰富且深刻的社会意义：象征着钱币和战争勾结的金色武器与代表死亡的黑色灯罩相结合，表现出作者对于和平、战争、死亡、疯狂、贪婪的社会性反思，体现出对新世纪的思考与向往（图 2-3-6）。

图 2-3-6   "Collection guns" 灯具 / Flos / 菲利普·斯塔克 / 法国 / 2005

近些年，Flos 推出的"Coordinates"壁灯和"Ipnos"户外灯均以极简而精妙的线条作为设计语言，为室内外空间提供了灵活细致的照明方案，营造了优雅、现代的情境氛围；"Noctambule"落地灯则采用玻璃吹制的圆柱形透明模块作为基本形式，用存在感低的精炼造型烘托灯光的华丽氛围，打造了充满艺术感的居家体验（图 2-3-7 至图 2-3-9）。

图 2-3-7   "Coordinates"壁灯 / Flos / 迈克尔·阿纳斯塔西亚德斯（Michael Anastassiades）/
塞浦路斯共和国 / 2020

图 2-3-8　"Ipnos"户外灯 / Flos / 妮可莱塔·罗西(Nicoletta Rossi)& 圭多·比安奇(Guido Bianchi) / 2014

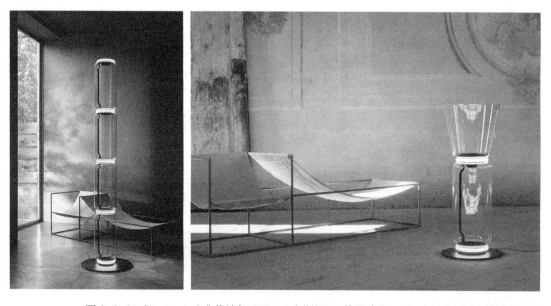

图 2-3-9　"Noctambule"落地灯 / Flos / 康斯坦丁·格里奇(Konstantin Grcic) / 德国 / 2019

（三）戴森（Dyson）

在体验经济背景下，人们越来越关注产品的氛围感，功能性小家电领域也在探索如何在产品设计中发挥情境语意的作用。例如，戴森的"Lightcycle Morph"灯具就选择将体验情境融入产品功能的划分中，据此设计了四种灯光模式：环境光（Ambient Light）、任务光（Task Light）、特色光（Feature Light）和间接光（Indirect Light）（图 2-3-10）。环境光模拟了类似蜡烛荧光的暖光；间接光利用光反射进行照明；特色光模式用于凸显家庭场景中的陈设品；任务光则根据目标用户的偏好，预置了"学习""放松"等使用情境。这种以情境为导向的功能性设计提升了产品使用的

日本设计纪
录片：啊！
设计（观察）

灵活度，也为同类产品提供了较好的示范性参考。此外，"Va-U"和 clair-K 公司设计的"Air Purifier"空气净化器，立足于思考功能性产品文化情境的视角，将空气净化功能与光影等环境效果结合，分别通过对传统"灯笼"意象和鸟笼、飞鸟等符号的提取和凝练，结合灯光效果，营造了舒适、自然，又不失文化氛围和经典审美的整体情境，为忙碌的都市生活增添了独特的自然趣味。"Air Purifier"空气净化器也获得了2020 年的 iF 设计奖和亚洲设计奖金奖（图 2-3-11、图 2-3-12）。

图 2-3-10　"Lightcycle Morph"灯具 / 戴森（Dyson）/ 2020

图 2-3-11　"Va-U"空气净化器 / Yash Gupte / 2021

图 2-3-12　"Air Purifier"空气净化器 / clair-K / 韩国 / 2020

（四）亚米·海因（Jaine Hayon）

西班牙设计师亚米·海因以其幽默的设计风格被誉为"鬼才设计师",其作品通常使用充满童趣的设计语言来表达人生态度和社会风尚。他于 2007 年设计的"娱乐时间"（Show time）扶手椅,灵感源自舞台剧的剧场包厢风格,加以诙谐的设计诠释,充满了冲击感、惊讶美和艺术想象力（图 2-3-13）。

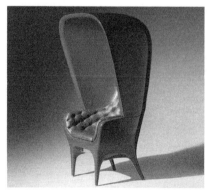

图 2-3-13　"娱乐时间"扶手椅 / 亚米·海因 / 西班牙 / 2007

2019 年他和西班牙家居品牌 Barcelona Design（BD）联合推出的"Explorer"系列边桌和"Dino"扶手椅则充满了天马行空的创意。"Explorer"系列边桌的符号灵感来自美国儿童爱吃的圆形糖果——"果冻豆",童趣的几何符号别致又有趣,扎实的造型不仅功能强大且具有雕塑感,多种颜色的组合搭配美感十足,充满了超越其功能本身的强烈、大胆和西班牙式的超现实风情,一经推出,深受大众的喜爱。"Dino"扶手椅以其酷似恐龙的造型得名,长长的椅身宛若恐龙的脖子,加强了造型的纤细感,在提升产品的趣味性的同时具有了优雅的语意,营造了既具个性又轻松愉悦的氛围（图 2-3-14、图 2-3-15）。

图 2-3-14 "Explorer"系列边桌 / Barcelona Design(BD) /
亚米·海因(Jaine Hayon)/ 西班牙 / 2019

图 2-3-15 "Dino"扶手椅 / Barcelona Design(BD) / 亚米·海因(Jaine Hayon) / 西班牙 / 2019

▶▶ 三、知识点

要使产品符号得以有效传播,除了关注编码与解码的一般过程,还必须关注到使用情境及其相应的意义。情境在产品语意的具体设计中发挥着重要的作用,能帮助设计师产出具有丰富感官体验的精品设计,甚至是进一步扩展带着对社会文化的批判,而批判赋予设计更深刻的内容。本节将围绕情境意义驱动的设计重点探讨以下三个方面的内容,即情境意义,多种符号的综合;未来的意义与想象,愿景构建;情境中的文化敏感性与社会批判性。

(一) 知识点 1：情境的意义：多种符号的综合

1. 什么是情境

情境在社会学中的解释为："主体已赋予意义的环境或主体经过主体把握、确定解释的环境"。其实许多设计者早就注意到了情境对于用户和产品使用的影响。莫温和迈纳在《消费者行为学》中就提出了"消费者情境"，他们认为消费者情境由消费行为发生时周围的环境因素组成，包括消费行为的时间、地点、原因以及构成购买行为的因素。

由此，可以将产品使用的情境定义为一系列活动场景中人物的行为活动状况，特指在某个特定时间内发生状况的相关人、事、物，强调某时在某个场所内，人们的心灵动作及行为，包括在使用产品过程中人、物的关联性，换言之，情境是指产品符号发生作用的外部因素、周围环境等，是指用户在使用产品过程中的一种综合状态，这种状态受到感官符号和社会愿景构建的共同影响。在这里，情境包括了感官符号设计编码和意义认知解码的具体语境，成为设计符号形式赖以生存的社会文化形态，涉及大众生活的各个方面，从衣食住行、风俗习惯到价值观念等。

情境与符号、界面等单一概念相比，具有一种扩展性与综合性，是语意设计从静态更多地走向动态的互动过程。因此，情境比一般的概念具有更好的整合能力，也使设计师更容易把握。

例如知名家具品牌 Kartell 的 "Lovely Rita" 壁挂书架。初见产品，从造型上会感受到绸缎丝带般的灵动、活泼，让用户产生了对书架造型的熟悉感，并可能会触发部分女性用户的少女情怀。曲线形的符号意象、塑料材质的透明质感和多彩的产品颜色，共同塑造了兼具实用性和趣味性的高品质家具用品 (图 2-3-16)。

图 2-3-16 "Lovely Rita" 壁挂书架 / Kartell / 意大利 / 1995

由于情境中意义符号的多样性，应把涉及的各种符号来源——纳入具体主题性的使用和文化情境之中进行结合或取舍。各种语意来源、语意联系的发生点都将在符合产品和用户创新发展的要求下，得到设计师的比较和评估，并加以整合，从而创造出具有整体感的、模糊的概念性原型。

这里，简单的故事板或情境板是较为有效的工具。使用情境板可以反映使用者的特性、事件、产品与环境之间的关系，通过想象描述未来产品的使用过程和情境细节，探讨分析人与产品符号的互动关系。设计师结合实际经验以图像、草图或简要文字的方式,围绕产品目的视觉化地设定情境板,尝试将符号以不同途径进行结合,并探讨合理创新的可能性。

　　从情境出发来探讨符号来源的组合和构思意象的生成,远比符号僵硬、机械的简单组合来得有效、生动。例如,"Bright"是一款操作直观的空气净化器,设计师从阳光下闪闪发光的尘埃中受到启发,通过光线与尘埃的相互作用,将空气净化器的运行变得可视化,让人联想到透过窗户的阳光,以简单的形式和黑色外观让用户专注于光影与产品营造的生动氛围(图 2-3-17)。"Horah"旋转玻璃灯的灵感来自传统的以色列舞蹈,雕塑般的灯罩以弯曲的玻璃叶为符号元素,当它们轻轻旋转时,在每一圈结束时都会发出玻璃的噼啪声,并在每片玻璃叶上投射出渐变的光线。同步变化的元素会营造出类似观看舞蹈表演的情境氛围,让用户产生观看传统表演时所体验到的某种情感和魅力(图 2-3-18)。这种综合的情境建构与先前符号来源的广泛、多元和无序相比,已经聚集到一个更为清晰、紧凑的范围,对后面的设计转换也更有效,具有一定的方向性。

图 2-3-17　"Bright"空气净化器 / Sewook Oh / 韩国 / 2018

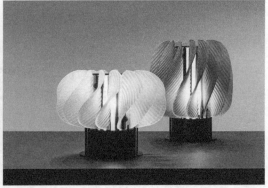

图 2-3-18　"Horah"旋转玻璃灯 / Raw Edges / 以色列 / 2018

2. 情境体验模型的建立

对于当下高度电子化的智能产品而言,情境体验具有重要的现实意义。当代的电子产品高度集成化,也更趋简洁化,原来以视觉为主的符号表达,由于小型化和大屏幕的发展被进一步简化,以至于传统的人造物的"叙述性"被大大减少,因此,麦科伊(McCoy)提出,是否通过情境的语意表达为电子产品增添些说故事的视觉品质。他彼时的出发点是对的,但现在看来还远远不够,应该可以从多感官的途径,对产品符号进行情境体验的重构。这种情境的体验不同于以往单一途径的感知,更整体、更自然,对用户更具感染性,是各种类型的多感官符号互动所推动形成的结果,既涉及互动时用户本身的心理活动,又包括产品与用户多感官互动的环境情境(包括语境情境)。

在具体的设计实践中,还需要进一步使情境体验更加直接化、真实化和可感知化,并和身体感官更具接近感,通过搭建模型来建立一种更好的符号互动和沟通方式,从而营造多感官的体验。

(1) 挖掘和解码感官符号

一般来讲,体验所涉及的感官越多,就越容易成功、越令人难忘,因此需要深层挖掘产品符号及流程中的感官符号。如前文提到的飞利浦"Wake-Up Light"系列唤醒灯就将视觉与听觉结合,营造了一种多感官互动的、身临其境的感知和体验,让用户产生某种联想或者引起心中的一些共鸣,可能是情感的激发和某些行为的唤起,最终能够欣赏、沉浸和理解该产品,这比以往的设计更丰富、更具整体性。

(2) 联系符号和体验情境

设计师应尝试将产品特征符号与特定的环境、氛围相联系,这有助于模糊产品实体与环境的边界,而且也有助于模糊设计与生活体验的界限,以此作为构建设计符号的新方式,并以更为主动的方式引领用户感知产品的特征。设计师通过情境定义,选择合适的感官多维化互动方式,不仅仅是形态界面、图案,还可以是产品的声音、灯光的配合,动作触觉的反馈,气味、手势、语言甚至微笑都可以成为符号表达与认知的形式,这将进一步强化用户体验的真实感。对于当下的数字产品而言,当它们的某些特征与用户所熟悉的互动情景达到了共鸣,产品的特征符号就很容易被用户所获悉,从而形成意义的自然传达。

(3) 定义情境和互动方式

动态符号体验的构建依赖于体验时的情境和使用时的互动方式。通过定义体验情境,可以较好地将产品与用户、环境互动的各种感官途径和方式具体化,从整体的情境来构建产品符号的设计表达,使体验更有沉浸感和情感共鸣。这种在情境中互动的"真实化的体验",会让用户体验到实体产品以外的不同感受,例如重力收音机的概念设计就源于对自然的模拟(图2-3-19)。同时,在动态符号体验的构建过程中,设计师要注意从静态语意符号的构建向动态语境符号体系的构建转变,并注重符号体系的交互性、个性化和系统性,让用户在个性化体验、心灵共鸣中以更自然的方式使用产品。例如硬件的按键顺序或界面中的流程操作(UI Flow)都是一种导引的线索。一旦如微软"Kin One"和"Kin Two"滑盖手机那样突破以往,整合使用者所有的社交媒体,通过人"正在说什么"来表现内容,同时将屏幕上的一颗绿点"Kin Spot"作为导引,自然会达到体验的效果(图 2-3-20)。

图 2-3-19　重力收音机 / Cheol-Ki Jo / 韩国 / 2008

图 2-3-20　"Kin One"和"Kin Two"滑盖手机 / 微软 / 美国 / 2010

(4) 综合情境体验的表达

　　整个建立情境体验模型的过程包括审视、打破、重新连接、整合化以及"戏剧主题化"。其中整合是关键,带动想象力是效果。整合意味着有序的连接,使体验中的多种感官刺激得以相互支持,并增强主题。并非所有感官刺激都能发生很好的效果,也并不是所有的感官刺激元素都要用在产品中,应该适当取舍和合理运用。交叉综效理论指出,用不同感官方式表达同一个信息,不同感官效应之间必须是相关联的,信息才能有效,才会产生深刻印象:要么是持续性地由一个感官接触点引导出另一个感官接触点,要么是将各感官接触点的效果综合起来,进行一致性的表达。

综上所述,在多感官符号互动中构建情境体验模型是产品(特别是目前智能产品)达到传播效果的有效途径,能够为其设计提供与传统产品同样丰富的象征和意义空间,以及象征的解释及界定体系,促使用户产生更多的联想。作为设计师,应该真正从用户出发,理解用户感知的真实面貌与情境符号互动的要点,围绕感官的本能、行为的效率和感悟理解等不同层面,才能把握今天信息时代更加复杂的产品符号的构建与创造。

(二)知识点 2:未来的意义与想象:愿景构建

设计不仅面向当下的社会生活内容,基于当下的问题、需求进行创造。从诞生之初,设计就是面向未来和变革的整合力量,它不仅具有解决问题的能力,还具有宏观层面的谋略和规划能力,能帮助扩大"未来成真"的可能性。[1] 埃佐·曼奇尼(Ezio Manzini)曾提到,设计师能通过设计实践将各种未来的可能性进行可视化表达,能帮助刺激并推动未来发生,因此试图预测未来的唯一方法就是去设计它。设

柳冠中:设计改变未来

计未来能帮助更好地规划和改良人类的生活方式、环境;能帮助转化科技力量,通过驾驭技术来适应人性的需求,引导技术发展指向。它能将社会生活情境因素与技术因素交织于一体,以寻求当下现有问题的可能性解决方式。

当设计的视角面向未来时,"乌托邦"式的设计理想便成为设计探索与整合的方向。可以说面向"未来"设计的过程,实际上是通过设计力把未来的想象和理念价值逐步整合、转化、落实的过程,是基于未来意义的创新。将意义概念转化为切实的设计的创新过程中,最重要的转化步骤为愿景的构建,将抽象的意义价值转化为具象情境,具体呈现包括:未来的场景内容、生活方式与文化表现。愿景的构建,不仅能帮助定义设计方向,推动创新的发生;还能综合性地呈现产品,将抽象的产品理念具象化推广。

因此面向未来设计时,需要认识并善用三种力量:设计力、诠释者力量与愿景的力量。其中设计力是面向未来的创新整合力量,其作用贯穿于整个设计实践程序,能吸收不同资源材料,滋养创新成长;诠释者力量是面向未来的宏观洞察力量,能鸟瞰并切入当下社会文化,捕捉未来的趋势方向,帮助孕育全新的意义与观点;愿景力量是面向未来的意义呈现力量,其作用能具象化呈现意义价值,提供关键性的预期与设计引导,能将设计意义纳入可行且可识别的框架之中。

1. 设计力:设计驱动的创新模式

设计力概念来源于罗伯托·维甘提(Roberto Verganti)教授提出的设计驱动创新模式。不同

---

① 李云. 可能的世界[J]. 装饰,2011(11).

于将"设计"看作一种特定的领域或是一种行为方式,而是将"设计"看作是一种动态的、能动的意义整合力量。这种力量能跨越不同系统的边界,吸收不同的内容材料,并将各要素材料整合构建成一个完整的面向未来的产品系统;这种力量能赋予产品系统统一的价值意义,并能通过产品能动地向社会、市场、消费者传达并展示其全新的价值意义与愿景。因此基于设计力驱动的创新能使产品不止获得功能上的完善,还能获得崭新的、面向未来的意义内容。

设计驱动创新模式是基于意义的创新,整个创新研究过程是围绕意义的整合与呈现。因此可以说设计驱动创新模式是基于文化并面向未来的创新。于产品而言,意义创新的作用包括两层内容:第一层内容与技术运用相关,基于文化诠释能为产品技术赋予价值,能基于产品整体价值寻求最适宜的新技术。不仅能使技术与用户的体验感知更近,还能使产品的技术革新更具有价值意义。第二层内容与产品的象征、情感、认同有相关,基于社会文化、趋势、文脉等内容的整

张凌浩:意义
驱动的设计
研究、创新与
当代语境

合,不仅能带来产品外延的具体表现,也能丰富产品的意义内涵。基于文化内容的产品外延和内涵的创新能适应用户的实际认知和情感、文化以及社会各方面的相关需求。2020 年推出三星的 The Sero 电视设计,具有一定的意义驱动创新的特征。它是为新世代用户设计的全新的电视产品,被定义为家庭内部的社交内容分享中心。产品外观呈画架式设计,设计风格与家居环境契合度高,是一件时尚明快的潮流家居电器。产品的屏幕比例、转屏设计以及与移动设备的无缝交互响应,则使产品具有极强的移动社交属性以及分享属性(图 2-3-21)。

图 2-3-21　"The Sero" 电视 / 三星公司 / 韩国 / 2020

设计驱动创新模式与当下常提及的设计思维创新模式相比,两者均是基于"设计"的研究过程,均具有具体的程序和组织方法;两者不同处在于,设计思维创新模式是以用户为导向的产品创新优化,起着扩展原有市场的作用,是渐进式的创新;设计驱动创新模式则是以社会意义、文化为驱动的创新,其价值、意义来源于设计师与诠释者观点的整合,其具体内容以及创新的发生则是通过愿景来具体呈现。基于意义与愿景的创新能提供具有新兴定义的、独特的、面向未来的产品,能开拓出新兴的市场空间,为企业带来长时段的竞争优势,因此是激进式的创新。总之,设计

驱动创新模式能推进新技术的运用,创造新兴意义与社会文化,同时也能构建、展现面向未来的新兴愿景,为用户带来全新的产品价值体验和生活方式。

2. 诠释者:诠释者和诠释者实验室

诠释者是指在产品创新过程中,能与设计师(创新者)一同赋予产品独特价值的意义诠释群体。这个群体由持有独特意见和观察的不同类型专家组成。这些专家与设计师所做的工作相同,都在基于当下的现实内容、文化语境中展望未来的各种可能性。这些诠释者能成为设计师创新过程中的同行者。倾听诠释者不同的意见理念能帮助设计师扩宽视野,吸收不同的意见内容,寻找意义创新整合的线索;和诠释者的深入互动能帮助设计师转换视野角度,能通过合作互动赋予产品独特的内涵价值以及外延表现。因此善用诠释者力量,能帮助设计师在意义创新过程获得多元化的宏观视角。

诠释者一般由不同类型的专家组成,与不同类型的诠释者合作使产品的意义创新具有多学科协同合作的特性。从领域范围上看这些专家包括两类:进行文化生产类、掌握技术趋势类。艺术家、文艺评论家、社会学家、人类学家、营销人员和媒体机构人员,他们属于文化生产领域的诠释者。他们的工作日常是对当下生活中的文化意义进行研究,他们能敏锐把握社会价值的变化,并对当下的事件与趋势有一定的洞悉。科研机构、技术供应商、创新项目开创者、产品销售商和供应商、设计师以及"专家"型用户,他们属于技术趋势类诠释者。这类诠释者对当前的技术发展着较深入的了解,他们推出或主导开发的产品、服务、技术能影响当下的社会,或是他们对未来的产品有前沿诉求和理念追求。

并不是所有不同类型的专家都能成为设计师一同创新协作的诠释者。通常能与设计师同行的诠释者一般具有以下两个特质之一:其中一部分诠释者是"人"的关注者,他们关注的人群与当下设计者关注的人群有具有一定重合。这类诠释者在工作或日常中,有自己的一套流程方法来研究目标人群的生活方式、社会文化与日常生活情境。例如具体领域的人类学者、社会学家。另一部分诠释者在用自己的所为影响社会文化的发展,他们的探索方向与当下设计者观念有着一定重合。这类诠释者主要通过自己具体的工作或创新,传达着他们的价值、观念,从而影响社会文化,例如艺术家或是创业项目开创者。

在创新过程中有了诠释者相伴,设计师还需要建立与诠释者的协作关系。诠释者实验室是由设计师将各类诠释者连接在一起组成的创新网络。它能聚集设计师和诠释者群体的力量并带来网络化结构的协作方式,联动、发散、聚集不同的新兴理念与研究力量。它能帮助孕育形成产品之于用户的前沿性观点与意义,形成驱动产品创新的愿景。在整个网络中,设计师是信息的中心,起着联系不同诠释者、向诠释者输入基础信息、划定诠释范围的作用。各个诠释者能通过联结网络互动,分享不同的信息和观点,共同协作并验证在互动中提出的各种想法和假设,共同探讨在一定范围内未来创新的不同作用与表现。由于不同诠释者有着不同的背景经验,其呈现出的观点、看法与表达方式有所不同,包括艺术品、研究报告、演讲、模型与产品等。正因为内容和形式的不同,诠释者能互为激发者,能激发萌生全新的理念。总之,诠释者实验室是新兴意义的诞生之地,同时也是具有活力的创新环境。

3. 愿景:全新理念的情境式呈现

愿景是设计师呈现的全新情境,饱含着设计师对未来生活的美好的想象与期望。早在 1970 年约翰·克里斯·琼斯就提出设计不仅仅是寻求实现目标,而是实现共同梦想的生活。出于对美好生活的追求以及"乌托邦"式的理想,不同时代的设计师均通过设计践行来进行对未来的研究。他们期望通过设计探索未来的生活方式,以寻求当下问题的可能性解决方案。愿景则是设计师进行设计实践的综合性呈现,能展示设计的可能性,能引入一些"关于未来"理念、表达元素、技术方式,通过综合编织的方式形成具体的情境。这些情境展现了新兴的产品的形态、未来使用和交互的可能性方式以及相关的意义。

1987 年,"点钞手套概念设计"是有关穿戴式产品最早的构想之一,展现了一种新兴产品形态。它是米兰三年展的竞赛单元中佛洛伦斯工艺艺术学院(Istituto Superiore per le Industrie Artistiche,ISIA)围绕"金钱"为主题的概念设计(图 2-3-22)。它将微型电子设备安装于手套之中,将产品运用于点钞场景中,利用技术提升人工点钞的效率,使其既是可赋能于人类的设备,又能是优雅的服饰。它展现了未来技术与用户的情感、意义和交互关系。而设计于 1988 年的"银行顾客自助设备",旨在向用户传达自助式服务也能轻而易举。它是由芬巴哈造型学院和 Nixdorf 电脑公司合作的设计,目的是引导顾客学习操作更多的电子自助设备。产品外形借用了旗帜或档案文卷的造型,撑或挂于屋顶和地板之间,利用投射光线以及触摸式屏幕,指引用户轻松操作设备(图 2-3-23)。

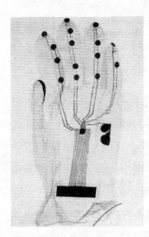

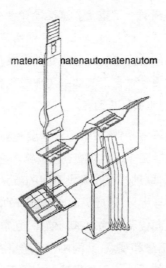

图 2-3-22 点钞手套概念设计 / 佛洛伦斯工艺艺术学院(ISIA)/ 意大利 / 1987

图 2-3-23 银行顾客自助设备 / 芬巴哈造型学院和 Nixdorf 电脑公司 / 德国 / 1988

　　愿景与情境两者最大的差异体现在呈现内容上。愿景更关注于未来,向观者展现的是从未有过的经验、感受和体验。这些体验、感受均包含、传达着对未来的展望与理想。愿景面向未来内容,能为观者提供更开阔的理解世界的视野,能提高观者的接受度,使其拥抱更多的可能性变化;愿景内容中的理想化特征,能引发观者的憧憬与想象,激发共情。尽管愿景中提出的假设单纯且不完美,但其展现的内容是基于当下问题状况对未来的反思和延伸,能吸引聚合一众变革力量,围绕愿景提供多项设计方案。例如家具品牌维特拉(Vitra)致力于研究未来办公场景,认为未来的工作场景必然会呈现更多的"相融"趋势,基于相融趋势提出了"俱乐部办公室"的概念愿景。在概念愿景的驱动下,维特拉(Vitra)聚集了多名设计师创新力量,提供了三种不同的面向现代工作方式的新兴场景:共享办公室(Shared Office)、超级灵活的办公室(Super Flexible Office)、如家般的办公室(Company Home),并设计了适宜相应场景的办公家具(图 2-3-24)。

赵丹华:设计
概论

图 2-3-24　三种新兴办公场景 / 维特拉 / 瑞士 / 2019

　　从创新角度来看,愿景实际上是设计驱动创新模式中意义与理念的具象展现,具有一定的战略设计意义。它能将面向未来的意义价值具象化,在创新过程中提供关键性的预期与设计引导;它是多学科团队协作对话的呈现,综合了各领域相关诠释者的观点意见,其领域内容包含社会、文化和技术,是宏观洞察与未来先锋观念的综合性体现;它将能将设计意义纳入可行且可识别的框架之中,通过情境叙述向用户推广新兴的生活方式以及产品意义。在创新过程中,愿景主要有两次阶段性呈现,分别起着推动产品创新和传达产品理念的作用。

第一阶段的愿景呈现在产品开发阶段,被称为"概念愿景"。其主要面向开发者,作用是指导产品设计的开发方向,使产品概念逐渐丰满具体。此阶段的愿景内容来源于产品开发前期的文化研究以及理念研讨。理念成型之后会通过情境化表达的方式将产品理念、感知具体化,主要描述在具体的时间空间以及文化语境中,产品在新兴的理念与意义作用下的可能性。由于产品是不确定的,在展示情境过程中,此阶段着重用"感受"来呈现产品内涵,描述产品与用户、空间、环境之间的关系。而这些在愿景中呈现的"感受"会引发企业和设计者的好奇心,推进产品创新以及语意传达设计。

第二阶段的愿景呈现在产品面向市场阶段,是愿景的"综合呈现"。其主要面向于产品消费者,作用是将抽象的产品理念具象化推广。相对第一阶段的呈现,此阶段的展示更为具体,主要围绕产品展开,内容包括了产品的内涵以及外延。主要通过在具体情境中呈现产品与整体环境的关系以及产品为用户带来的全新体验感受,来说明产品与其革新的功能与意义。面向消费者的愿景式呈现能让用户与展现内容共情,愿景中的感受描述能唤起用户对生活展望以及对美好生活场景的期待。借由用户对幸福的期待和追求,让用户接受并认同产品理念与文化价值。

(三) 知识点 3:情境中的文化敏感性与社会批判性

1. 跨文化语境中的文化敏感性设计

社会意义是产品语意设计最深层的叙事性和象征的意义,是用户根据自身的教育程度、社会经验和文化感悟所体会到的,是在相关对象、产品、社会、文化甚至是政治之间的关系中产生的特定含义,较为隐蔽,为小众所理解。在日益全球化的设计实践活动中,社会意识形态的分歧既可以引发冲突也可能激发创新,基于已经存在的文化差异,设计学界在跨文化研究的基础上,进一步缩小范围,提出了文化敏感性设计。

文化敏感性设计与现有设计最大的区别在于其文化敏感性。文化敏感性(也称跨文化敏感Intercultural sensitivity)是一种能力,能使设计师意识到并体验人与人之间、社会与社会之间不同的价值观。文化来自有共同价值、信仰和实践的群体。文化不单是继承的,也是习得的,在文化习得的过程中,对符号语意的意义认知成了跨文化沟通和表达的关键媒介。文化敏感性设计能帮助设计师和利益相关者跨越文化鸿沟,通过符号和意义沟通及表达的方式来增强同理心和尊重,获得对目标用户的深刻理解,从中受到一定启发而产生新的创意,并引发对当前形势的重新思考。

因此,文化敏感性设计的本质是一种基于复杂文化背景和群体性、社会性认知的,对存在争议的文化内容进行符号语意解读的设计类型。其目标用户是基于特定文化的一个群体,对文化敏感的设计师能够理解人们的价值观、符号认知和需求愿望。

因此,文化敏感性设计要求在开始正式的设计流程之前,首先要完成一个对文化情境进行解读、并且提炼语意符号的过程,这个被称为"文化敏感过程"。根据人们对跨文化内容符号的感知行为和文化内容的"流动方向",可以将这个过程划分为接受阶段、适应阶段和融合阶段,以此为文化敏感性设计的起点,由设计师的个人视角介入,在这三个阶段产生多样的跨文化思考与文化对话,以此逐渐转向社会性的文化视角(图 2-3-25)。

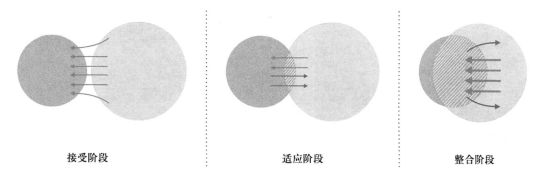

图 2-3-25 "文化敏感性阶段"示意图 / 作者绘制 / 2021

第一,接受阶段。在文化敏感性过程中的接受阶段,设计师可以通过开放性的态度和思维,以"观察者"的视角了解相似的"普遍"行为或者同类产品在不同文化环境中可能具有的不同含义,在亲身的调研、感知和体验中逐步确定特定文化环境对用户、行为和产品的影响,本阶段的设计师通常从目标对象处接收文化内容。值得注意的是,此时,对文化的接受和理解不仅只是异国文化,也可以对本国的文化进行敏感性地挖掘、表达和传播。例如,韩国设计师 Gyuhyung Han 为盲人穆斯林群体设计的"Qibla"智能手表。在穆斯林文化中,祷告作为一种日常仪式备受重视,而祷告的关键是要知道圣城麦加的朝向和太阳的位置,但是这对于虔诚的盲人穆斯林来说非常不便。因此,设计师在表盘上通过增加曲面凸起的触觉符号和视觉信息重点指示了麦加的朝向,以展示正确的祷告方向。同时为了方便用户在斋月期间使用"Qibla"手表,设计师在表盘外侧的金带处同样设置凸起,代表用户所在位置相对的日出和日落位置。设计师针对盲人穆斯林群体展开了以跨国文化为导向的设计实践,突破了以往智能手表的功能边界,提升了产品的文化性,展现了产品设计的包容性和开放性,该设计获得 2018 年 iF 奖、2019 年亚洲设计奖(图 2-3-26)。

　　还有，坎帕纳兄弟以其家乡巴西海岸线上独特的自然文化景观——珊瑚礁为原型，所设计的"科拉罗（Corallo）"椅，该产品以自然风光和南美独特的世俗文化为灵感，以几何线条表达美洲文化中特有的奔放和热情（图 2-3-27）。

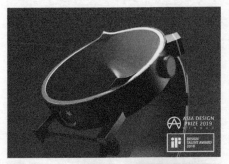
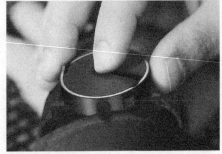
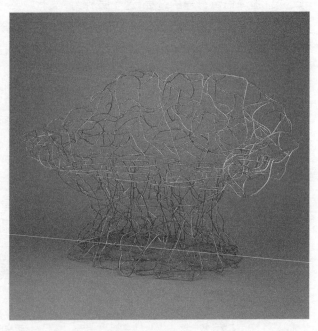

图 2-3-26　"Qibla"智能手表 /
Gyuhyung Han / 韩国 / 2019

图 2-3-27　"科拉罗（Corallo）"椅 / Edra / 费尔南多·坎帕纳（Fernando Campana）和翁贝托·坎帕纳（Humberto Campana）/ 巴西 / 2004 年

　　第二，适应阶段。具有文化敏感性的设计师，在立足其他文化背景进行设计的过程中会有更加熟练的设计表达能力，能够在产品中巧妙地联系和展示跨越文化边界的设计内涵。此时，双向流动的文化激发着设计师的创造力，在实践中理解符号的意义。意大利品牌 Alessi 设计的"清宫系列"厨房用品，基于阿莱西多年成熟的跨文化设计经验，展示了将东方文化意趣和西方实用器物巧妙结合的趣味。该系列产品的目标用户以意大利为代表的欧洲人群为主，因此注重设计过程中的"文化融合"。在造型上，设计师将从古代画作中提取的中国传统符号，通过抽象的手法转译为易理解的简洁几何形，既提高了辨识度，又符合意大利设计中倾向产品意象直白表达的特点；在色彩上，设计师采用了红、黄、蓝、绿四种中国清代宫廷文化中重要的主题颜色，与象征权力的黑色搭配，在明确保留文化符号的同时也符合意大利"权力距离低"和"个人主义强烈"的文化价值取向；在产品结构上，以香料研磨器为例，产品瓶盖为官帽造型，扁平符号使消费者很容易识别出产品的打开方式是拧开而不是拔开。同系列的清妃造型研磨器，在功能不减的情况下改变了头部的造型，体现了产品语言设计中的系统性（图 2-3-28）。

图 2-3-28 "清宫系列"厨房用品 / Alessi / 斯蒂凡诺·乔凡诺尼(Stefano Giovannoni) /
意大利 / 2007

　　第三,整合阶段。处于文化敏感性整合阶段的设计师能够迅速从一种文化参照系转变为另一种文化参照系,更多地理解目标对象的文化背景并与自身文化融合,对其他文化产生同理心。丹麦设计师汉斯·瓦格纳(Hans Wegner)以明式家具为灵感创作了"中国椅",也称"Y"椅。通过对"Y"字形进行提炼和再设计,该椅外形凸显轻盈感和优美感,同时立足北欧文化,用更加直白的方式表现明式家具的文化意象。木质结构科学,既展现了中式家具优美的线条与触感,也保留了北欧设计特有的味道,是意象上的抽象美与功能性的有效结合方式(图 2-3-29)。

图 2-3-29 "中国椅" / 汉斯·瓦格纳 / 丹麦 / 1944

　　文化敏感性设计的优势在于通过理解文化因素让设计在更大和特定的环境中更有意义、更加可持续；文化敏感性设计的产生和广泛发展源自敏锐的好奇心、开放的思想与对社会和文化事务持久的、广泛的兴趣，并能帮助设计师更好地感知和了解周围情境。在当下的跨文化、本地化、亚文化等实践活动中，采用文化敏感性设计思维，将文化情境的差异性和共性转化成有助于深入挖掘问题的资源，寻求解决问题的新途径，并且有可能进一步融入激发新的创意，为全新语境下的产品语意设计带来多样性的、可持续的、对人类发展有意义的创新方案。

　　2. 批判性设计实践的叙事与非理性

张剑：产品设计叙事

　　20 世纪 60 年代设计产生了一种新的类别——批判性设计。在批判性设计中，设计师和艺术家的意念经由反思和联想，摆脱了现实的物质禁锢，成了设计方案的重点。一方面，批判性设计通过设计作品引发社会性的反思和改变；另一方面，关注概念性领域，透过产品的深层意义，改变大众的行为态度，带来观念层面的思考。

　　在过去的十年里，批判性设计在设计研究和设计实践中越来越受欢迎，在这类批判性设计实践中，设计师突破了原本的设计定位，不再局限于实体产品的生产，将目光着眼于人与社会、人与环境、可持续发展、科技变革等议题。因此，批判性设计实践的立足点是具有社会意义的宏观视角，以此为出发点，进一步探索实用型设计之外人类与外部环境的角色与关系问题，寻求"另类"的设计实践及其表达和应用方式，通过符号与意义的设计表达，体现其反思或批判。

　　批判性设计提倡在创造性的设计参与过程中，组织、争论并质询相关议题，通过沟通物的设计和叙事方式，确定一种作为批评和反思形式的设计方案——实现该目标需要依赖原型或设计实现情境构建等程序与方式。从本质上来说，批判性设计实践应该具有真正的批判性，且直面批评，提供拓展设计影响力、挑战学科思维，甚至产生变革等价值。

张黎：如何设计反思明日社会——"身"在"她"方

　　在批判性设计产品中，某些象征符号（隐喻）会与某些特定的社会现象、故事、责任或理想发生内在的关联，引发观者有关社会意义的深刻思考，例如前文介绍的"Collection guns"灯具，可见，产品语意设计最深层的意义应该来自社会中的意识形态，反映主要的文化变量的概念，支撑特定的世界观。

　　因此，批判性设计实践中，符号和语意叙事的质量始终至关重要。从根本上讲，产品需要使用叙事技巧来传递观点和设计探索的过程和行为。通过"使用情境的叙事"将产品放置于特定的环境中，使用户能够理解叙事要求并参与设计实践，力求提升批判的形式感。

　　通常，批判性设计的显著特征是采用嵌入式的叙事方式，参考设计的手法，将不相关的符号进行嫁接、拼贴、置换或者放大，形成非传统的联系或范式。在这种框架下，设计对象往往是独立的，并且它们当中的很多没有被外部因素情境化、媒介化，这种方式颠覆了原本人们所熟悉的某种得到群体性共识的理解。例如,坂茂设计的"方筒卷纸",使用"方形"置换掉通常意义上的"圆形",颠覆了人们对卷纸的原有印象,方筒产生的阻力增加了拉出纸巾的阻力,隐隐透出批评的味道,这种阻力发出的信息就是警醒人们要节约能源,让人们对现有的社会和生活进行反思(图2-3-30)。还有克莱门斯·席林格(Klemens Schillinger)设计的"Substitute Phone"替代手机,让人们可以在不使用"手机"的情况下消磨时间,通过一系列石质珠子置换掉手机按键或屏幕的方式来处理用户习惯性的所有滑动和滚动行为,让用户在一次次习惯性的手部动作中,产生对于手机使用和人与科技关系的思考(图2-3-31)。

图 2-3-30 "方筒卷纸" / 坂茂 / 日本 / 2000

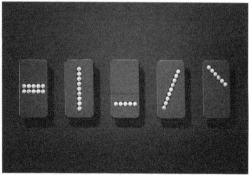

图 2-3-31 "Substitute Phone"替代手机 / 克莱门斯·席林格 / 2017

此外,批判性设计还会涉及大量正在摸索中的技术类别或正在研究中的可能性科学项目(面向未来技术的研究项目),以此展开对未来世界的思考,这些还未被用于日常生活的创新实践对于社会大众来说是陌生的。因此,面对批判性设计实践的临时性和突发性,设计产出需要包含详细的支持性叙事来明确和表达其具体用途,进一步提升设计语意的可感知性。而且这种支持性叙事通常使用技术手段呈现视觉化语言。例如设计师 Revital Cohen 和 Tuur Van Balen 设计的

"Genetic Heirloom(遗传传家宝)"系列设计,基于遗传学知识和相关技术在生命延续和改变家庭成员间相关性的重要影响,依靠传统的"贵金属法"捆绑提供遗传特征亲属的相关信息,鼓励人们以独立且自治的个体身份去感知自身,以此引发对遗传学伦理发展的讨论和反思。批判性设计以类似的表达方式建立外在叙事,并进一步明确了产品使用情境,以希望达到设计者所预期的某种标准(图 2-3-32)。

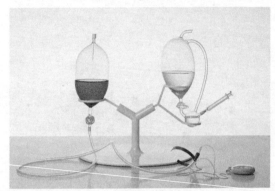 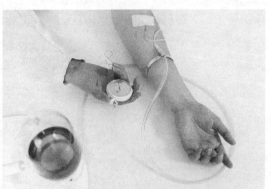

图 2-3-32 "遗传传家宝"系列 / Revital Cohen 和 Tuur Van Balen / 2010

另有,"收音机牙齿"植入技术原本是一件实体产品,但在实际生活中,该产品突破了自然脉络的联系,成了一种具有突破性的观念或者主张,旨在激发对移植技术未来发展的可能性和其社会、文化影响,展开公共领域的探讨(图 2-3-33)。类似的还有"Lucellino"壁灯,通过为灯盏安装仿真翅膀的方式,为一般的功能性产品注入了温馨的自然情调,表达了人们在科技世界的情感追求,引发大众对未来生活中人类角色问题的思考(图 2-3-34)。

图 2-3-33 "收音机牙齿"植入技术 / 詹姆斯·奥格(James Auger)/ 2001 年

批判性设计的另一特征是具有设计诠释对象的开放性。利用其设计目标非理性所产生的模糊性和陌生感来提升设计思考的开放性,逐渐引发设计批判和反思。[1] 用户在面对批判性设计产品时往往不能立即理解或被带入设计师所营造的想象中,而是通过外在的叙事方式来辅助理解产品及其使用情境,逐渐触发其使用兴趣。此时,批判性设计的核心在于通过设计及其支持的叙事方式来提升信息的不确定性(也即开放性),同时将这种不确定性作为产品设计的诠释对象,这不仅让设计看起来神秘

---

① 马特·马尔帕斯 . 批判性设计及其语境:历史、理论和实践[M]. 江苏凤凰美术出版社,2019:138.

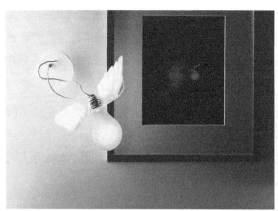

图 2-3-34 "Lucellino" 壁灯 / Ingo Maurer / Ingo Maurer / 1992

和抽象,更重要的是触发用户主动参与理解设计意义的行为,并且产生开放性的社会辩论,体现了产品的适意性。

例如,阿道夫·纳塔利尼(Adolfo Natalini)为 Zanotta 设计的"Quaderna(昆塔纳)"桌。阿道夫·纳塔利尼是 20 世纪 60 年代极具影响力的意大利激进设计团体"超级工作室"(Superstudio)的创建者之一,也是批判性设计的代表人物之一。自 1966 年开始,纳塔利尼和他的设计团队通过反乌托邦式的研究,旨在通过设计来传达对理想世界的激进愿景。

"昆塔纳"桌采用抽象的黑白格作为主要设计元素,用来表达将建筑简化为可以被无限缩放的单一模板的终极理性化观点,暗示着全球化的设计正在使人们生活在一个失去地域特色的巨大网格中,生活中的任何产品都可以从这个网格中演变而来。设计师选择了轻描淡写的叙事方式,用户细心地辨识之后,才会发现产品更深层的含义(图 2-3-35)。

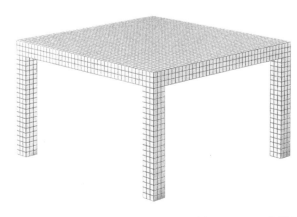

图 2-3-35 "昆塔纳"桌 / Zanotta / 阿道夫·纳塔利尼 / 意大利 / 1970

另如，不同于其他钟表的"统计时钟"，该时钟用于计数，当用户将时钟频道调为汽车、火车等交通工具时，它便会开始统计新闻中出现的事故数量，并按时播报数据，因此得名"时钟"。这只时钟功能先进却没有为之买单的市场，因为这种模糊来原本功能的产品并非人们所需，其存在意义仅仅是引发辩论。

在这里，批判性设计通过多样的叙事方式将产品置于特定的情境中，通过使用关系和信息的模糊性，逐渐引导用户思考新的价值观和产品理念，以产生对原有的态度的质疑。批判性设计所探讨的设计关系为设计师将想象力和价值观投射到设计产出上创造了条件，此时物体成为人们的心理镜像，并且促使他们质疑自身的价值观和行为。

▶ 四、实践程序

产品意义的创新来源并不仅仅来自消费者的诉求。当设计者与消费者的距离过近时，设计者的视野仅会集中于某一类型的具体消费者，以及消费者表现出的当下诉求。设计创新也仅能延续现有的趋势与需求进行发展，无法打破现有的产品脉络。产品意义创新的来源应该是设计师以及各行业专家基于当下的生活环境、内容以及社会文化趋势的把握，以及对未来可能性的想象。事实上，无论是使用的综合情境、愿景的设计甚至是批判性设计都是意义的创新，特别是社会文化意义的收集、讨论、反思与诠释。在创新过程中，要求设计师整合跨领域专家的诠释力量，将其组织为意义创新的相关诠释者，与其一同协作、收集与社会、技术以及宏观环境相关的意义趋势和价值洞察，并将趋势、洞察结合当前现象、文化以及不同个人经验进行综合讨论、反思与诠释，进而构建与创新目标一致的新兴价值与意义。

整个创新的过程可以被划分为倾听、诠释与发展愿景、沟通三个步骤（图 2-3-36）。三个阶段分别由具体的步骤展开。倾听阶段包括：寻找以及倾听与互动；诠释与愿景发展阶段包括：分享洞察、讨论与发展以及具体化愿景，其中后两项是意义创新的重点，分别起着推动意义价值完善与呈现价值的作用。沟通阶段则是意义创新最后的综合呈现，需要设计师结合不同文化载体与用户、受众和社会进行沟通。

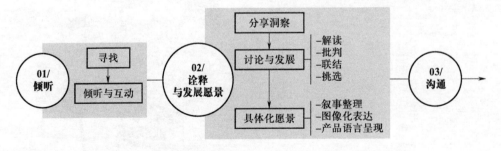

图 2-3-36　意义创新的程序 / 2021

1. 倾听

(1) 寻找

倾听的第一步是寻找合适的诠释者,即研究相同(产品)生活体验的其他专家。寻找诠释者要求设计师拓宽视野,具有发现诠释者的"眼光"。当设计师具有较为宏观的视野时,才能更好地发现社会中各领域中的相关诠释者,识别诠释者的价值。具体的视野拓展要求如下:要求设计师从具体的产品拓宽到关注产品所承载的生活内容;从着眼于具体用户拓宽到关注广泛的用户群体和社会文化;从着眼产品固有功能价值拓宽到关注产品被用户赋予的深层次人文价值。

除了设计师发现的视野或眼光之外,寻找诠释者也有一定的标准和要求(图 2-3-37)。

首先,诠释者需要是设计师"同行"的诠释者,当诠释者与设计者的创新探索、践行的匹配度或一致性越高时,诠释者对创新的推进作用则越强。"同行"诠释者的判断在前文中有提及,主要是看诠释者关注的人群或是诠释者探索的观念方向是否与设计师关注的人群和方向有着较高的重合。

其次,需要考虑一定的诠释者数量。一般情况下,寻找 6~8 名诠释者较为合适。6~8 名诠释者既能保持意见的多样化,又能避免由诠释者过多产生的信息繁杂。

最后,在寻找诠释者时,需要考虑配比的平衡。配比平衡是指诠释者的特点类型需要各不相同,其能力观点能相互补充。诠释者配比平衡不仅能整合不同学科,为创新提供丰富多元的观点内容,增强异质性,还能为讨论互动的展开提供一定的协作保证。配比平衡大致参照领域判断、

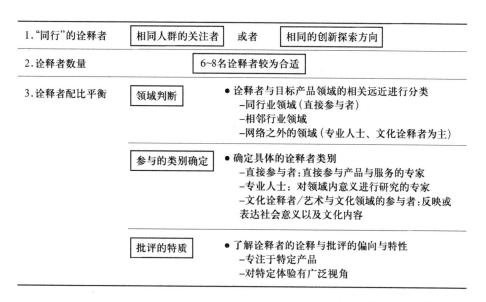

图 2-3-37　寻找诠释者过程 / 2021

类别确定、批评特质进行：

领域判断主要是依照诠释者与目标产品领域的远近进行分类，通常包括三种：同行业领域，不太可能提供新的视角；相邻行业领域，有可能会有新的见解；网络之外的领域，有相关的共同体验，却远离目标行业，能为丰富项目的新意义提供肥沃的土壤，这些就是最需要的领域。要看一下这 6~8 人中，这三种行业领域是否均衡。

参与诠释者的类别确定：上面的三个领域一旦确定，还需要进一步确定具体的诠释者类别：直接参与者，直接积极参与产品生产与服务的专家，例如制造商、零售商、设计公司、供应商等；专业人士，对领域内意义进行研究的专家，例如教授、研究人员、人类学家、社会学家等；文化诠释者，艺术与文化领域的参与者，反映或表达社会意义以及文化内容，例如艺术家、作家、记者、评论家等。[①]

此外，诠释者的个性：主要是了解诠释者的诠释与批评的偏向与特性。不同诠释者观察世界、思考事物的角度不同，一些诠释者更多专注于特定产品、总结当下的直接体验的现象、问题或新技术的联系，而另一些则具有对特定体验的广泛视角，具有建设性的批评态度或也善于形成新的诠释或建议。

一旦确定了以上的领域和类别，就需要在每个领域、类别中寻找最好的诠释者。如果正在研究不同的细分市场或区域，可能需要为每一个环境都寻找特定的诠释者，以关注不同的内容。[②]

(2) 倾听与互动

当确定了一定数量且配比均衡的诠释者后，设计师需要将诠释者组织在一起展开倾听和互动，可以是个别访谈，也可以是集体交流。此阶段是设计师和诠释者们之间的初步交流，一方面能增进诠释者之间的了解，帮助构建诠释者"实验室"内的互动协作；另一方面，有助于增进创新信息、创新观点等新兴的意义内容的交流。此阶段的设计师与诠释者间的互动质量越佳，就越能帮助设计师了解多元化的创新观点内容，构建默契紧密的多学科协作网络。其中，要想达到充分诠释的预期效果，设计师发挥积极地组织、设计过程及有意识地引导推动非常重要。此阶段的活动分为两个部分，第一部分为"观点引入"，第二阶段则为"思考与共鸣"。

第一部分"观点引入"，一般是由关键的诠释者选择一个他感兴趣（或被委托）的主题分享探讨或反思开始，介绍相关主题的背景、隐喻、研究、意义，进而引入讨论。此阶段的倾听，可以主要由一个关键诠释者分享也可以由几个诠释者逐一分别阐述关于自己挑选主题的新兴的观点内

---

① 罗伯托·维甘提 . 意义创新[M]. 人民邮电出版社，2018:206-208.

② [意]罗伯托·维甘提 . 追寻意义：开启创新的下一个阶段[M]. 行人文化实验室，2019:217-220.

容、研究进展或观察洞悉。这些开放性的主题分享旨在提供不同的见解，引发更多讨论的机会。

此阶段不是在寻求解决方案，是在寻求有启发的诠释、关于人们体验的深刻思考。可以是研究，也可以是直觉。多挖掘现象背后的东西或意义，可以连续追问为什么。多选择一些隐喻来表示诠释的观点或对体验的见解（例如图片、歌曲或物体）。要明确：谁是我们反思或讨论的用户对象，我们关注的是什么生活体验或生活意义价值。

第二部分则为"思考与共鸣"，主要是让参与者（包括其他诠释者与企业内部的设计团队）针对上述观点提出不同的看法或批判性思考，或者针对这些观点思考其背后的目的——他们为什么要做这些事情，或有什么本质性的东西需要挖掘。此外，当大家诠释或讨论有所枯竭时，设计师组织者可以适当提供一些启发、刺激性材料，引入新的创新主题，通过围绕材料内容的互动讨论，促进更多的诠释或不同见解的碰撞。过程中，思维导图以及亲和图工具能帮助设计师在讨论过程中整理记录诠释者们互动碰撞出来的创新观点与意见想法，将讨论中的各观点之间的整合、推演及延伸关系可视化呈现。

此阶段最重要的是启发材料的选择与运用。启发材料旨在生动地将现有状况、可能性机会以及文化价值内容向诠释者展现。其形式包括图片、文字、报告、影像等不同类型，设计师需要根据当下状况以及创新需求选择最合适的材料形式。启发材料的内容通常是社会创新语境或是面向未来的创新趋势和展望：可以是展现社会创新语境的启发材料，例如与创新相关的社会生活线索、当地的文化与价值认同、全球视野与人性价值等；也可以是面向未来的创新趋势和展望，例如趋势预测报告、幻想视频或影片、新兴技术的介绍、创新先驱的观点访谈或是当下问题的批判性报道。

以上过程结束后，每个参与者（诠释者和内部团队）都可以在反思、讨论中总结或捕捉到1~2个最重要的见解，并将它们通过便利贴发表在汇总版面上。

2. 诠释与发展愿景

(1) 分享洞察

这是在会议后半场的重要内容，设计师与诠释者充分协作，基于创新目标与语境，进一步提出有创新性的见解。其目的在于进一步汇集、比较与讨论先前提出的松散或开放的结果，并通过听取别人见解，重新调整、融合或进一步辨析其新诠释（或概念），使这些成果更为丰富与有效。这些洞察提案的数量有一定限制，通过便利贴集中张贴，以便相互比较、讨论，并推进意义完善和发展。

其呈现形式通常为主题式的全新价值与特征描述，通常通过一句口号就能将意义概念呈现，例如"无处不在的照顾""超级干燥，超级洁净"。如有一定时间准备的话，基于提出的概念主题，使用一些简易的意象板或概念海报工具可以起到辅助性的作用。

(2) 讨论与发展

此阶段主要是诠释者实验室(会议)内部对洞察提案进一步地讨论、甄选与发展。诠释者与内部团队来自不同背景、行业、领域,基于不同的专业视野对提案呈现的意义价值做出一定判断,快速验证意义概念,去除具有歧义以及文化冲突的洞察提案;能够完善推进意义概念,整合放大意义概念中的核心特质,以提升意义概念的相关影响。

在讨论过程中,设计师扮演了极其重要的角色。设计师是内部讨论的主持者,担任着控制流程、平衡发言、总结的角色。设计师同时还是内部讨论的激发者,在讨论过程中会与诠释者们分享不同的创意表达和评估视角,推进达成甄选和整合的目的。

① 解读:解读是对"洞察提案"的进一步理解与诠释。一般"洞察提案"简要分享结束后,邀请各位诠释者分别对其中感兴趣的"洞察提案"以"听众"视角进行"解读"。分享选择原因以及与概念相关的感知体验或日常经验,特别是环境中的象征意义、互动价值、感受与记忆等。设计师可以将相关分享整理为"声音卡片",贴附在提案周围。

解读能帮助引入不同的诠释视角,对现有的提案进行发展、补充。一方面能弥补主创在分享时的信息遗漏,更重要的是能了解具体提案在诠释者实验室内部的影响和反馈。通过"听众"对提案的具体解读,能验证"听众"对意义理解是否具有偏差,能收集相关声音材料,作为后续创新的灵感材料。

② 批评:批评是对"洞察提案"提出质疑和挑战。要求诠释者基于自身行业经验、专业视角或日常生活经验对"洞察提案"进行批判性评论。批评一般会在解读后进行或是与解读同时进行。提案主创会对提出的具体质疑观点做出解释、反馈,或是寻求其他诠释者的建议、意见。在批评过程中,一些问题较大的提案会随着批评的推进自然被剔除,一些内容模糊的提案假设会随着批评的推进转化为更有意义的愿景:清晰、强劲、丰富并受人们喜爱。

建设性的批评能通过引入不同观点的碰撞来加深[①]意义理解,完善洞察提案。不同的诠释者在批评阶段提出的质疑均能为现有提案引入新的意见观点,能帮助优化概念达成共识,使意义呈现更丰富、更可靠;同时,诠释者们的批评互动能帮助打破原有的概念的诠释框架,通过多视角切换能发现意义内部的潜在联系,有助于发现提案的新兴可能性,构建出全新的诠释与意义。

③ 联结:联结是对"洞察提案"进行具体化补充。设计师会在前面步骤的基础上,组织诠释者对内部公认具有较佳潜力的概念提案进行联结和补充,是进一步的整合和发展。主要找出参与诠释者构思的提案之间有何关联,甚至可以依据相反特性的十字坐标进行分类,在此基础上,将相近的提案结合设计情境整合起来,为意义创新补充更多细节。

---

① [意]罗伯托·维甘提. 意义创新[M]. 人民邮电出版社,2018:117-120.

④ 挑选:挑选是讨论与发展阶段最后一步。设计师在讨论前会向诠释者提供统一的评价维度或是量表工具,因为各个诠释者的观点有所不同,以维度测评能综合不同判断,形成相对平衡的挑选意见。不同项目有不同的测评维度,例如阿莱西的"成功公式"提供了四个较为通用的评价维度:产品功能、产品开发成本、产品语言(产品的象征意义)、内在意义(感受、记忆、意象)[①]。其中与"概念意义"最为相关的维度为"产品语言"与"内在意义"。评价结果的运用中,也并非得分最高的就是最好的,有可能其中有一个层面较弱的产品,其他方面却很强(例如特别令人激动)。这些都需要从企业的战略层面进行最后的抉择,例如产品的生命周期。

总之,在意义创新的过程中,讨论与发展是概念意义发展为愿景前的内部意见整合,它能集中诠释者实验室的创新力量,甄选出与创新目标一致并与创新环境最为契合的概念意义,是愿景概念得以认可的重要保障。

(3) 具体化愿景

这是诠释者实验室对概念性方案进行情境化诠释的过程,也就是将新的概念具体化、视觉化表达。这种为新的意义赋予形式的过程,可以将新的意义或愿景纳入可感知、可理解、可践行的情境框架中,通过展示产品以及愿景故事,向观者传达创新目标与期望,以促成沟通。具体化愿景的工具包括叙事整理、图像化表达以及产品语言呈现。

① 叙事整理:通过讲故事的方式将"概念提案"中的意义、体验、方案(产品方案)等内容梳理清晰,整合为一体。愿景叙事主要是说明产品的价值意义以及产品展现的全新的理想生活方式,包括产品(及价值)与用户的关系以及与环境的关系。可通过"产品呈现的未来生活情境"以及"用户全新的体验感知"等叙事框架帮助整理关系,呈现新的愿景与价值。具体整理时,需要重视"符号"的运用以及"感受"的营造。

② 图像化表达:图像化表达主要是运用故事板和情境板将叙事整理后的愿景以视觉化形式呈现出来。视觉化的方式是愿景进行呈现和传达的重要形式视觉图像,能使愿景的呈现更加直观,充分展现意义价值驱动下人、物、环境之间的关系,让"符号"或特征形式在画面中具体表达。

③ 产品语言呈现:将概念愿景转化为具体的产品设计概念方案。通过具体的产品语言表达,与用户建立感知和对话关系,向用户呈现产品的意义价值以及相关生活方式。意义驱动下的产品设计与传统的产品设计不同,一方面,产品的设计语言需要打破传统产品印象,给予用户新的体验与想象;另一方面,产品设计语言需要运用特征原型与相关符号将产品价值与用户已有的经验进行链接。

---

① [意]罗伯托·维甘提等. 第三种创新:设计驱动式创新如何缔造新的竞争法则[M]. 中国人民大学出版社,2014:209.

具体内容包括核心价值体验、概念产品与用户的互动关系(使用方式、功能、情感、情境交互)。核心价值体验可以通过借用合适原型物的设计语言来辅助表达,并在此基础上,引入其他的语意表达符号,包括:特征形态、色彩、材料、结构、界面图示、动态等,能帮助完善和说明产品方案与愿景的具体关系。通过以上多种符号的融合,设计为新的意义或愿景赋予了具体的形式。

此外,还需通过以下的发问进行持续的优化:提案概念给我带来的想象体验是什么样的?想象体验与日常生活的具体关联?有什么样的方案或是途径(解决方案),能帮助我达成体验感受?

3. 沟通

意义创新程序中产出的产品、愿景以及相关的生活方式,均是与现有用户经验不同的全新内容。因此,意义创新驱动的产品推向市场会需要一段用户了解与社会认可的时间。产品的愿景表达能将"研究产物"具象化,起着向用户、观者、社会进行诉说与沟通的作用,以达到触动、连接新意或语言的目的。通过沟通与表达,能使受众感知未来发展方向,开阔视野,以接受与拥抱新兴的生活内容。此阶段的愿景表达是进一步面向社会与市场的愿景,是愿景的"综合呈现",具体围绕产品愿景及战略诉求,传达全新的设计语言与产品价值意义。

愿景的综合性呈现需要借用相关的文化载体(原型或媒介),包括:概念产品模型、文化手册、影片视频、展览、网站、前卫计划、装置展品等。设计师需要以意义内容、理念传达为导向,选择合适的具体载体。具体展览表达时,可以根据战略推广的要求,结合载体的形式特性将产品愿景内容适当打散,将其中最具有引发想象的以及价值特质的内容放大,与载体特质语言结合进行表达,例如模型的交互体验步骤、影片的蒙太奇手法、展览的沉浸氛围营造等。其中"放大价值"和"扩大传播"是此阶段最普及的战略沟通诉求。

"放大价值"一般会选择专业性与体验性较高的文化载体。例如阿莱西为"茶和咖啡广场(Tea and coffee piazza)"项目举办的文化展览及后续出版的关于这些原型的书籍,主要展现11位知名建筑师在产品的情感因素与象征意义方面的探索创新成果。利用大师影响与高雅体验方式,将日用产品的新价值、新意义传播出去,改变用户的观念(图 2-3-38)。

"扩大传播"一般会选择传播率高、生动形象的文化载体。例如丰田汽车(TOYOTA)为传播"编织城市计划(Woven City)"制作了精美的视频影像,传播以未来智慧出行共享移动平台汽车(e-palette)组织而成的编织城市。利用新奇且具有感染的影片画面以及与用户切实相关的生活内容,为产品概念传播增色不少(图 2-3-39)。

总之,愿景提案的综合性展示,并不局限于意义概念,而呈现为意义、体验、方案于一体的"文化原型"或"样品模型",方案更具有生动细节与创新的践行性。此外,还可以结合说明意义概念提取的来源、概念承载的理想与想象、概念当下和未来的联系,以及与概念相关的符号与表

图 2-3-38　茶和咖啡广场 / 阿莱西 / 意大利 / 1983

图 2-3-39　编织城市计划 / 丰田汽车 / 日本 / 2020

征。总之,此项工作不仅将这些新的想法传达到消费者与社会大众,而且还有助于将新愿景传达给产品开发与转化团队,帮助其汲取诠释中的核心内容与象征价值。

五、实践训练

(一)实践训练 1:场所情境中的把手

生活中有很多不同的门把手,是用户从一空间跨入另一空间首先所触及的,本意与"握"有关。在跨入一个新的空间情境之前,用户如何获得来自新空间特性的感知?门把手是否能成为空间环境与用户沟通的一个"媒介",帮忙传达其空间场所的情境内容,让用户在打开并跨入新的情境空间时,就能感知到场所传达的氛围特性?当门把手作为一个沟通"媒介"时,设计师应该如何设计一个具有特定象征意义的门把手?除了传统的门把手样式,设计是否还有其他形式的表达,能够与场所传达的氛围、象征内容所契合?或者门把手的形态、材质或触感能为用户的握持带来何种不同的感知体验,让用户提前获得场所感知?

通过为特定情境场所设计把手,能让学生基于具体产品设计,去尝试将情境氛围特性提炼赋予在具体物上。同时门把手与其他类型的情境物不同,它具有一定的交互功能,而且还是一个空间入口的符号,它能有较强的语意传达特性。因此,通过门把手设计能帮助训练学生的创意表达能力,让学生尝试通过设计表达与用户沟通。

1. 设计目标及内容

目标:为不同环境(情境)或人群设计一个有特定意义的门把手。

内容:选择设定目标情境或人群,通过门把手设计还原预设情境的氛围特性。让门把手设计既能打破固有的传统造型,又能传达功能上与握持相关的语意,并具有一定的内涵。

2. 工作步骤及输出

观察并了解现有的门把手的使用情境。需要从人对产品的操作、人对产品的情感、产品存在的环境、产品的文化四个方面来思考具体产品的语意形态应该如何呈现,产品与用户与环境的关系如何组织设计。

提炼归纳出情境表达的不同特性,用情境意向板等工具辅助表达。尝试将预定情境的氛围特性抽象提炼,例如足球俱乐部氛围可以描述为激情的、运动的或者力量速度型的。学会使用特征性的关键词以及意向板工具将这些特征描绘出来,并视觉化其情境特性。

尝试使用设计方案图,探索传达情境特性,并在其他艺术领域中寻找灵感。通过草图绘制,思考并尝试使用不同形态、形式、色彩、材质、肌理和细节表达帮助传达具体的语意特征。

设计并制作实体语意原型,具体呈现设计方案。通过制作不同形式、形态把手原型(发泡泡沫为主,探索不同材质的结合),将设计概念想法还原并实体化。

阐述并制作产品展板,呈现设计想法和概念。通过产品展板,展现整个语意设计流程,重点阐释产品的情境概念,使不同用户能基于设计产生特定的情感体验或氛围想象。

3. 相关工具及方法

情境意向板工具:设计师将自己认为能表达情境意向的图片和素材都整合到一张版面上,帮助设计师呈现产品意向传达的具体感觉。它是一种可视化的风格呈现工具,具有启发灵感与促进设计沟通的作用(图 2-3-40)。

图 2-3-40　"剧院"情境特性的意向图板 / 江南大学 / 中国 / 2019

情境转译方法:从预设情境中抽炼提取出有关形式、形态以及感觉的特征符号,将这些符号与具体的产品设计结合在一起。通过用户在具体情境中使用产品或与产品互动,让用户识别、感知到这些符号并唤起用户记忆以及相关的认知经验与体验想象(图 2-3-41)。

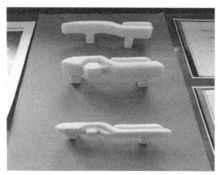

图 2-3-41　门把手设计练习作业 / 江南大学 / 中国 / 2019

(二)实践训练 2:生活愿景设计

愿景是设计师通过设计探索未来的综合性呈现,其内容多为展现设计师理想的"乌托邦"观念,饱含着设计师对未来生活的美好想象与期望。设计师期望通过设计探索未来的生活方式,以寻求解决当下问题的方式。在呈现上愿景是一种全新的情境,其中意义、价值决定了情境具体内容,符号则将情境内容具体编织呈现。

新冠疫情的突发,大多数人都体验了减少社交、居家隔离的生活状态,也可能感受到无聊和烦闷。我们是因为疫情的特殊情况而选择减少社交,减少出门。然而社会中有一群"日常隔离者",比如老人或独居人士,他们可能是非自愿地接受少社交、少出门的生活方式。而这种生活方式,可能会给人带来心理上的消极和压抑,让人在情绪上更容易产生波动并感到焦躁、烦闷和忧郁。作为设计师能否为他们设计一款产品、装置或服务系统,通过在日常情境中引入一些全新的符号和体验感知,达到提升用户积极情绪与幸福感知的目的。

每一个人都对美好生活有着一定向往和追求,但不同的人却对美好生活有着不同的理念和价值需求。为"日常隔离者"设计,能让学生关注到不同人群,引发学生对美好生活的具体思考。它要求学生将自身的思考和理念与目标人群的生活方式、状态结合,来构建全新的概念愿景,有助于充分训练学生的想象力以及对设计的规划力、整合力的掌握;转化实现愿景,能让学生对新兴的技术、材料、体验有着一定运用与了解。同时要求学生将概念愿景与用户生活语境结合,有助于训练学生的设计叙事能力以及愿景的综合表达和呈现能力。

1. 设计目标及内容

目标:为"日常隔离者"设计一款在生活情境中使用的电子产品、装置或服务系统。

内容:选择并观察某一类型的"日常隔离者",为这类人群设计一款产品、装置或系统。通过设计与技术运用为目标用户营造新的家庭氛围与生活体验,提升目标人群的积极情绪和幸福感知;通过产品呈现向目标人群展现一种美好的生活愿景,提供一种积极的生活价值理念。

2. 工作步骤及输出

选定某一类型的目标用户,观察并了解其具体生活。要求设计师以较为宏观的视野去观察了解具体的创新环境、目标用户群体的生活内容、文化和现有的价值取向与未来追求。

积累不同的关于美好、幸福、积极的生活理念和价值取向。这些理念和价值或许来自社会学家、心理学家、记者或评论员、生活理念的践行或倡导者以及其他设计师、创新者等各类诠释者。

使用思维导图梳理概念素材,构建设计意义概念。要求基于各类内容材料(包括:目标用户生活方式、诠释者意见、社会趋势内容)形成主观概念思考,聚合相关洞察和内容,提取初步的设计特征,形成意义概念。

形成概念愿景,并运用情境板、故事板等工具将概念愿景显化表达。要求基于新兴的设计意义概念将具体的目标人群因素、市场因素、产品技术因素融入其中,并综合形成产品概念愿景。

利用情境化叙事框架及表达工具,将愿景概念进行显化表达。

使用设计方案草图,探索意义、愿景作用于产品的具体表达呈现。通过草图绘制,尝试运用文化符号、设计语言或其他原型手段,将用户陌生的愿景概念和用户现有的经验进行链接,形成产品的具体表达。

制作产品原型模型,拍摄概念影片呈现产品综合愿景。面向目标用户,以产品意义、理念传达为导向拍摄并制作产品概念影片,主要展现全新的生活情境,在情境中展现产品模型,呈现预设的功能效用、体验感知等内容。

3. 相关工具及方法

思维导图工具:思维导图是设计师基于一定的主题概念词,将收集到的信息素材进行结构化梳理的可视化信息工具。它能整合繁复的信息内容,帮助设计师基于不同的素材内容提取灵感和设计来源。

情境板、故事板工具:情境板、故事板工具是将用户故事通过图片或漫画等方式,分时间步骤进行绘制排列的呈现工具。情境板、故事板形式大致相同,但呈现内容有一定差异。情境板多为描述场景、用户、产品之间的关系;故事板则多为描述用户使用产品的具体起由、使用方式、产品功能效果等内容。情境板、故事板能直观地呈现产品概念,能帮助设计师运用情境与故事框架使产品功能以及用户的体验与感知内容丰满化、具体化。

产品概念影片:产品概念影片是产品愿景综合性呈现的一种具体的展现方式。它能直观地呈现产品与整体环境的关系,以及产品功能、体验感受及意义价值。同时其艺术化镜头的语言表达能使产品的价值、愿景更加触动人心,有助于推动产品与设计愿景获得广泛的认同。

4. 参考案例

案例一:幻彩灯(metamorfosi)生活愿景设计

阿特米德(Artemide)公司的 1998 年投入市场的"幻彩灯"灯具,打破了当时市场对灯具设计的风格和定义,让消费者对灯具的造型美感的关注转移到了对家庭生活中灯光氛围的关注。产品设计希望通过"幻彩灯"营造让人感觉愉悦并能增进沟通和交往的氛围空间,用户能根据当下的心情和空间环境调节灯光的整体氛围(图 2-3-42)。

案例二:家庭电子窗(+WINDOW)生活愿景设计

松下公司未来生活工厂设计的"+WINDOW"是一款挂置于家庭空间内部的电子窗户。产品发布于 2017 年,并获得同年的红点设计奖。它能模拟自然光线、自然微风以及自然环境声,可减轻无窗房间的局限感和压抑感。其产品设计希望为用户提供一扇诗意的窗户,营造空间的轻松感和舒适感,帮助用户放松头脑与心灵(图 2-3-43)。

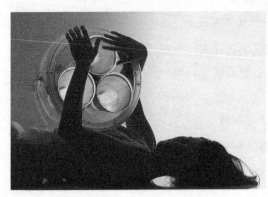

图 2-3-42 "幻彩灯" / 阿特米德公司 / 意大利 / 1998

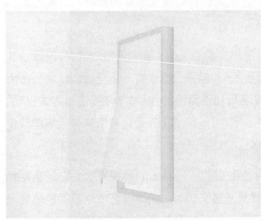

图 2-3-43 家庭电子窗 / 松下公司未来生活工厂 / 日本 / 2017

（三）实践训练 3：社会批判性设计

社会批判性设计与现有的主流设计不同，并不是为了创造商业价值或推进新兴消费方式，而是希望通过设计提供一种立足于社会的宏观视角与新兴的观念价值（意义）。具体来说，批判性设计中一般会运用某些象征符号（隐喻），并将符号与特定的社会现象、事件内容、文化价值建立联系，达到引发观者共鸣、反思的目的。

作为设计师，观察社会趋势，倾听社会中的不同意见和声音是基本的职业要求。面向社会热议话题做设计，不仅能呈现设计师对社会的关注和对事件的思辨，还呈现了设计师以"物的语言"与用户和当下社会进行沟通的过程。当下是信息爆炸的时代，到处都充斥着信息、图像、内容。看似生活丰富多彩，实质已经被过多的冗余信息所占据、填满。科技信息体验，一方面，带来了便利的信息触达；另一方面，日常的生活也受信息推动、控制。作为社会生活中的一员，多数人难以发现科技信息体验对生活的作用与具体影响。设计师能否围绕"科技信息体验"来展开批判性设计,通过思考科技信息体验与人类认知、情感以及生活内容的关系,提炼新兴的概念与意义价值,并通过概念性产品向用户呈现全新的科技信息体验愿景,促使用户反思当下的以信息主导的生活方式。

围绕"科技信息体验"话题设计相关日用产品、电子产品以及互动装置,能让学生对当前生活与信息技术关系产生思考,并将其和人类认知、情感、生活内容结合。不仅有助于增进学生对科技与人性化需求的理解,还能训练学生的批判性思维能力与联动思维能力。同时课题还具有意义驱动创新的特征,能训练学生的意义提取能力以及围绕意义的转译能力。让学生尝试与不同的诠释者进行接触互动,形成自我诠释表达的设计语言,借用设计物的符号特征、设计内容、使用方式与支撑性叙事呈现相关社会思辨。

1. 设计目标及内容

目标:围绕"科技信息体验"话题设计相关日用产品、电子产品以及互动装置。

内容:观察当下生活中科技信息体验的内容,收集不同诠释者的观点,综合了解当下由信息影响或主导的生活方式。将科技信息的触达与人类认知、情感、生活内容结合进行思考,形成新兴的概念与意义价值。根据设计概念寻找能适宜于表达的产品原型,并运用设计语言将意义概念编织为产品具体的外延与内涵呈现;通过具体的产品呈现激发用户的认同和共鸣,引发社会思考。

2. 工作步骤及输出

选定某一热议话题,收集不同诠释者的观点、意见。要求设计师以较为宏观的视角去选取社会中的热议话题,了解话题背后的现象、人群行为以及相关的社会趋势与文化内容。

组织研讨工作坊与诠释者形成互动沟通,提出洞察。选取并接触不同的诠释者,组织不同的诠释者参与研讨,分享基于热议话题的洞见和观点。基于创新目标,一同协作讨论,提出概念意义洞察提案。

对洞察提案进行联结和补充,具体化概念提供的体验以及相关解决方案。要求设计师结合自身经验和想象,基于概念洞察构建意义、体验、方案于一体的概念创意方案。

将概念创意方案融入具体情境,构建可视化的愿景表达。通过叙事框架将概念方案具体化;运用情境板、故事板工具表达呈现愿景概念,通过运用产品设计语言,表现初步的产品设计效果。并组织诠释者小组进行相应的评估,了解诠释者对意义呈现效果的识别和感知程度,了解诠释者的观点与建议。

优化产品设计,制作产品展板以及报告手册,呈现产品设计与思考过程。吸收不同的诠释者意见后,优化完善设计。通过展板和报告手册的形式,展现从概念意义到产品转译设计以及诠释者小组讨论的优化过程,将设计过程与产品思考进行综合性呈现。

3. 相关工具及方法

研讨工作坊：研讨工作坊是基于具体主题概念的交流讨论会议，其会议目的主要是为发现、了解不同诠释者的观点与意见。在会议过程中，设计师会运用创意贴纸、剪贴画等图像化工具帮助不同的专家表达各自的观点、看法和概念愿景。它能帮助设计师较为直观快速地收集不同专家的意见和观点思考，有助于设计师推进思考并发现与概念相关的关键诠释者。

评估工作坊：其目的主要是从不同关键诠释者角度了解他们对具体概念或是设计方案的看法和观感。具体访谈由设计师主持开展，在讨论过程中设计师会展示相关概念愿景并提供与设计相关的概念评估量表或是其他工具，帮助诠释者基于一定标准衡量评估方案。诠释者小组能帮助设计师了解诠释者对概念愿景的理解和看法，帮助设计师优化设计。

4. 参考案例

案例一：WEAR SPACE 设计研究

"WEAR SPACE"是松下未来生活实验室设计的一款可穿戴设备，该产品获得了 2017 年的红点设计奖。当下社会空间中的信息干扰因素愈来愈多，用户需要一定的个人空间隔绝冗余信息、保持专注。"WEAR SPACE"通过自带的降噪技术和控制视野的隔板，限制用户的视觉和听觉，使用户能随时随地集中于个人世界（图 2-3-44）。

图 2-3-44   "WEAR SPACE"可穿戴设备／松下（Panasonic）未来生活实验室／日本／2017

案例二：EARPHONE SPEAKER 设计研究

"EARPHONE SPEAKER"同样是松下未来生活实验室设计的可穿戴设备。不同于"WEAR SPACE"的隔离，EARPHONE SPEAKER"的核心是"放大与转换"。产品利用声音传感器，捕捉环境空间中的 WiFi 信号，并将其转换为自来水和传统乐器的打击乐。设计者期望通这种新的音频体验，让用户获得动力去关注真实的环境空间与生活内容（图 2-3-45）。

图 2-3-45 "EARPHONE SPEAKER" 可穿戴设备 / 松下(Panasonic)未来生活实验室 / 日本 / 2019

第三章

产品语意设计作品分析

本章摘要

本章节重点分析产品语意设计的经典作品，以生活日用、消费
电子、时尚产品、数字系统、文化创意五大类产品，来剖析生活
符号与功能日用的融合、品牌意义与特征符号的联系、时尚符
号与诗意表达的统一、整体体验性的符号系统和传统文化符
号的当代更新，通过具体的案例分析来理解产品语意学的设
计内涵，启迪设计实践。

第一节   生活日用产品——生活符号与日用功能的融合

产品的本质是在满足用户对其根本的物质功能需求的同时,也要满足其更高的审美、指示、象征等精神层面的需求。生活日用产品作为有意义的载体,"方便"是对其最直观的认知,因此,外延性的功能使用性是其最主要的意义,而情感性的内涵性意义成为其次,其他品牌性及社会性意义涉及不多。该类型产品更多的是一种生活符号的表达。

一是功能原型出发的语意。生活日用产品作为功能型设计,更加强调直观、自然地传达出其产品的功能和作用,其"这是什么产品?""功能是什么?"的意指更加直接,甚至用户不需要思考。这类产品的符号与主要的功能、操作使用要求、基本结构形式有自然的联系,形成了该类型较为固定、原型性的功能意义特征。这种功能意义的特征,多与整体的造型、大小、尺度及主要功能面的重点特征细节等有关。生活用品符号的特点就是简洁,外形往往是简单的几何体,基本采用规则的常用形态。颜色也以纯净内敛的单色或自然色为主(有时也有纯色),线条的衔接利落流畅,这种简洁是对事物本质的关注。深泽直人的设计主张就是用最少的元素来展现产品全部的功能。

二是功能性界面使用的语意。一件产品要做到易于理解与操作,其功能性操作界面的语意表达要准确,这是衡量生活日用产品的"好设计"的重要因素。如果需要一个标示来表明它是如何运作,那就是贫乏的设计。生活用品的功能性界面传达包括显示功能操作的指示性、将正确的操作传达给用户(易用性)、操作过程与结果的关联(概念模式)以及细节符号的象征意义。同时,界面符号也与产品原有的行为特征有关,由于行为特征的存在,用户得以轻易理解它的功能和使用方式,无须重新学习。设计师需要把产品原有的特征同用户的行动目的、行动方法结合起来并应用到新的产品上去。总之,好的设计能够把产品界面与其功能操作进行有机的融合,从而使产品的品质得到保证、审美得到提升。

三是设计哲学与理念。生活日用产品的设计更注重通过形式的自明性(即自我表达)来实现功能的表达与沟通,贾斯珀·莫里森(Jasper Morrison)指出,在现实世界中,一件物品的价值是其根本功能,而不是在多余的设计上;现在有太多设计本身偏离了物件的原本,设计师关心的只是物件表面的吸引力,为设计而设计。同时,这样的符号表现也自然形成了极简主义的设计哲学,即形式简单、造型优美且高功能性的设计作品。这种极简并不意味着平淡,其设计常常以最少的元素隐喻极其丰富的设计内涵。例如无印良品以其纯粹的、简约的、还原商品本质的设计风格贴近于我们的内心,彰显了静谧、优雅的品位,让我们感悟出简朴、诚实的设计精神。这样的设计符号往往与环境或其他日用产品有着较好的协调性。另外,尽管简单、质朴是这类产品符号表现的最大特点,但是不同国家及民族也因不同的文化习惯在形态、色彩及细节特征上表现出不同的特色。

设计特色关键词:功能性的形态整体特征、功能性的界面传达、极简设计哲学设计师代表人物：深泽直人、原研哉、贾斯珀·莫里森、Rich Park、FUWL 设计团队、MSDS Studio 设计团队、BønnelyckeMdd 团队等

设计代表品牌：宜家、瑞士产品、MUJI 无印良品等（图 3-1-1 至图 3-1-20）

▶▶ 一、宜家（IKEA）

图 3-1-1　宜家莫斯特比踏脚凳 / 宜家 / Chris Martin 设计

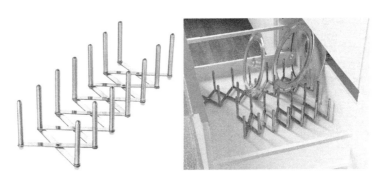

图 3-1-2　宜家瓦瑞拉锅盖收纳件 / 宜家 / Sweden 设计

图 3-1-3　宜家 NORDEN 折叠餐桌 /
宜家 / Mikael Warnhammar 设计

图 3-1-4　宜家 GRANBODA 套桌 / 宜家 /
Jonas Hultqvist 设计

图 3-1-5 宜家 GUALÖV 储物桌 /
宜家 / Johanna Jelinek 设计

图 3-1-6 宜家 BURVIK 边桌 /
宜家 / Mikael Axelsson 设计

图 3-1-7 宜家 PS GULLHOLMEN 摇椅 /
宜家 / Maria Vinka 设计

图 3-1-8 宜家 GRÖNADAL 摇椅 /
宜家 / Lisa Hilland 设计

▶▶ 二、瑞士产品

图 3-1-9 瑞士 Rex 削皮器 /
Alfred Neweczeral 设计 /
瑞士 / 1947

图 3-1-10 瑞士 CAKE TIN
饼模 / Kurt Zimmerli 设计 /
瑞士 / 1996

图 3-1-11 瑞士军刀 EVOLUTION /
VICTORINOX / Paolo Fancelli 设计 /
瑞士 / 2004

图 3-1-12　瑞士 Freitag 包 / FREITAG /
Markus Freitag & Daniel Freitag 设计 / 瑞士 / 1990

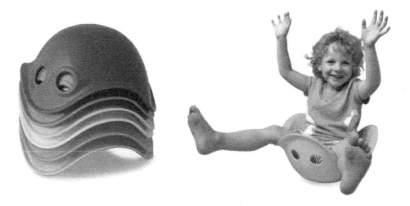

图 3-1-13　瑞士 BILIBO 玩具 / BILIBO /
Alex Hochstrasser 设计 / 瑞士 / 2001

图 3-1-14　瑞士 PANTON CHAIR 潘顿椅 /
Verner Panton 设计 / 丹麦 / 1959

三、无印良品（MUJI）

图 3-1-15 无印良品 CD 唱片机 / 无印良品 / 深泽直人设计 /
日本 / 1999

图 3-1-16 无印良品电饭煲 / 无印良品 / 深泽直人设计 /
日本 / 2014

图 3-1-17 无印良品电热水壶 / 无印良品 / 深泽直人设计 /
日本 / 2014

图 3-1-18　无印良品空气净化器 + 加湿器 / 无印良品 /
Masamaro Fujiki 设计 / 日本 / 2018

图 3-1-19　无印良品香薰机 /
无印良品 / Kazushige Miyake 设计 /
日本

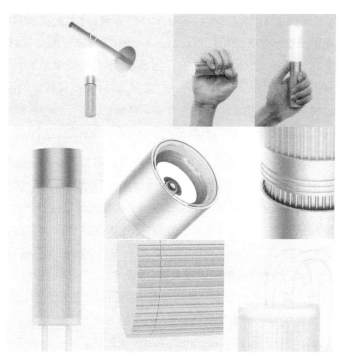

图 3-1-20　无印良品 LED 手电筒设计 / 无印良品 /
Rich Park 设计 / 日本 / 2016

第二节　消费电子产品——品牌意义与特征符号的联系

品牌作为人为创造的虚拟的意义识别,是商业性竞争的重要标志。它试图赋予产品独特的个性,体现各自之间的差异。品牌属于产品的内涵性语意,它往往依附于产品具体的有形因素——形态、材料、色彩等,通过特定的产品语言加以表现。产品语意学认为,具有一定特征性的持续表达以及与产品发展历史、理念及象征有关的符号是品牌性语意表达的主要途径,设计师可以归纳或使用形态、色彩、材质、细节、显示界面以及灯光、动效的独特体验或符号组合来表达品牌语意、产品战略理念。

首先,表现为产品品牌符号的识别性和差异性。鲍德里亚认为,现代消费社会的本质,在于差异的建构。人们所消费的,不是客体的物质性,而是差异。产品是否受欢迎,在很大程度上取决于是否符合预设目标群的标准及价值观(特别是美学的或象征的标准),或能否以一项产品成功地塑造一个新的目标群。产品设计中塑造象征的出发点,就是差异化及生活形态这两个重要概念。能够代表品牌意义的符号设计,不是简简单单迎合目标群体品位的"好的造型",而是要将产品的识别形式及群体的认同渴望,进行阐释和转化的设计。可以说,这种品牌意义形象是通过特征符号或特定风格人为有意识体现出来的,这种虚拟识别也是消费者在社会关系中的一种身份认同感、确定感和归属感的表达(即社会化的"我")。

其次,产品品牌符号又具有一致性。消费者时代品牌战略的根本出发点和归宿是让品牌形象为受众所认同,并成为目标消费群区分其他品牌的价值符号。因而,在同一品牌的内部,即使有不同种类的产品,也都最好"用一个声音说话"进行有特色的表达。在同一品牌的系列产品中,更加需要进一步遵循这样的规则,即由内在的理念识别出发,在企业价值观念、品牌理念或历史精神的指导下,借助一些共同的、特征性的记忆符号——形态、色彩、材料等特征风格或细节局部,形成品牌符号的一致性表达,体现产品语言的历史性延续与熟悉感。因此,设计师在进行品牌产品设计时,可以从一些自身旧有的品牌产品形象上,借用一些共同的、特征性的记忆符号,并结合新的时代语境与审美意识;也可以在新产品开发时,对其他类似或相关的符号"语言"进行借鉴,结合发展出"亦新亦旧"的品牌新风格。

设计特色关键词:品牌符号的识别性和差异性、品牌符号的一致性

设计师代表人物:木原信敏、Torsten Valeur、Cecilie Manz 等

设计代表品牌:Sony、B&O、JBL、三星等(图 3-2-1 至图 3-2-27)

▶▶ 一、索尼（SONY）

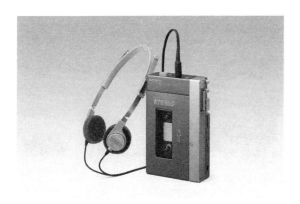

图 3-2-1 索尼 TPS-L2 随身听 / 索尼 /
木原信敏设计 / 日本 / 1979

图 3-2-2 索尼 WM-DD 随身听 / 索尼 /
木原信敏设计 / 日本 / 1989

图 3-2-3 索尼 PlayStation 1 /
索尼 / Ken Kutaragi /
日本 / 1994

图 3-2-4 索尼机器狗 Aibo /
索尼 / Hajime Sorayama /
日本 / 1999

图 3-2-5 索尼 PlayStation®
Vita 游戏机 / 索尼 /
索尼设计团队 / 日本 / 2011

图 3-2-6 索尼 PlayStation4
PS4 游戏手柄 / 索尼 /
索尼设计团队 / 日本 / 2019

图 3-2-7 索尼 RX100 卡片相机 /
索尼 / 索尼设计团队 /
日本 / 2012

图 3-2-8 索尼 Xperia Ear
Duo 耳机 / 索尼 /
索尼设计团队 / 日本 / 2018

图 3-2-9 索尼 Play station 5 / 索尼 / Yujin Morisawa 设计 / 日本 / 2021

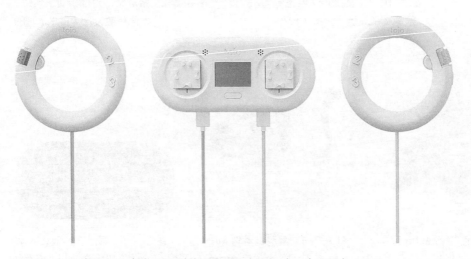

图 3-2-10 索尼 Toio 智能玩具系统 / 索尼 / 索尼设计团队 / 日本 / 2017

图 3-2-11 索尼 DSC-RX0 运动相机 / 索尼 / 索尼设计团队 / 日本 / 2018

图 3-2-12　SONY WALKMAN MZ-E2 / 索尼 / 索尼设计团队 / 日本 / 2019

图 3-2-13　索尼 Airpeak S1 专业无人机 / 索尼 / 索尼设计团队 / 日本 / 2021

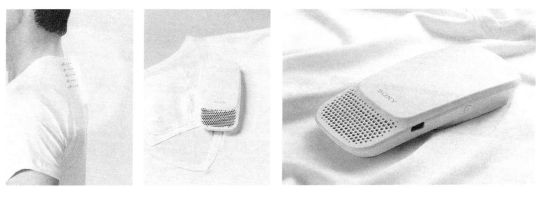

图 3-2-14　索尼可穿戴袖珍空调 Reon Pocket / 索尼 / 索尼设计团队 / 日本 / 2020

▶▶ 二、铂傲（Bang & Olufsen）

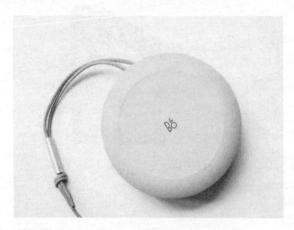

图 3-2-15 Beosound a1 音响 / B&O / Cecilie Manz / 丹麦 / 2016

图 3-2-16 Beosound1&2 音响 / B&O / Torsten Valeur / 丹麦 / 2010

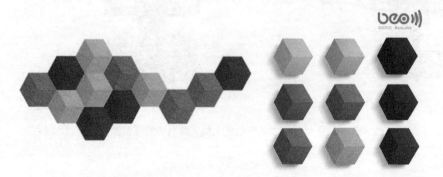

图 3-2-17 B&O Beosound shape 模块化壁挂式扬声器系统 / B&O / Øivind Alexander Slaato / 丹麦 / 2017

图 3-2-18 B&O BeoSound 35 音响 / B&O / Torsten Valeur / 丹麦 / 2016

图 3-2-19　B&O Beovision Harmony 音响 / B&O / Torsten Valeur / 丹麦 / 2019

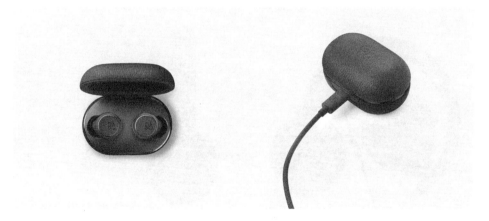

图 3-2-20　B&O Beoplay E8 耳机 / B&O / B&O 设计团队 / 丹麦 / 2019

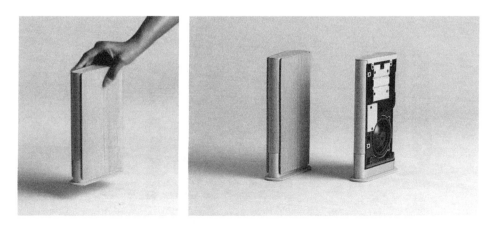

图 3-2-21　B&O Beosound Emerge 音响 / B&O / Benjamin Hubert / 英国 / 2021

▶▶ 三、JBL

图 3-2-22 JBL BOOMBOX2 音响 / JBL / JBL 设计团队 / 美国 / 2020

图 3-2-23 JBL TUNE 500 耳机 / JBL / JBL 设计团队 / 美国 / 2018

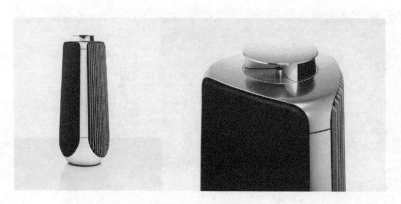

图 3-2-24 JBL Beolab 50 扬声器 / JBL / JBL 设计团队 / 美国 / 2018

四、三星（Samsung）

图 3-2-25　三星 Galaxy Buds Pro / 三星 / 三星设计团队 / 韩国 / 2021

图 3-2-26　三星 Galaxy Z Flip 5G / 三星 / 三星设计团队 / 韩国 / 2021

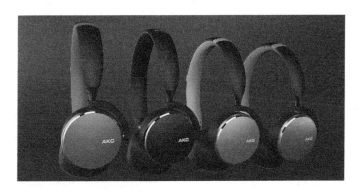

图 3-2-27　三星 AKG Y500BT 贴耳式无线蓝牙耳机 / 三星 / 三星设计团队 / 韩国 / 2020

第三节 时尚家居产品——时尚符号与诗意表达的统一

在信息化时代,顺应新的生活需要与消费形态而出现的扁平化、大屏化的产品,在一定程度上加剧了新视觉识别符号的匮乏。在多元化审美的支持下,时尚家居产品成为设计与艺术的诗意表达的主要领域,反映出新时代消费者的感情色彩、情趣风格和生活态度。

时尚家居产品已不再仅仅停留于"基本使用功能的需要",而是向"表情的需要"方向进一步发展,这种"表情的需要"通过多种设计途径和不同层面来实现,例如通过形态、色彩、装饰、材料等的变化,引发观者积极的情感体验和心理感受,从而实现设计中的"以情动人"。具体来看,它可以通过富有审美情调和隐喻色彩的符号设计,赋予产品更多的意义,让使用者心领神会而备感亲切,甚至触及心灵深处;也可以在产品设计中采用或部分采用天然材料(或有自然感觉的人工材料),通过材料的改变以增加自然情趣或特定情调,使人产生强烈的情感共鸣。例如,Magis 的 chair one 钢制菱形椅,以压铸铝为材料,像足球一样构造,设计成空心多于实心,用最少的材料创造最多的产品。此外,还可以从其他的产品、建筑、自然、音乐、舞蹈、文化等寻找符号灵感,通过形态(细节)、色彩、材料肌理、操作、过程、光影等一切体验的方式,来塑造产品的"整体情境的表情"。总之,这些适意型的产品语言需要以多种巧妙的设计方式来连接背后的意义,并允许意义的模糊和多重的诠释。

时尚家居产品的诗意表达是情感性的语意使用,经常建立在模棱两可、多重意义以及复杂隐喻之上,也是设计师无意识运用的结果。时尚家居产品常常借助符号的强调、引用、重构、寓意、抽象、装饰、置换、想象等设计方法,引发用户的情感共鸣。它是一种暗示的、如诗一般的表达,虽然用户无法精确地或全部地领悟到其中的意义,但可以留下大体的印象,进而感受到日常的美好。例如,Flos 的 Skygarden 如其名,带给人"空中花园"般的感受;马塞尔·万德斯(Marcel Wanders)将古典的灰土浮雕转移到了一个弯曲的灯罩内部,精美的花纹图案,纯白和纯黑两种颜色的圆形灯罩,营造出复古石膏天花吊灯的怀旧氛围。

如今时尚家居产品设计在多元化审美与新材料新工艺的影响下,出现艺术和设计再度融合的趋势。时尚家居产品将通过艺术符号与诗意表达的统一,强调设计中的情感、艺术和文化价值,进一步推动人居生活的多样化与个性化趋势。

设计特色关键词:时尚符号、诗意表达、情感语意

设计师代表人物:Antonio Citterio、Eero Aarnio、深泽直人、Marcel Wanders、B&B Italia 团队等

设计代表品牌:Magis、B&B、Flos 等(图 3-3-1 至图 3-3-17)

⏩ 一、马吉斯（Magis）

图 3-3-1 Magis Puppy 椅子 / 马吉斯 / Eero Aarnio 设计 / 芬兰 / 2005

图 3-3-2 Magis Sam Son 椅子 / 马吉斯 / Konstantin Grcic 设计 / 德国 / 2015

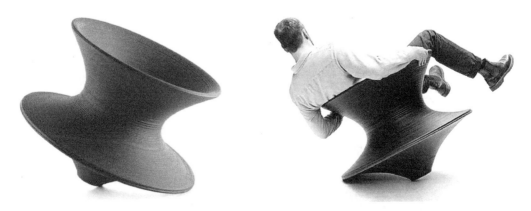

图 3-3-3 Magis Rotating 旋转椅 / 马吉斯 / Thoms Hhetherwick 设计 / 英国 / 2010

图 3-3-4　Magis 钢制菱形椅 / 马吉斯 / Konstantin Grcic 设计 / 德国 / 2003

图 3-3-5　Magis Big Will 桌子 / 马吉斯 / Philippe Starck 设计 / 法国 / 2019

图 3-3-6　Magis Bureaurama 系列桌凳 / 马吉斯 / Jerszy Seymour 设计 / 德国 / 2017

二、B & B

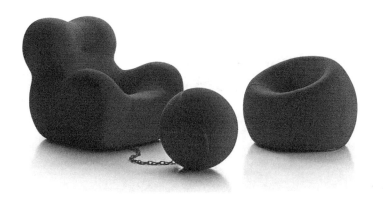

图 3-3-7 B&B Serie UP 2000 扶手椅 / B&B / Gaetano Pesce 设计 / 意大利 / 2000

图 3-3-8 B&B Italia Mart 扶手椅 / B&B / Antonio Citterio 设计 / 意大利 / 2017

图 3-3-9 B&B Harbor 沙发 / B&B / 深泽直人设计 / 日本 / 2017

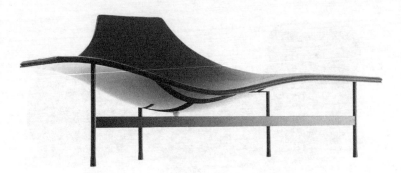

图 3-3-10 B&B Terminal 长椅 / B&B / Jean-Marie Massaud 设计 / 法国 / 2008

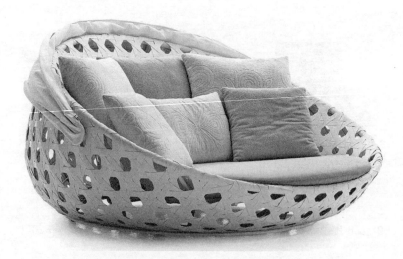

图 3-3-11 B&B Canasta 户外家具 / B&B / Patricia Urquiola 设计 / 意大利 / 2007

图 3-3-12 B&B Metropo litan 沙发 / B&B / Jeffrey Bernett 设计 / 美国 / 2014

▶▶ 三、Flos

图 3-3-13　Flos Arco 落地灯 / Flos / Castiglioni 设计 / 意大利 / 1962

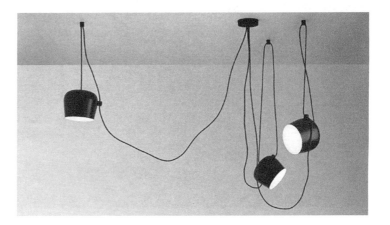

图 3-3-14　Flos Aim 灯具 / Flos / Ronan & Erwan Bouroullec 设计 / 法国 / 2013

图 3-3-15　Flos Skygarden 灯具 / Flos / Marcel S2 Wanders 设计 / 荷兰 / 2007

图 3-3-16 Flos IC 灯具 / Flos / Michael 设计 / 2014

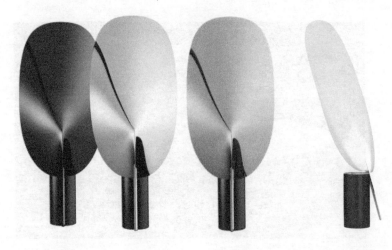

图 3-3-17 Flos Serena / Flos / Patricia Urquiola 设计 / 意大利 / 2015

第四节　数字产品系统——整体体验性的符号系统

随着数字技术的发展以及交互体验设计水平的提升,使得两种不同的符号表达方式——硬件技术与数字界面日益充分地结合。数字产品(系统)按照存在形式,可划分为有形的数字产品和虚拟的数字界面(及过程)两种类型。有形的数字产品是指数字产品的实体,是数字界面的物质载体。虚拟的数字界面是指在虚拟的界面空间中操作使用产品的过程,是依托于有形数字产品的基础上的。以虚拟的数字界面及过程为重点的数字产品系统的体验性与整体性如今成为设计的重要关注点。

计算机、信息互联、智能交互等技术使得传统产品的功能、交互及情感领域大大拓展,视觉交互符号及意义在新的体验系统及过程中发挥着更加重要的作用。设计师原本通过实体可触的形态、色彩和材料来传达其功能及使用状况,来实现人机之间的沟通,并使其人性化与情感化。随着操作符号及视觉界面转入二维虚拟空间及流程,原来的表达形式被简化或弱化,数字产品及界面在符号表现方面得到不同多维形式的支持或加强,传达更丰富的信息,例如融入更多的图像和声音等动态、互动的效果等。更为重要的是,一些数字化符号与意义的新特性带来新的体验与探索空间,具体包括:数字界面符号认知理解的特性、与生活意义的联系、在系统与流程中的符号间的一致性,以及符号与操作的概念模式、体验性反馈等。此外,系统内各个界面及符号的抽象性、秩序性以及识别性也成为需要关注的重点。

数字产品系统的符号表达,通过实体符号和虚拟界面符号的互相配合,形成了更为复杂的整体性体验系统,同时,不同产品根据理念与功能特性的不同也呈现不同的风格表达。例如,特斯拉 Cybertruck 与 Model 3 和 Model Y 一样,采用了极简的设计风格,所有的操作行为集中在一台超大尺寸的中控屏幕上。设计师尊崇"第一性原理",推翻汽车设计的既定规则和经验主义,思考人和汽车最本质的关系,简单的内饰不降低干扰,会分散驾驶员注意力,中控屏的界面充分遵循信息优先级和可视化原则,从实体到虚拟界面的符号表达构成了特斯拉系统独有的体验感。在这种整体性系统中,除了要重视实体与数字虚拟界面符号表达之间的协调性以外,还要注意实体与数字虚拟界面符号在交互性叙事中不同的角色与过程重点,简与繁,静与动,中心的注意力,行驶过程中的符号认知优先级,以及多设备多平台间的一致性体验。此外,品牌化的符号在一致性及有序表达的基础上,还有其自身对符号表达、功能认知、语言意义之间关系以及流程中叙事节奏、体验动效的独特思考。

因此,数字产品与实体产品最大的差别在于虚拟性和互动性。虚拟和互动的介入,使产品可以拥有更丰富的个性和更宜人的体验,从而进一步满足人们的体验与梦想。同时,这些也使数字产品的符号及其系统的设计发生革新性的变化,无疑需要设计师更加深入地理解其认知、交互、体验及其语境的特性与要求。

设计特色关键词:数字化、界面、整体性系统

设计师代表人物：Franz von Holzhausen 等

设计代表品牌：特斯拉、雷克萨斯、苹果、谷歌等（图 3-4-1 至图 3-4-11）

➤➤ 一、特斯拉（Tesla）

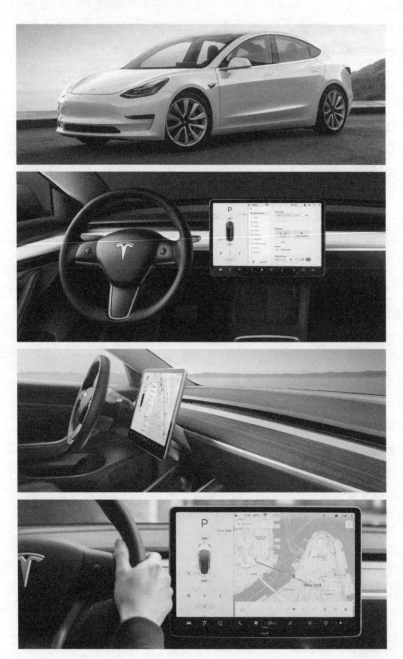

图 3-4-1　特斯拉 Model 3 / 特斯拉 / Franz von Holzhausen 设计 / 美国 / 2017

图 3-4-2 特斯拉 Roadster / 特斯拉 / Franz von Holzhausen 设计 / 美国 / 2017

▶▶ 二、雷克萨斯（Lexus）

图 3-4-3 雷克萨斯 NX / 雷克萨斯 / 日本丰田汽车公司设计 / 日本 / 2021

图 3-4-4 雷克萨斯 LS / 雷克萨斯 / 日本丰田汽车公司设计 / 日本 / 2021

图 3-4-5　雷克萨斯 UX / 雷克萨斯 / 日本丰田汽车公司设计 / 日本 / 2021

▶▶ 三、苹果（Apple）

图 3-4-6　iPhone 12 / 苹果 / Apple 设计团队 / 美国 / 2020

图 3-4-7　Apple iOS 系统 15 / 苹果 / Apple 设计团队 / 美国 / 2021

Apple Watch Series 6　　　Apple Watch SE　　　Apple Watch Series 3

图 3-4-8　Apple Watch 运动手表 / 苹果 / Apple 设计团队 / 美国 / 2020

▶▶ 四、谷歌（Google）

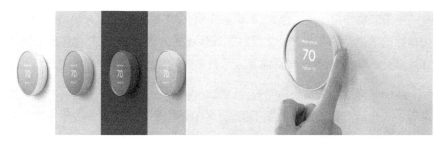

图 3-4-9　谷歌 Nest Thermostat 智能恒温器 / 谷歌 /
Tony Fadell、Ben Filson & Fred Bould 设计 / 2020

图 3-4-10　谷歌 Nest Secure 家庭安防套装 / 谷歌 / 谷歌设计团队 / 美国 / 2017

图 3-4-11　谷歌 Nest Mini 音响 / 谷歌 / 谷歌设计团队 / 美国 / 2019

第五节　文化创意产品——传统文化符号的当代更新

中华文明作为历史上伟大、璀璨的文明,在不断发展的今天也出现了一批又一批体现传统文化精髓的艺术品和文化产品。而对于现代设计来讲,以这些文化珍宝和理念为设计源泉的文化创意设计,产生一批又一批既满足人们日常生活,又能够体现传统文化精髓的产品。

我们应深入理解传统符号与中国文化意识、观念之间的联系。中国传统的观念与今天我们常谈的现代西方设计概念有所不同,更多的是位于更高层次的关于宇宙、自然、社会与人生的哲学。这种哲学较深地影响着中国古代人的生活方式、审美意识及设计创作表现,使之与西方文化形成解明的对照。在文化创意产品的设计中,往往会融入中国传统的文化符号:和谐、简朴、虚实、自然、含蓄。中国文化的力量,经历了如此长的时间仍能够持续发挥影响,甚至有时比以前更加强烈。虽然作为设计者很难全部认识和理解中国传统文化,例如阴阳的含义、风水的复杂,但我们可以感受和理解其中所反映出的特有的观念和意识的力量。

中国传统文化符号面临当代性转化。首先,当代年轻人的审美意识转变促使着文化创意产品的不断创新,只有在传承的基础上结合新的语境持续创新与积极探索,文化才会有新的发展,消费者才会产生新的感动。这就需要设计师不再只是停留于外部的符号或风格表象,而应从内心真正理解文化的观念和精神,理解潜藏于传统中的审美情趣与深层思想本质,创造出真正崭新的作品。其次,跨文化传播呈现两种不同的态势,即全球化的趋同和多元化的求异。文化创意产品承担着连接传统文化与现代文化、全球化与地域化的责任并发挥构建作用。也就是说具有创新意义的文化创意产品设计,在某种程度上可能强化、支持或甚至启动社会文化的发展与转变,塑造新的文化。

同时,我们应将传统文化与新的技术相结合。在新的技术与观念的冲击下,通过探究新技术与文化的互动来再次创造"新风格"的特色产品,这无疑又是一次新的设计上的"文艺复兴",这其中包括参数化设计、智能设计、建筑表皮设计等。例如,采用数字参数化的陶瓷器具设计中,将陶瓷器具参数化的建模和滑模铸造结合起来,作为陶瓷设计中的创新工具,从而使文化得到传承与传播。

总之,通过语意设计把传统的情感与现代的技术、观念连接起来,并非是对文化符号单纯、静态的重复,而是动态的,具有可重新组合、可改变、再创造的弹性。传统文化符号的设计更新要达到好的效果,除了要把握好其中转换的方法和创新的度,同时还必须注意合理性、艺术性、创造性三项原则在文化创意产品设计中的使用。

设计特色关键词:传统文化符号、创造"新风格"、跨文化国际传播

设计师代表人物:朱小杰、石大宇、李薇等

设计代表品牌:朱小杰设计、台湾 Yii、故宫博物院、苏州博物馆等(图 3-5-1 至图 3-5-20)

▶▶ 一、朱小杰设计

图 3-5-1　钱椅 /
朱小杰设计 / 中国

图 3-5-2　明清圈椅 /
朱小杰设计 / 中国

图 3-5-3　乌金木凳 /
朱小杰设计 / 中国

图 3-5-4　伴侣几 /
朱小杰设计 / 中国

图 3-5-5　蝶椅 / 朱小杰设计 / 中国

▶▶ 二、台湾 Yii

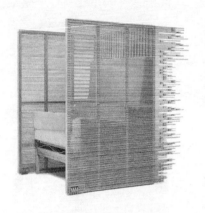

图 3-5-6 椅屏·流影 / 台湾 Yii / 石大宇 / 中国

图 3-5-7 椅刚柔 / 台湾 Yii / 石大宇 / 中国

图 3-5-8 榻系列 / 台湾 Yii / 石大宇 / 中国

▶▶ 三、故宫博物院

图 3-5-9　故宫博物院金桂浮月双层玻璃杯 / 故宫博物院 / 中国 / 2020

图 3-5-10　故宫博物院珍藏艺想丹青书签 / 故宫博物院 / 中国 / 2019

图 3-5-11　故宫博物院事事如意办公杯 / 故宫博物院 / 中国 / 2018

图 3-5-12　故宫口红 / 故宫博物院 / 中国 / 2018

图 3-5-13　故宫博物院乾隆御笔福禄盖碗 / 故宫博物院 / 中国 / 2018

图 3-5-14　故宫博物院万象星空圆桶包 / 故宫博物院 / 中国 / 2020

四、苏州博物馆

图 3-5-15 苏州博物馆文徵明衡山杯／苏州博物馆／中国／2020

图 3-5-16 苏州博物馆青瓷莲花杯／苏州博物馆／中国／2020

 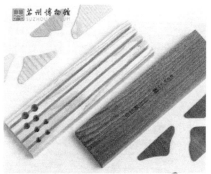

图 3-5-17 苏州博物馆山水间文具置物座／苏州博物馆／中国／2017

图 3-5-18 苏州博物馆苦吟入定香盒套装 / 苏州博物馆 / 中国 / 2020

图 3-5-19 苏州博物馆手绘杯垫 / 苏州博物馆 / 中国 / 2020

图 3-5-20 苏州博物馆仙山楼阁书签 / 苏州博物馆 / 中国 / 2019

后 记

产品语意设计课程,作为国家级一流本科专业产品设计和工业设计专业的一门特色课程,在江南大学设计学院一直开设至今,我在教授此门课程近二十年的过程中,一方面与同事们一起不断探索教学模式与课题设计,积累了大量的实际课题案例;另一方面博士研习期间,也以"符号学产品设计理论及方法"作为研究的目标,持续探究。并先后于2005年、2009年和2015年出版了三个版次的《产品的语意》,不断发展与丰富相关的设计理论与教学实践,进而为本教材的编写奠定了前期的理论构架基础和主要案例来源。

此教材的完成,首先要感谢总主编林家阳教授的大力帮助和督促,为我们的写作工作做好了前期的框架和准备。特别要感谢参与产品语意设计课程建设及本教材的共同写作者陈香副教授,为主要章节的推进不分昼夜地进行编写工作;还要感谢我的研究组的博士研究生吴剑斌、张顺峰、赵畅、梁罗丹及邓力源,为部分章节汇编资料、提供新的思路做了很多工作;硕士研究生胡伟专、汤宇萱、葛安晴、顾慧颖、梁隆浩等为图片的更新与文字的校对付出了大量的精力;同时感谢陈香老师的研究生吴玥、夏雨卿、周明、张佳佳等,他们为本书也做了大量的资料收集及梳理的工作。此外,还要感谢高等教育出版社艺术分社梁存收社长与杜一雪编辑的鼎力相助、细心指导,才使得本教材能够和广大师生与相关设计研究人员及设计师见面。

另外,本教材尝试突破传统的以理论为主、案例为辅的写作思路,努力围绕"一流课程"的教学模式及过程的框架,将基本理论、方法与具体教学训练相结合,同时将理论知识点自然融合、带入其中。由于编写时间仓促,涉及多学科的理论以及当代持续更新的设计思考,本书的内容还需要不断地探索与完善。教材中的图片都做了尽可能详细的出处标注,个别图片因资料不全暂时无法确认来源等信息,在此向有关作者表示歉意,再致感谢。

语意学设计需要持续求索、锲而不舍才可逐渐深入。产品语意设计是一种以符号意义为溯源,以产品、体验甚至系统为载体,沟通人与物或外在世界之间互动、情感与价值意义的有效工具。希望此教材的出版让更多的师生和设计师掌握这种工具,使之不仅成为一本好的教材,也为设计推动多维意义沟通与文化传播提供积极的助力。

南京艺术学院　张凌浩

2023年3月

参考书目

1. 宗白华. 美学散步[M]. 上海人民出版社, 1981.

2. (法)罗兰·巴尔特. 符号学原理[M]. 李幼蒸译, 生活·读书·新知三联书店, 1988.

3. (意)艾柯. 符号学理论[M]. 中国人民大学出版社, 1990.

4. (荷)斯丹法诺·马扎诺(Stefano Marzano). 飞利浦设计思想——设计创造价值[M]. 蔡军等译. 北京理工大学出版社, 2002.

5. 许力. 后现代主义建筑二十讲[M]. 上海社会科学院出版社, 2005.

6. 胡飞. 中国传统设计思维方式探索[M]. 中国建筑工业出版社, 2007.

7. 胡飞. 工业设计符号基础[M]. 高等教育出版社, 2007.

8. 方海. 现代家具设计中的"中国主义"[M]. 中国建筑工业出版社, 2007.

9. (日)原研哉(Kenya Hara). 设计中的设计(全本)[M]. 纪江红, 朱锷译. 广西师范大学出版社, 2010.

10. 张凌浩. 符号学产品设计方法[M]. 中国建筑工业出版社, 2011.

11. (意)Roberto Verganti. 设计力创新[M]. 吕奕欣译. 马可孛罗出版社, 2011.

12. 赵毅衡. 符号学原理与推演[M]. 南京大学出版社, 2011.

13. (日)喜多俊之. 给设计以灵魂:当现代设计遇见传统工艺[M]. 郭菀琪译. 电子工业出版社, 2012.

14. (日)黑川雅之. 日本的八个审美意识[M]. 张迎星、王超鹰译. 河北美术出版社, 2014.

15. (日)黑川雅之. 设计修辞法[M]. 河北美术出版社, 2014.

16. 张凌浩. 产品语意[M]. 中国建筑工业出版社, 2015.

17. (英)迪耶·萨迪奇. 设计的语言[M]. 庄靖译. 广西师范大学出版社,
2015.

18. 毛溪. 中国民族工业设计 100 年[M]. 人民美术出版社,2015.

19. (德)克劳斯·雷曼. 设计教育　教育设计[M]. 赵璐,杜海滨译. 江苏凤凰
美术出版社,2016.

20. (美)克劳斯·克里彭多夫. 设计:语意学转向[M]. 胡飞,高飞,黄小南
译. 中国建筑工业出版社,2017.

21. (日)内田繁. 日本设计六十年[M]. 张钰译. 中信出版社,2018.

22. 童嶲. 东南园墅[M]. 湖南美术出版社,2018.

23. 张凌浩. 江南地区传统工艺与文创设计[M]. 中国建筑工业出版社,
2019.

24. (英)马特·马尔帕斯. 批判性设计及其语境[M]. 张黎译. 江苏凤凰美术
出版社,2019.

25. 陈香. 设计交叉与融合:创造性未来教学模式[M]. 化工出版社,2021.